王大东 编著

高等院校程序设计规划教材

JSP程序设计

（第2版）

清华大学出版社
北京

内容简介

本书介绍在 Eclipse 环境下开发 JSP 应用程序的原理与技术。全书共 11 章，内容包括 JSP 原理及开发环境的搭建、JSP 基本语法、JSP 内置对象、EL、数据库访问、JavaBean、Servlet、MVC 架构、标准标签库及自定义标签、Spring MVC 和 JSP 实用组件等。本书将地理知识测试系统的设计与实现步骤按照由浅入深的方式拆分到各章，有助于读者掌握 JSP 的基础知识、编程技巧，并加深对完整的开发体系的理解。

本书结构紧凑，深入浅出，贴近实践，便于教学，可作为高等院校计算机及相关专业本科生的教材或教学参考书，也可供网站开发人员参考使用。

本书提供题库、讲课视频、源代码和电子教案。

图书在版编目（CIP）数据

JSP 程序设计/王大东编著．—2 版．—北京：清华大学出版社，2021.3
高等院校程序设计规划教材
ISBN 978-7-302-56335-8

Ⅰ．①J… Ⅱ．①王… Ⅲ．①JAVA 语言－网页制作工具－高等学校－教材 Ⅳ．①TP312.8 ②TP393.092.2

中国版本图书馆 CIP 数据核字(2020)第 155895 号

责任编辑：袁勤勇
封面设计：常雪影
责任校对：徐俊伟
责任印制：丛怀宇

出版发行：清华大学出版社
网　　址：http://www.tup.com.cn，http://www.wqbook.com
地　　址：北京清华大学学研大厦 A 座　　邮　　编：100084
社 总 机：010-62770175　　邮　　购：010-83470235
投稿与读者服务：010-62776969，c-service@tup.tsinghua.edu.cn
质量反馈：010-62772015，zhiliang@tup.tsinghua.edu.cn
课件下载：http://www.tup.com.cn，010-83470236

印 装 者：三河市科茂嘉荣印务有限公司
经　　销：全国新华书店
开　　本：185mm×260mm　　印　张：18.75　　字　　数：470 千字
版　　次：2017 年 2 月第 1 版　2021 年 4 月第 2 版　　印　　次：2021 年 4 月第1 次印刷
定　　价：54.00 元

产品编号：088461-01

前言

Java是目前最流行的程序开发语言，在服务器程序设计、手机程序设计等方面应用广泛。Java作为一种完全的面向对象语言，吸取了其他语言的优点，设计简洁优美，使用起来方便高效。Java是一个完整的技术平台，在这个平台上不断涌现各种新技术，其中的很多技术是免费的，因此对于中小企业应用来说，选择Java具有非常大的吸引力。在Java发展过程中，不断有过时的技术被弃用。只有那些自身具有强大生命力的技术才会存活下来，并且被不断注入新的活力。JSP(Java Server Pages)就是一种自身具有强大的生命力且一直在快速发展的技术。JSP是基于JavaServlet以及整个Java体系的Web开发技术，利用这一技术可以建立安全、跨平台的动态网站。JSP是由Sun公司倡导、许多公司参与一起建立的一种动态页面技术标准。自JSP推出后，很多公司都推出了支持JSP技术的服务器，如IBM、Oracle公司等，所以JSP迅速成为商业应用的服务器端语言。JSP具备Java技术的简单易用、完全的面向对象、平台无关性且安全可靠、面向Internet等特点。JSP从诞生至今，内容越来越丰富，页面设计越来越简洁，是Internet上的主流开发工具之一。

全书分为11章，内容包括：

第1章"概述"介绍Web应用基础、配置Tomcat、JSP运行机制、利用表单提交数据、处理用户提交的数据。

第2章"JSP基本语法"介绍JSP页面的组成、脚本元素、常用指令和动作的运用。

第3章"JSP内置对象"介绍request、response、cookie、session、out、application等对象的工作机制及应用，结合一个简单的购物车实例讲解各个内置对象的作用范围。

第4章"EL"介绍表达式语言的基础语法和内置对象。

第5章"数据库访问"介绍创建MySQL数据库、JDBC应用概述、使用预编译语句以及ResultSet对象等内容。

第6章"JavaBean"介绍在JSP中使用JavaBean、利用表单设置JavaBean属性、JavaBeans的scope属性及利用JavaBean实现数据库表分页显示。

第7章"Servlet"介绍Servlet基础知识、Servlet与客户端的通信、Servlet过滤器。

第 8 章"MVC 架构"介绍 MVC 架构的基本原理、用 RequestDispatcher 实现 MVC、MVC 应用实例。

第 9 章"标签库"介绍标准标签库和自定义标签。

第 10 章"Spring MVC"介绍 Spring 基本特性、Spring 框架、Spring MVC、基于注解的控制器和文件上传。

第 11 章"JSP 实用组件"介绍 PDF 文档生成组件 iText 和处理 Excel 文件的组件 JXL。

本书面向具有一定静态页面设计基础的读者,如果未学习过静态页面设计,需要预先学习附录所列内容。附录内容包括 JSP 开发环境的安装与配置、常用字符集、HTTP 以及 HTML、CSS 和 JavaScript 基础。

本书围绕一个地理知识测试项目,以教程的形式深入浅出、由易到难地介绍 JSP 的常用开发技术。为了便于读者阅读和理解,本书对某些特定内容采用专门的字体。新增的代码或关键代码用加粗字体表示,应该删除的代码使用了删除线。例如,在下面的代码中,将原来的 out.print()方法删除,替换为粗体显示代码。

代码清单 2-3 修改页面内容显示来源 (index.jsp)

```
<% out.print("北京是中华人民共和国首都,简称京。"); %>
<%
    i=(i+1)% mQuestions.length;
    out.print(mQuestions[i].getQuestion());
%>
```

本书各章内容前后联系比较紧密,例如在前面章节定义的工具类在后面会直接调用。读者在阅读时需要按照章节顺序阅读和调试程序,建议不要在章节间跳跃阅读。

对于比较简单的项目,实现时可以采用不同的 JSP 技术。为了养成良好的编程习惯,希望读者最后能够使用 MVC 模式设计 Web 应用程序。为了让初学者有一个由浅入深、渐进的学习过程,不同章节的代码设计规范会存在一定的差异。例如,后面章节尽量避免将大量 Java 代码嵌入 JSP 页面中,而前面的章节并没有遵从这一思想;前几章将 JSP 页面放在网站根目录下,后面又将 JSP 页面改为放在 WEB-INF 目录下。这些实际上都与 JSP 程序设计中存在的不同软件设计模式之间的差异有关。

作为初学者,没有必要也不可能掌握 JSP 的全部,需要掌握的是软件系统的开发设计思路与语言的核心知识技能。本书在内容选取上没有特别注重知识的完备性。另外,为了突出 JSP 的核心知识,在页面设计上没有大量引入复杂的样式和 JavaScript 脚本。由于篇幅有限,地理知识测试项目的部分内容未能在本书中详述,读者可从清华大学出版社网站下载相关电子文档及代码。本书还提供题库、讲课视频、源代码和电子教案。

白文秀、侯锟、李淑梅、吕凯参与了本书的编写工作。

本书可以作为高等院校计算机及相关专业的 JSP 程序设计教材,也可以作为 JSP 爱好者和网站开发人员的参考书。由于作者水平有限,书中难免存在错漏之处,敬请读者批评指正。

作　者

2020 年 9 月

高等院校程序设计规划教材

CONTENTS 目录

视频

CHAPTER 第1章 概述

JSP(Java Server Pages)是一种基于 Java 的服务器端 Web 页面设计技术,用于创建含有动态生成内容的 Web 页面。JSP 技术功能强大,使用灵活,平台独立,为创建显示动态 Web 内容的页面提供了一个简捷而快速的方法。

1.1 Web 应用基础

本节介绍利用 JSP 编写 Web 应用需要掌握的一些基本概念。

1.1.1 Web 模型

视频

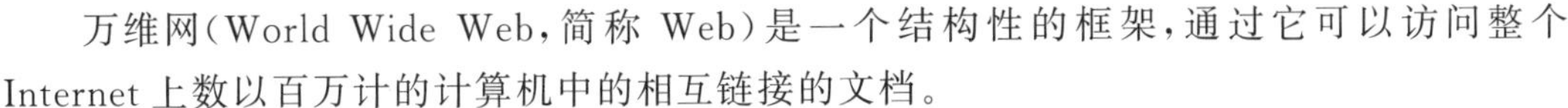

万维网(World Wide Web,简称 Web)是一个结构性的框架,通过它可以访问整个 Internet 上数以百万计的计算机中的相互链接的文档。

从用户的观点来看,Web 是由全球范围的文档或 Web 页面集合组成的。Web 页面通常简称为页面,它是用一种称为 HTML(超文本标记语言)的标准语言编写的。每个页面可以包含指向任何地方的其他页面的链接。通过单击一个链接,用户可以跟随这个链接来到它所指定的页面,这个过程可以无限重复下去。Web 一词形象、准确地描述了所有页面之间通过链接形成的这种网状结构。

Web 页面存储在 Internet 中遍布全球的 Web 服务器上。Web 服务器装有能够提供 Web 服务的软件,如 IIS、Apache、Tomcat、JBoss、WebSphere 等。与普通的未安装服务器软件的计算机相比,Web 服务器能够对用户的请求做出响应。

用户利用浏览器浏览某台服务器上的某个页面,浏览器发出对该页面的请求。服务器上运行的服务器程序收到该请求后,从磁盘上取到该页面文件(静态页面)或动态生成该页面(动态页面),通过网络发回给用户浏览器。浏览器收到所请求的页面后,对它上面的文本和格式命令进行解释,并且在屏幕上按正确的格式显示出来。浏览器和服务器(进程)之间发送的数据必须按照双方事先约定好的格式编写,这样接收方才能知道发送方的数据含义,如请求页面是通过在 GET 后接请求页面标识来实现的,这些约定是在超文本传输协议(HTTP)中规定的。

Web 页面用统一资源定位符(Uniform Resource Locator,URL)标识,典型的 URL 如下所示:

http://www.abcd.com:80/index.html

URL 由协议名称、主机地址、端口号、页面文件名组成。

- 由于 Web 服务中客户机与服务器之间使用 HTTP 传输数据,因此协议名称为 http。
- 主机地址可以是域名,也可以是 IP 地址形式,它指出页面在哪一台机器上。
- 一个端口号对应服务器上正在运行的一个程序,端口号为 80(Web 服务的默认端口)时可省略。
- 文件名可以包含路径,路径为相对路径。

例如,在 www.abcd.com 主机上同时装有 IIS 和 Tomcat,IIS 对应的端口号设置为 80,Tomcat 对应的端口号设置为 8080。IIS 服务器网站根目录对应的路径为 C:\website,Tomcat 服务器网站根目录的路径为 D:\tomcat\webapps。标识为 C:\website\index.html 和 D:\tomcat\webapps\a\index.html 的 URL 分别如下。

http://www.abcd.com:80/index.html 或 http://www.abcd.com/index.html

http://www.abcd.com:8080/a/index.html

图 1.1 为利用浏览器通过 URL 访问远程服务器上静态页面的过程。浏览器向服务器发送一个文件名(URL),然后服务器返回这个文件。

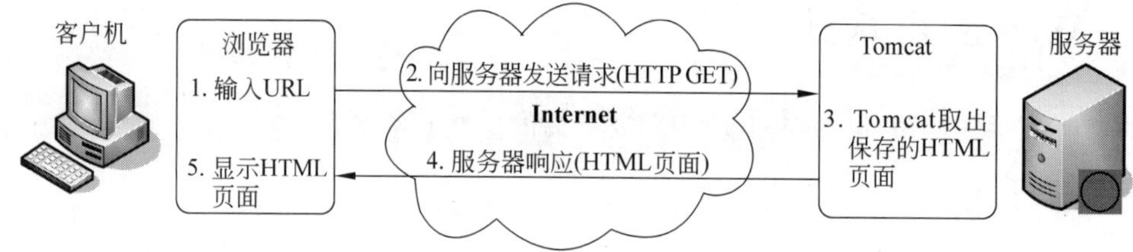

图 1.1　Web 浏览器访问静态页面

现在,越来越多的 Web 内容变成动态的,也就是说,它们不是被存储在磁盘上,而是根据需要生成。例如,在使用 JSP 设计的电子商务网站中查找内容时,浏览器把要查找的内容交给服务器,服务器再把查找内容交给程序处理,在服务器磁盘的数据库中找到满足条件的记录,然后生成一个定制的 HTML 页面返回给客户(如图 1.2 所示)。

图 1.2　Web 浏览器访问动态页面

视频

1.1.2　配置 Tomcat

开发 Web 应用时,首先需要安装和配置服务器。Tomcat 安装后(参见附录 A),其目录结构如图 1.3 所示。将 Web 应用文件部署到 Tomcat 上通常要经过如下步骤。

(1) Web 应用发布(存储)。将 Web 应用文件发布到 Tomcat 可选择如下方法:将 Web 应用复制到 webapps 目录下;将要部署的 Web 应用发布文件(.war)复制到 webapps 目录下,在 Tomcat 启动时自动发布;将 Web 应用存放在其他位置,在 server.xml 中进行额外的配置。

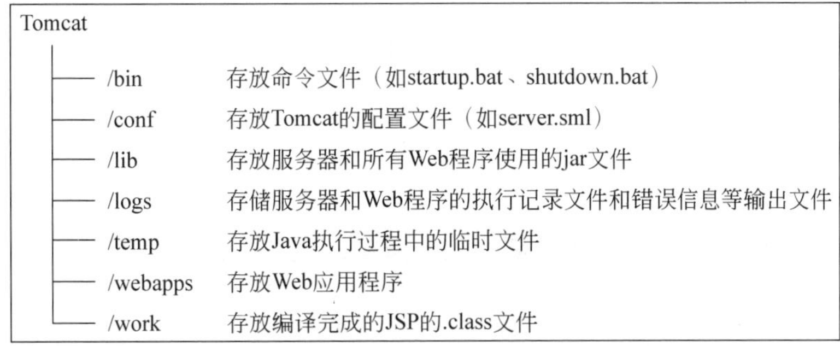

图 1.3　Tomcat 目录结构

(2) 修改服务器配置文件 server.xml，如更改端口号、配置虚拟网站根目录、允许外部主机访问等。每次修改后，需要重新启动 Tomcat。

(3) 运行 bin 目录下的 startup.bat，启动 Tomcat，测试 Web 应用。

视频

Web 应用的发布可以手动进行，也可以在 Eclipse 中配置服务器后自动发布。

1. 在 Eclipse 环境下建立 Web 项目

本章编写的页面用于测试用户的地理知识。Web 应用包括页面、样式、脚本等各种类型的文件，Eclipse 以项目文件方式管理这些文件。首先创建一个 Web 项目。

(1) 启动 Eclipse 程序，工作区设置为 D:\workspaces。

(2) 选择 File→New→Dynamic Web Project 选项，打开新建动态 Web 项目窗口创建一个新的项目。在 Project name 框内输入 GeoTest，将 Dynamic web module version 选择为 3.0，其他项取默认设置，单击 Next 按钮。在 Java 代码设置窗口中保持默认设置(Java 代码目录设为 src)不变，单击 Next 按钮。在 Web Module 窗口中选择 Generate web.xml deployment descriptor 选项，单击 Finish 按钮，Eclipse 完成创建并打开新的项目。在项目资源管理器中展开项目，如图 1.4 所示。

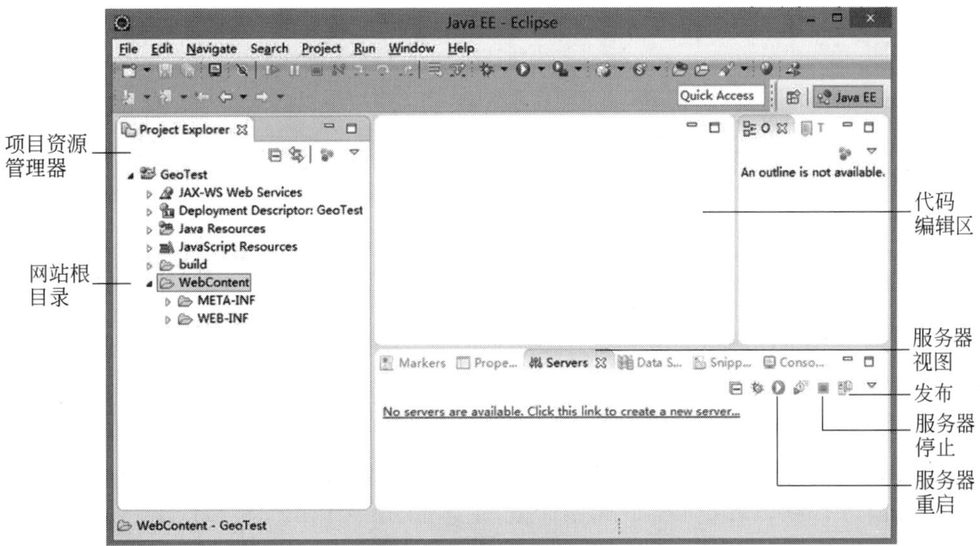

图 1.4　Web 项目的目录结构

(3) 选中 Web 应用根目录 WebContent,右击,在弹出的快捷菜单中选择 New→HTML File 选项,在 File name 框内输入 index.html,如图 1.5 所示。

(4) 单击 Next 按钮,进入模板设置页,如图 1.6 所示。选中 Use HTML Template 选项后,模板列表框会列出了当前可用的 HTML 模板。选择 html 5 模板,单击 Finish 按钮,利用模板生成 index.html。

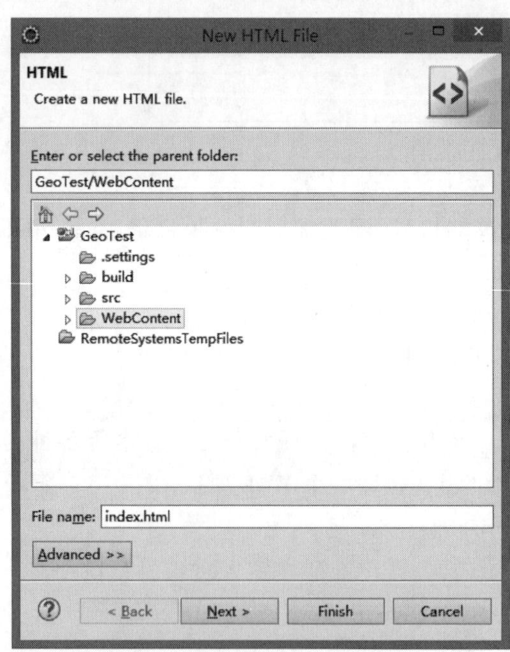

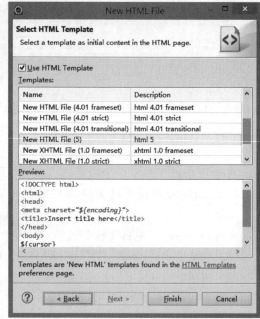

图 1.5 新建 HTML 文件对话框　　　　图 1.6 模板选择对话框

(5) 打开 index.html,将 title 标签内容修改为“地理知识”,在 body 中添加文本,结果如代码清单 1-1 所示。

代码

代码清单 1-1 静态页面 index.html

```
<!DOCTYPE html>
<html>
    <head>
        <meta charset="UTF-8">
        <title>地理知识</title>
    </head>
    <body>
        北京是中华人民共和国首都,简称京。
    </body>
</html>
```

一个 html 文件定义的 Web 页面由头部和主体组成,它们被夹在<html>和</html>标签之间。头部由<head>和</head>标签标记,主体部分由<body>和</body>标签标记,在浏览器窗口内看到的内容都在主体部分。标签可以大写也可以小写,本书按 HTML 标准要求全部标签小写。

<!DOCTYPE>指令告诉浏览器按照 HTML 的语法解释本页面，这是 HTML 5 的用法，在后面章节使用的 HTML 4.01 版本中该指令格式会有所不同。

2. 在 Eclipse 中配置服务器

（1）在服务器视图（参见图 1.4，如果服务器视图未打开，则选择 Window→Show View→Servers 选项打开）中，单击链接 Click this link to create a new server，创建新的服务器。

（2）在 New Server 窗口中，在服务器下拉列表中选择 Apache→Tomcat v8.0 Server（或本机安装的其他版本服务器）。Server's host name 项保持 localhost 不变，Server name 项也保持不变，如图 1.7 所示。

localhost 为网络访问时的本机名，与实际主机名设置无关，此处也可以修改为 127.0.0.1（两者都表示服务器在本机运行，127.0.0.1 为本机 IP 地址）。

（3）单击 Next 按钮，进入新服务器运行环境窗口，在 Tomcat installation directory 处填写（或通过浏览方式填写）本机安装的 Tomcat 所在目录。单击 Next 按钮，进入资源发布选择窗口，如图 1.8 所示。双击当前项目名称 GeoTest，将其移入右侧下拉列表。单击 Finish 按钮，完成 Tomcat 服务器的创建。服务器设置完成后，服务器视图中会出现以 Server name（服务器名）文本框中的设置命名的服务器，此时服务器处于停止状态。

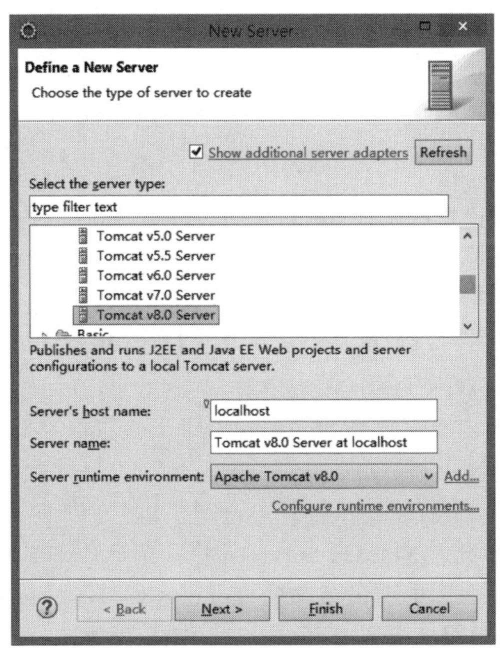

图 1.7　定义新服务器

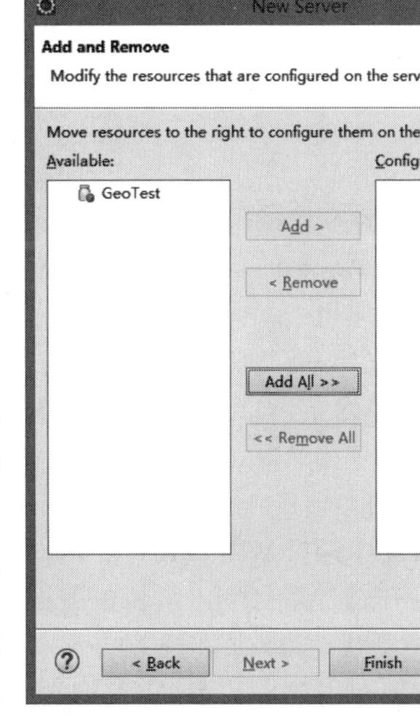

图 1.8　资源发布

（4）在服务器视图中选择服务器名（Tomcat v8.0 Server at localhost），右击，在弹出的快捷菜单中选择 Open 选项，进入服务器配置信息设置页，如图 1.9 所示。

（5）选择 Use Tomcat installation 单选按钮，将部署路径修改为 webapps，单击工具栏上的"保存"按钮保存修改后的服务器配置信息。

Server Locations 部分下的 3 个单选按钮分别对应将网站内容发布到项目工作区、Tomcat 安装目录和自定义位置。默认设置将网站文件部署在项目工作区的.metadata 目录

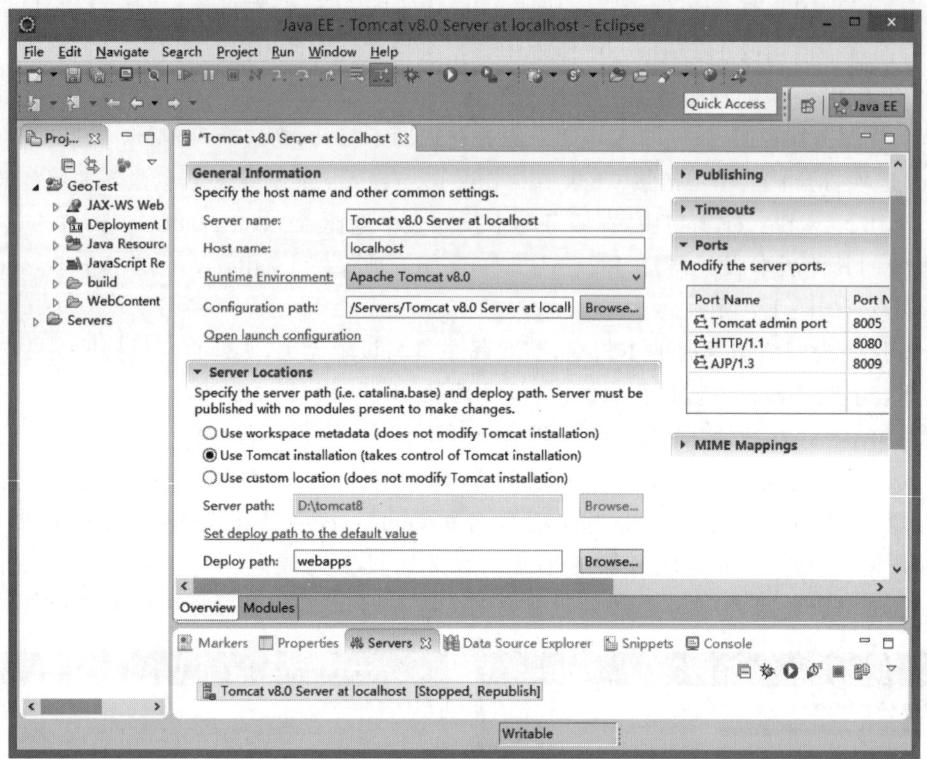

图 1.9 服务器设置

下,这种部署的文件存放路径较长,如 index.html 放置在下面的目录中。

D:\workspaces\.metadata\.plugins\org.eclipse.wst.server.core\tmp0\webapps\geotest

3. 发布 Web 应用

上述设置完成后,单击服务器视图中的“发布”按钮,可将 GeoTest 项目的 WebContent 目录下的所有内容发布到 D:\tomcat8\webapps\GeoTest 中。

Tomcat 在管理网站时,默认配置是将网站内容存放到 webapps 目录下。将内容发布到此处的好处是可以使用 Tomcat 的默认配置信息。

4. 在 Eclipse 中运行 Web 应用

选择 Run→Run As→Run On Server 选项,进入 Run On Server 窗口。选定 Choose an existing server(默认选项),在服务器下拉列表中选中前面定义的 Tomcat v8.0 Server at localhost 服务器,单击 Finish 按钮。Eclipse 启动服务器并打开一个新的浏览器窗口,显示 index.html 的内容,如图 1.10 所示。

打开本机上的浏览器,在地址栏中输入地址 http://localhost:8080/GeoTest/index.html,可以看到显示结果与图 1.10 完全一致。在浏览器窗口的任意位置右击,在弹出的快捷菜单中选择“查看源”选项,可以看到与 index.html 代码相同的内容。

5. 在 Tomcat 中运行 Web 应用

关闭 Eclipse,启动 Tomcat(运行 D:\tomcat8\bin\startup.bat)。打开浏览器,在地址栏中输入 http://localhost:8080/GeoTest/index.html,可以得到与图 1.10 相同的结果。

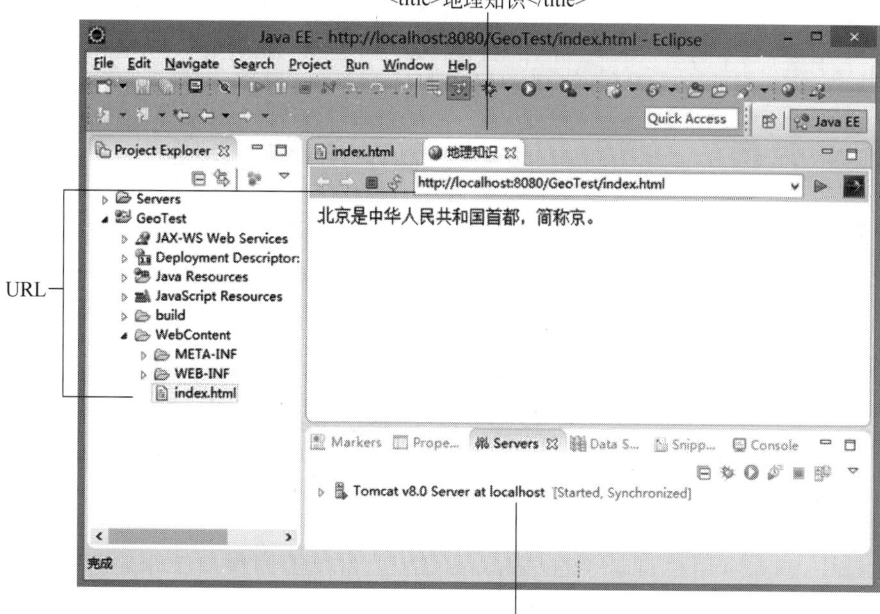

图 1.10　运行结果

6. 修改 Tomcat 配置文件 server.xml

在 Eclipse 中设置 Tomcat 服务器参数后(见图 1.9)，配置文件 server.xml(位于 Tomcat 安装目录下的 conf 子目录)的内容会随同变化，可以打开该文件，根据需要进一步修改配置。

(1) 修改服务器端口号。服务器端口由 Connector 元素中的 port 指定，可找到下面的这一行代码：

```
<Connector connectionTimeout="20000" port="8080" protocol="HTTP/1.1"
redirectPort="8443"/>
```

将 8080 修改为 80 或其他端口值。

(2) 修改访问路径。网站文件实际存储位置和访问路径由 Context 元素指定。在文件最后找到 Context 元素。

```
<Context docBase="GeoTest" path="/GeoTest" reloadable="true" />
```

其中，docBase 指定网站内容的存放位置。如果将网站内容存放在 D:\GeoTest 下，则可修改为 docBase="D:\GeoTest"。path 指定相对路径，如果不要该路径，可修改为 path="/ "。

(3) 允许其他主机访问。对于下列代码

```
<Host appBase="webapps" autoDeploy="true" name="localhost" unpackWARs="true">
<Engine defaultHost=" localhost " name="Catalina">
```

将其中的 localhost 替换成本机的 IP 地址。例如，如果本机地址为 192.168.1.10，就将 localhost 用此地址替换。

上述配置修改完成后,重启 Tomcat。在本地局域网内,其他主机可以用下列地址访问:

http://192.168.1.10/index.html

http://192.168.1.10/GeoTest/index.html

1.2 JSP 页面

JSP 页面文件通常以.jsp 为扩展名。与 index.html 文件一样,JSP 页面也是一个基于文本的文档。从页面内容上看,JSP 页面是对静态页面的扩展,它可以包括 HTML 中定义的所有标签。由于需要对 HTTP 请求创建动态响应,因此除了普通 HTML 代码之外,JSP 页面中还包括其他非 HTML 成分。嵌入 JSP 页面的成分主要有 HTML 标签、指令、动作、脚本元素、扩展标签。

视频

1.2.1 创建 JSP 文件

创建 JSP 文件的步骤如下。

(1) 选中 Web 应用根目录 WebContent,右击,在弹出的快捷菜单中选择 New→JSP File 选项。在新建 JSP 文件窗口的 File name 文本框中输入 index.jsp。单击 Next 按钮,进入模板设置页。选中 Use JSP Template 选项,在模板列表框中选择 New JSP File(html)模板,单击 Finish 按钮,利用模板生成 index.jsp,如图 1.11 所示。

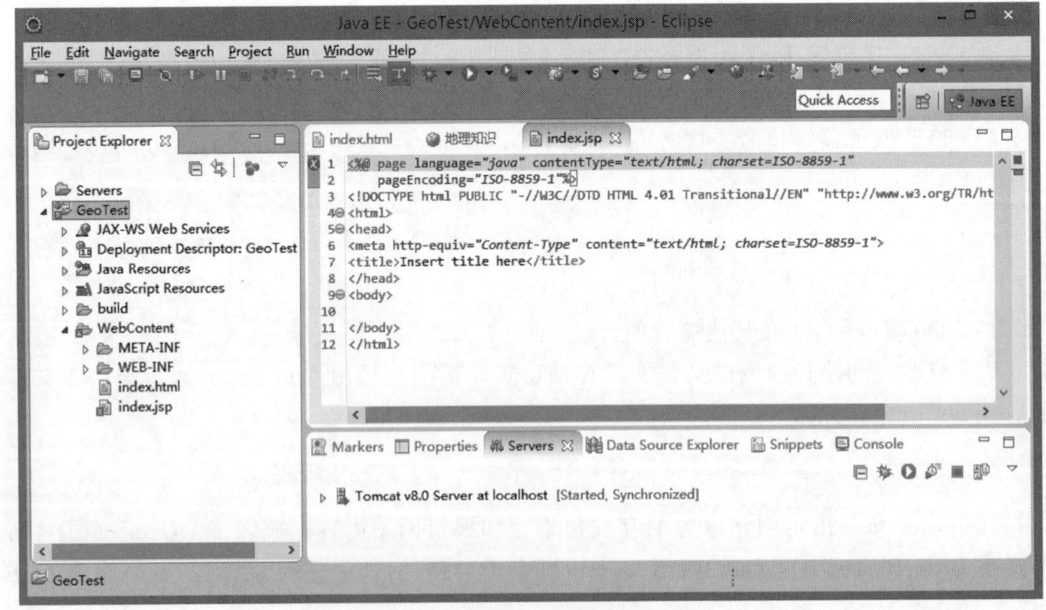

图 1.11 由模板生成的 JSP 文件

由于 Eclipse 不同版本的配置不同,因此 index.jsp 文件可能会出现一个配置错误。将鼠标指针悬停在错误提示处(第 1 行左侧),可以看到如下出错提示:

```
The superclass "javax.servlet.http.HttpServlet" was not found on the Java
Build Path
```

错误提示表明，Java 编译路径中找不到 HttpServlet 类。由于 HttpServlet 是 Tomcat 服务器提供的基础类，因此需要将 Tomcat 的类库加到 Java 编译路径中。

(2) 在项目管理器中选中 GeoTest 项目，右击，在弹出的快捷菜单中选择 Build Path→Configure Build Path 选项，进入 Java 编译路径设置窗口，如图 1.12 所示。Libraries 选项卡中所列为当前已设置的编译路径(新建项目时由 Eclipse 设置)。

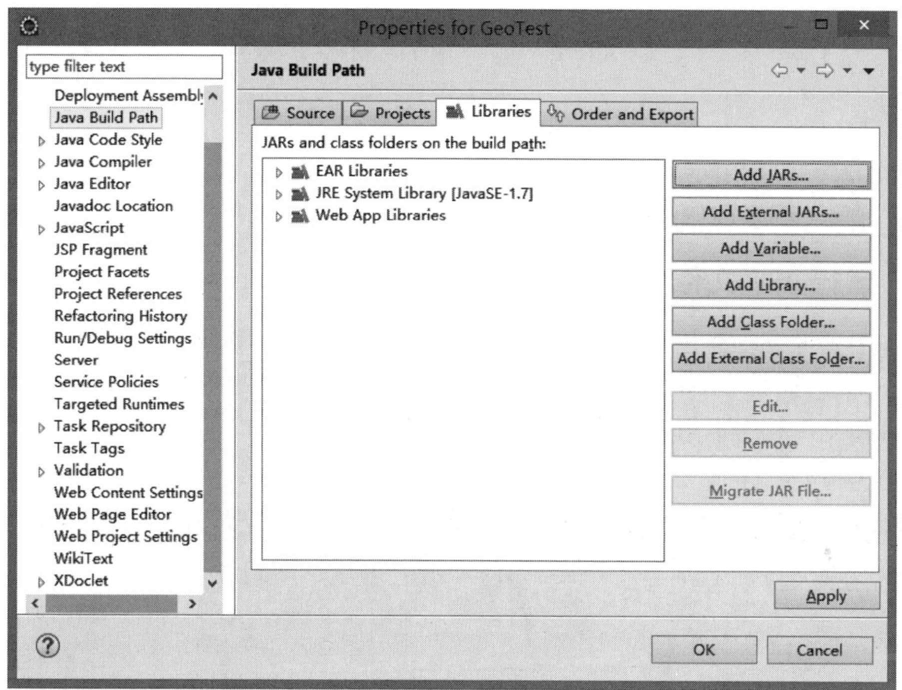

图 1.12　Java 编译路径设置

单击 Add Library 按钮，进入添加类库窗口。选择添加 Server Runtime，单击 Next 按钮，进入 Server Library 窗口，选择 Apache Tomcat v8.0，单击 Finish 按钮完成设置。此时，Apache Tomcat v8.0 加入编译路径中。编译路径设置完成后，图 1.11 中的错误提示消失。如果在 Server Library 窗口中没有可选项，则需要选择 Window→Preferences 选项。在 Preferences 窗口中设置 Server→Runtime Environments，单击 Add 按钮，添加 Apache→Apache Tomcat v8.0。

在 JSP 程序设计过程中，如果引入外部的类库，如 Java 数据库驱动程序类库，可参考此处类库编译路径设置方法。

(3) 将由模板生成的 index.jsp 中出现的 3 处字符编码方式 ISO 8859-1 修改为 UTF-8，title 标签内容修改为“地理知识”，在 body 中添加一段 Java 脚本代码。修改后的 index.jsp 内容如代码清单 1-2 所示。

代码清单 1-2　动态页面 index.jsp

代码

```
<%@ page language="java" contentType="text/html; charset=UTF-8" pageEncoding=
"UTF-8"%>
<!DOCTYPE html PUBLIC "-//W3C//DTD HTML 4.01 Transitional//EN" "http://www.w3.
```

```
org/TR/html4/loose.dtd">
<html>
    <head>
        <meta http-equiv="Content-Type" content="text/html; charset=UTF-8">
        <title>地理知识</title>
    </head>
    <body>
        <%out.print("北京是中华人民共和国首都,简称京。");%>
    </body>
</html>
```

与 index.html 相比,index.jsp 的第一行增加了一条 page 指令,body 中原来的文字被替换为一行脚本,即用一段 Java 代码来实现文字显示。

视频

1.2.2 运行 JSP 文件

在项目资源管理器中选中 index.jsp 文件,右击,在弹出的快捷菜单中选择 Run As→Run on Server 选项。在 Run on Server 窗口中选择前面设置好的服务器,单击 Finish 按钮。

如果服务器未启动,则单击服务器视图中的"服务器重启"按钮进行启动。然后再运行 index.jsp。在浏览器窗口右击,在弹出的快捷菜单中选择"查看源"选项,结果如图 1.13 所示。

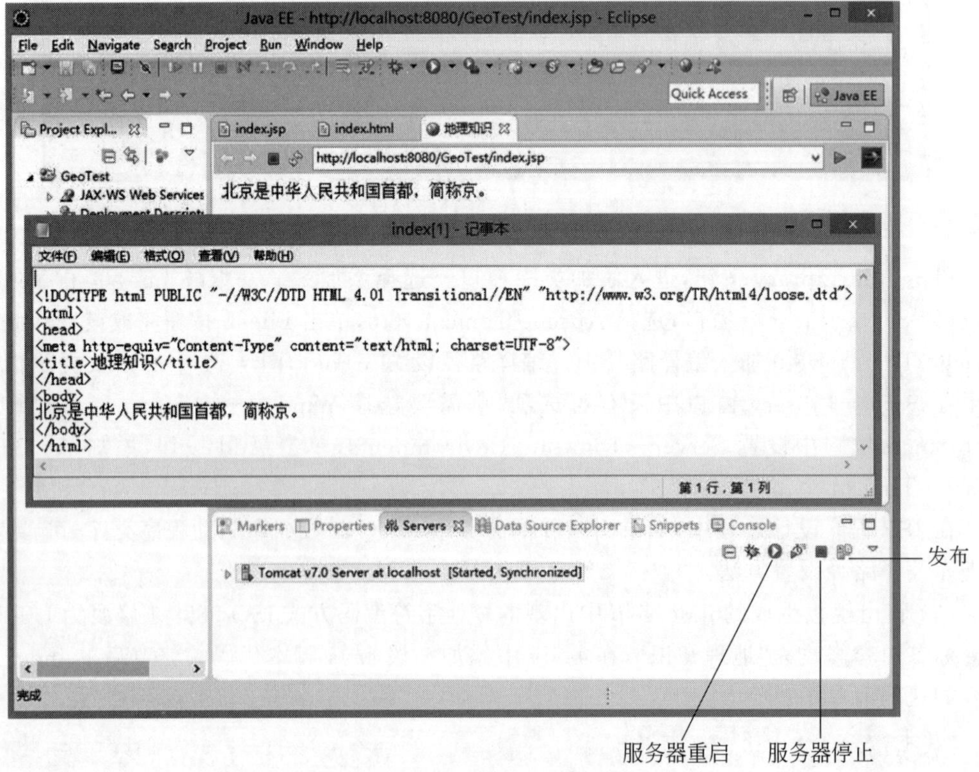

图 1.13 index.jsp 运行结果

可以看出,index.jsp 与 index.html 在浏览器中显示的结果完全相同。index.jsp 在浏览器中显示的内容是由 Tomcat 生成的，与 index.jsp 文件内容并不一致。

根据运行结果，分析 index.jsp 各部分代码的作用。

① page 指令(<%@ %>括起来的部分)会被服务器解释执行，但不产生任何输出到页面的内容。page 指令主要用于设置整个 JSP 页面范围内有效的相关信息。

② 在 index.jsp 中，在文件的存储、页面的生成及显示过程中使用相同的字符编码方式。page 指令的 pageEncoding 属性和 ContentType 属性分别设置在 index.jsp 文件存储和生成内容(图 1.11 中的 HTML 部分)时所使用的字符编码方式。标签 meta 设置浏览器以哪种编码方式表示要显示的内容。

在计算机中，英文字符或汉字可以有不同的表示方式。例如，在 GB 2312 或 ANSI 编码中，英文字符用一个字节(8 个二进制位)表示，汉字用两个字节表示；在 UTF-8 编码中，英文字符用一个字节表示，汉字用三个字节表示。显然，UTF-8 可以表示更多的汉字和其他字符。通常，浏览器在显示页面时使用的默认字符编码方式是 UTF-8。本书中以后出现的所有字符编码方式都设置为 UTF-8。

③ index.jsp 中的静态 HTML 部分直接输出到页面中。

④ 用<% %>括起来的脚本内容(如 Java 代码 out.print)将执行结果输出到页面中。

⑤ 由模板生成的 index.jsp 使用的 HTML 版本为 4.01 版，与 index.html 中使用的 HTML 5 相比，它在<!DOCTYPE>中定义文档类型和在<meta>中定义字符编码方式的语法不同。如果想在 index.jsp 中使用 HTML 5，可以将其中的<!DOCTYPE>和<meta>进行相应替换。

1.2.3 JSP 运行机制

视频

虽然从代码编写来看，JSP 页面更像普通 Web 页面而不像 Java 代码，但实际上它最终会被 Tomcat 服务器转换成正规的 Java 程序，在服务器端运行，这些程序被称为小服务程序(Servlet)。JSP 页面在 Tomcat 环境下被自动翻译成 Java 程序，因此，我们将 Tomcat 称为 JSP 容器或 JSP 引擎。

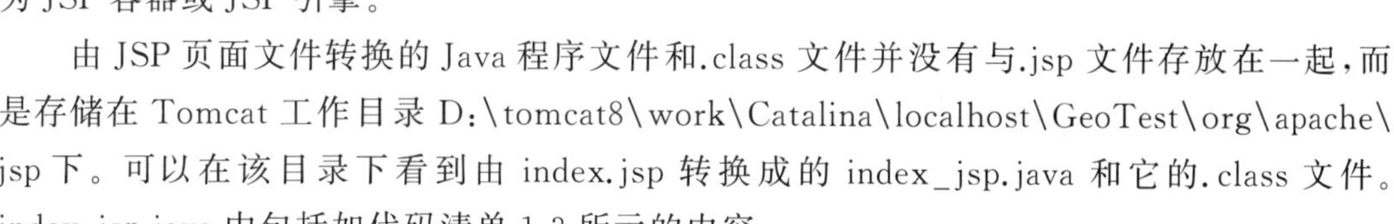

由 JSP 页面文件转换的 Java 程序文件和.class 文件并没有与.jsp 文件存放在一起，而是存储在 Tomcat 工作目录 D:\tomcat8\work\Catalina\localhost\GeoTest\org\apache\jsp 下。可以在该目录下看到由 index.jsp 转换成的 index_jsp.java 和它的.class 文件。index_jsp.java 中包括如代码清单 1-3 所示的内容。

代码清单 1-3　由 index.jsp 转换的 Servlet 类(index_jsp.java)

代码

```
Public final class index_jsp…{
    …
    public void _jspService(final javax.servlet.http.HttpServletRequest request,
      final javax.servlet.http. HttpServletResponse response) throws java.io.
      IOException, javax.servlet.ServletException {
        …
        response.setContentType("text/html; charset=UTF-8");
        …
```

```
        out.write("<!DOCTYPE html PUBLIC \"-//W3C//DTD HTML 4.01 Transitional//EN\"
            \"http://www.w3.org/TR/html4/oose.dtd\">\r\n");
        out.write("<html>\r\n");
        out.write("<head>\r\n");
        out.write("<meta http-equiv=\"Content-Type\" content=\"text/html; charset=UTF
            -8\">\r\n");
        out.write("<title>地理知识</title>\r\n");
        out.write("</head>\r\n");
        out.write("<body>\r\n");
        out.print("北京是中华人民共和国首都,简称京。");
        out.write("\r\n");
        out.write("</body>\r\n");
        out.write("</html>");
        ...
    }
}
```

暂不考虑 index_jsp.java 中被省略的各部分细节,从上面的 Java 代码可以看出,在浏览器中看到的每一行 HTML 代码都是由 Java 类 index_jsp 生成的。当客户浏览器请求 index.jsp 页面时,Tomcat 服务器会执行 index_jsp 类中的_jspService 函数,生成 HTML 内容发送给客户,如图 1.14 所示。

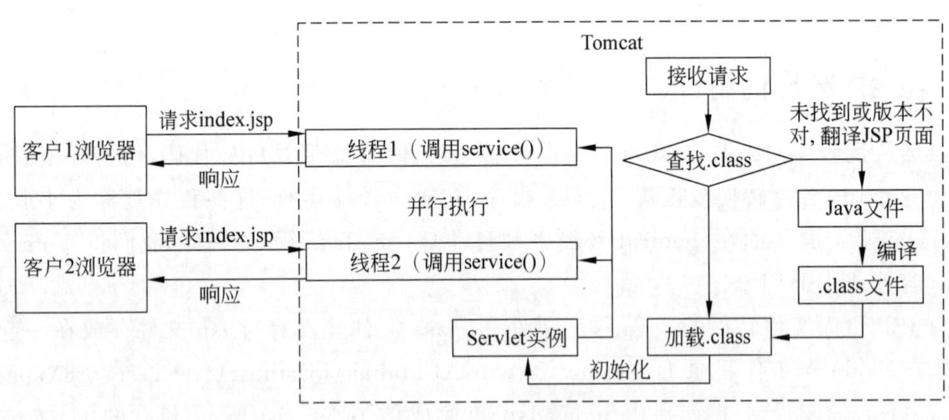

图 1.14 JSP 运行机制

在 index.jsp 文件的各行语句中,page 指令的 ContentType 属性被转换成

```
response.setContentType("text/html; charset=UTF-8");
```

HTML 内容直接被 out.write 输出到客户浏览器,脚本元素中的 Java 代码 out.print()直接嵌入 index_jsp 类中。

下面对 JSP 页面访问过程做进一步分析。JSP 容器(本书使用 Tomcat,也可以是其他 Java Web 服务器)对 JSP 页面的管理包括转换和执行两个阶段。

(1) 转换阶段。Tomcat 首先验证 JSP 页面语法,如果语法正确,则将页面中出现的 HTML 标签、指令、动作、Java 脚本、自定义标签等内容转换成一个 Servlet 类文件,然后编译这个 Java 文件生成字节码文件(.class 文件)。在某些开发环境下,转换和编译过程可以在部署网站时完成。如果在第一次页面请求时 JSP 页面未做转换和编译,Tomcat 会自动进行转换和编译。

(2) 执行阶段。Tomcat 负责将字节码文件装入服务器内存并在 Java 虚拟机上运行,创建一个 Servlet 对象实例并调用其初始化方法。通常情况下,Tomcat 只生成一个 Servlet 对象实例,每次请求时复用这个对象实例。这种方法可以节省对每个请求生成一个新 Servlet 实例的时间。Tomcat 收到每个请求后,将请求传递给 Servlet 对象实例,然后调用实例的 service()方法,由 service()完成处理请求及向客户浏览器发送响应的工作。

由于服务器程序需要同时与多个客户通信,因此 Tomcat 为每个请求生成一个线程,多个线程并行执行,以提高程序的运行效率。

Tomcat 需要安全关闭时,调用 Servlet 的销毁方法,这时 Servlet 可以关闭文件并且回收内存。

1.3　用户数据提交与处理

除了请求用于显示的静态页面或动态页面外,越来越多的 Web 应用用户需要通过浏览器向服务器提交数据。例如,用户通过浏览器提交注册信息或查询的商品名称。这些需求是通过表单实现的。

1.3.1　利用表单提交数据

视频

表单是 HTML 定义的标签,可以包含各种输入框或按钮,允许用户输入信息或作出选择,然后把信息送回给页面的所有者。表单中的所有内容都置于<form>和</form>之间。<form>标记有两方面的作用:一是限定表单的范围,其他的表单域对象都要插入<form>标记中,当单击提交按钮时,提交的也是表单范围之内的内容;二是携带表单的相关信息,例如处理表单脚本程序的位置(通过 action 属性指定)、提交表单的方法(通过 method 属性指定)等。

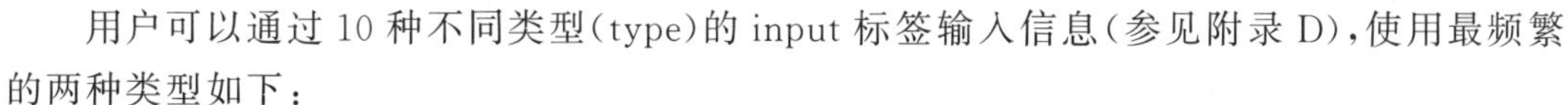

用户可以通过 10 种不同类型(type)的 input 标签输入信息(参见附录 D),使用最频繁的两种类型如下:

① text。用来设定表单中的单行文本域,允许用户输入任何类型的文本、数字或字母。输入的内容以单行显示。

② submit。用于实现表单内容的提交。表单内容将提交到<form>标记的 action 属性值所指定的位置。

修改 index.jsp 文件,在 body 中加入表单,如代码清单 1-4 所示。

代码清单 1-4　加入表单(index.jsp)

代码

```
<body>
    <%out.print("北京是中华人民共和国首都,简称京。"); %>
    <form action="" method="post" name="frmmain">
        <input type="text" name="answer" />
        <input type="submit" value="确定" />
```

```
    </form>
</body>
```

在新增的代码中,使用了两种类型的 input。类型为 text 的 input 为文本输入框,用户输入一个字符串,字符串被存储在由 name 属性指定的 answer 变量中。类型为 submit 的 input 为提交按钮。单击提交按钮时,表单上的输入信息被送回提供此表单的服务器上。提交按钮的 value 属性设置值是显示在提交按钮上的文字。

用户单击提交按钮后,浏览器将收集到的用户输入信息送回服务器进行处理,如果包含多个变量信息,则用 & 分隔各个变量。

服务器收到信息后,交给 form 标签中 action 属性指定的文件进行处理。由于未指定具体文件,因此提交的信息由 index.jsp 自己处理。运行结果如图 1.15 所示。

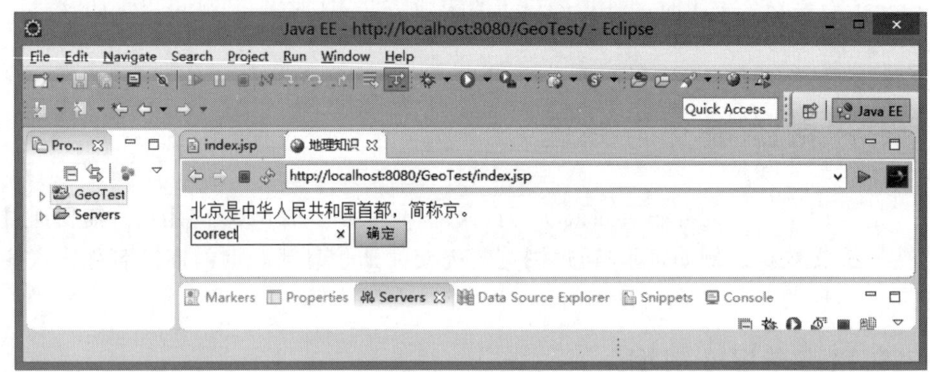

图 1.15 文本框输入

在文本框中输入 correct,单击“确定”按钮,向服务器提交输入的信息。用户提交数据的具体形式为 answer=correct。

由于 index.jsp 中没有对用户提交的数据做任何处理,因此提交数据后显示的页面与初始页面相同。

视频

1.3.2 处理用户提交的数据

如果 index.jsp 能够对提交的数据做出相应响应,必须先提取数据然后再进行处理。

1. 提取数据

JSP 容器将系统提供的页面处理的通用方法按照不同类别和作用封装到几个不同的类中,这些方法可以通过 JSP 内置对象进行调用。在 JSP 页面中,通过使用标准的变量可以访问这些内置对象,不需要编写任何额外的代码。前面使用的 out 就是一个内置对象,它是一个输出流,用于向客户端输出数据。out.print()方法将要输出的内容输出到用户浏览器上。

在内置对象中,request 和 response 对象是在客户端请求一个 JSP 页面时由 Tomcat 实时生成并作为服务参数传递给 JSP 的。从总体上说,request 对象提供的方法可以获取从客户机到服务器方向的网络请求分组的全部数据。

使用 request 对象的 getParameter()方法获取用户提交的数据的格式如下:

```
request.getParameter(String name)
```

其中，name 为要获取数据的参数（变量）名，如该参数存在，则返回参数值，否则返回空值 null。返回值类型为 String。

2. 处理数据

index.jsp 页面要实现如下功能：用户在浏览页面的过程中如果认为看到的地理信息内容是正确的，则在文本框中填写 correct，否则填写 wrong。用户提交数据后，index.jsp 根据接收到的 answer 变量取值显示不同的信息。在</form>标记后添加如代码清单 1-5 所示的内容。

代码清单 1-5　加入请求处理(index.jsp)

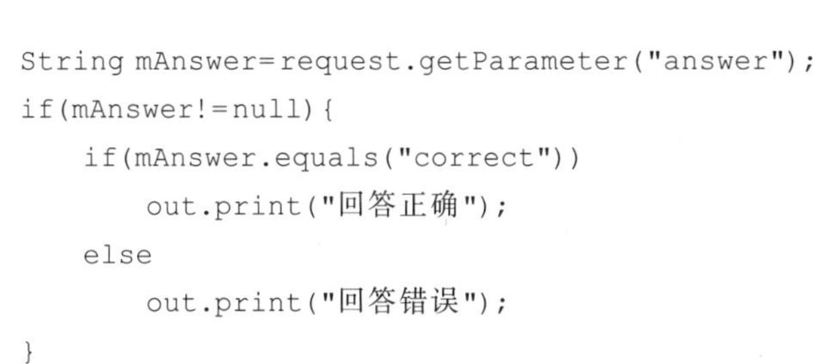

```
<%
    String mAnswer=request.getParameter("answer");
    if(mAnswer!=null){
        if(mAnswer.equals("correct"))
            out.print("回答正确");
        else
            out.print("回答错误");
    }
%>
```

我们通过这段代码来进一步理解图 1.16 所示的数据流程。对 index.jsp 页面的请求有两次。第一次是通过 HTTP 的 GET 方法实现的，由于此时用户并未回答问题，不存在 answer 参数，因此 mAnswer 为空，不输出任何信息；第二次是通过 HTTP 的 POST 方法实现的，此时用户提交了填好的数据，POST 请求中携带了 answer 参数。利用 request 对象获取 answer 参数取值后，根据用户填写的内容显示不同的信息。

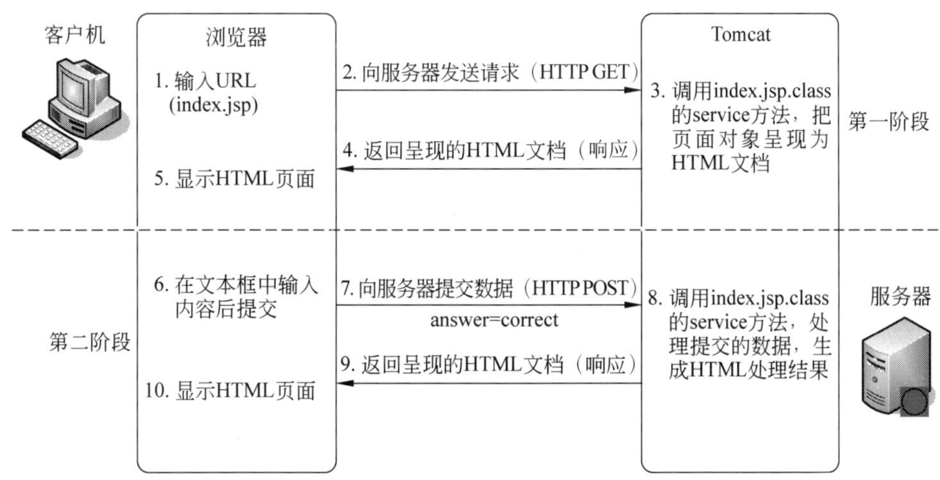

图 1.16　用户提交数据的流程

if(mAnswer!=null)条件判断非常重要，如果 mAnswer 为空，则执行 mAnswer.equals("correct")时会产生错误，页面无法打开。

视频

1.3.3 完善输入界面

一个好的交互式页面，一定是美观的、操作方便的。下面对 index.jsp 进行修改，完善其输入功能，并为页面添加样式。

1. 单选按钮输入

通过文本框让用户输入判断结果并不方便，而将其改成单选按钮更适合用户进行输入。将表单部分改写为如代码清单 1-6 所示。

代码

代码清单 1-6　用单选按钮作选择(index.jsp)

```
<form action="" method="post" name="frmmain">
    <input type="text" name="answer" />
    <input type="radio" name="answer" value="correct" />对
    <input type="radio" name="answer" value="wrong" />错
    <input type="submit" value="确定" />
</form>
```

类型为 radio 的 input 实现单选按钮功能，每个单选按钮的 name 属性都设为 answer。在单击第一个单选按钮时，answer 变量的取值为 correct；单击第二个单选按钮时，answer 变量的取值为 wrong。单击"确定"按钮时，将 answer 变量传递回服务器。运行结果如图 1.17 所示。

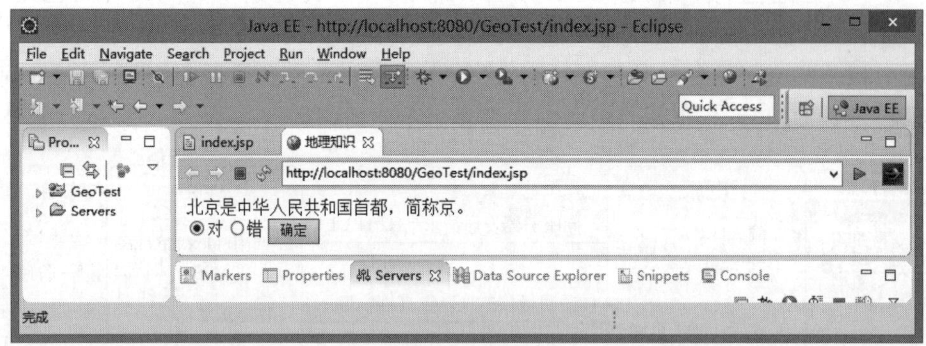

图 1.17　单选按钮输入

2. 去掉提交按钮

提交按钮的作用是单击时将 form 标签中所包含的文本框、选择按钮等输入的数据一起打包提交给服务器，实际上它是通过调用 form 的 submit()方法实现的。如果在单击单选按钮时就产生提交，则可以在单选按钮的单击事件中调用 form 的 submit()方法。

对表单内容作如下修改：为单选按钮添加单击事件，调用自定义的 frmsubmit()函数；去掉提交按钮；为 form 添加 id 属性(如代码清单 1-7 所示)。

代码

代码清单 1-7　为单选按钮添加单击事件(index.jsp)

```
<form action="" method="post" name="frmmain" id="frmmain">
    <input type="radio" name="answer" value="correct" onclick="frmsubmit();" />对
    <input type="radio" name="answer" value="wrong" onclick="frmsubmit();" />错
```

```
    <input type="submit" value="确定" />
</form>
```

在 head 部分添加自定义函数 frmsubmit()，如代码清单 1-8 所示。

代码清单 1-8　JavaScript 提交函数(index.jsp)

代码

```
<head>
…
<script type="text/javascript">
function frmsubmit(){
    var frm=document.getElementById("frmmain");
    frm.submit();
}
</script>
</head>
```

触发 form 的提交有很多实现方式，包括最简单的在 onclick 事件中直接调用 submit()方法。此处通过调用由 JavaScript 编写的自定义函数 frmsubmit()实现，请注意两种脚本的区别。

- JavaScript 脚本(JavaScript 代码)运行在客户浏览器中；JSP 脚本(Java 代码)运行在服务器中。
- JavaScript 脚本类似于 HTML 标签，在客户端是可见的，是用一种解释性的编程语言编写的，由浏览器解释执行；而 JSP 脚本元素在客户端是不可见的，即使在服务器端，也是经过编译以后运行的，需要 Java 运行环境。
- JavaScript 脚本可以控制浏览器和用户实时行为，提升用户体验，实现客户端数据的有效性验证；JSP 脚本元素不能控制浏览器，只能通过网络向客户浏览器发送动态生成的数据。

3. 添加样式

视频

页面显示的内容通常需要设定某种显示格式，如字体、大小、颜色等。CSS(层叠样式表)是用于控制网页样式并允许将样式信息与网页内容分离的一种标记性语言。为了便于管理，通常将样式文件.css 放置在单独的文件夹下。

(1) 建立 css 目录。在项目管理器中选中 WebContent 目录，右击，在弹出的快捷菜单中选择 New→Folder 选项，打开 New Folder 对话框。在 Folder name 文本框中输入 css，单击 Finish 按钮。

(2) 编写 style.css。在项目管理器中选中 css 目录，右击，在弹出的快捷菜单中选择 New→File 选项，打开 New File 对话框。在 File name 文本框中输入 style.css，单击 Finish 按钮，创建 style.css 文件(如代码清单 1-9 所示)。

代码清单 1-9　样式文件(style.css)

代码

```
body{
    font-size:20px;
    margin 0 auto;
    background:#fef5e6;
}
```

```
.question{
    font-weight:bold;
}
#answer{
    padding:10px;
    color:red;
    font-size:12px;
}
```

(3) 在页面中引用样式表。在<head>中添加对样式表的引用,如代码清单1-10所示。

代码

代码清单1-10　在页面中引用样式表(index.jsp)

```
<head>
...
<link href="css/style.css" rel="stylesheet" />
...
</head>
```

(4) 对页面内容使用样式,如代码清单1-11所示。

代码

代码清单1-11　在页面中使用样式(index.jsp)

```
<%@ page language="java" contentType="text/html; charset=UTF-8" pageEncoding=
"UTF-8"%>
<!DOCTYPE html PUBLIC "-//W3C//DTD HTML 4.01 Transitional//EN" "http://www.w3.
org/TR/html4/loose.dtd">
<html>
    <head>
        <meta http-equiv="Content-Type" content="text/html; charset=UTF-8">
        <title>地理知识</title>
        <link href="css/style.css" rel="stylesheet" />
        <script type="text/javascript">
          function frmsubmit(){
              var frm=document.getElementById("frmmain");
              frm.submit();
          }
        </script>
    </head>
    <body>
        <div class="question">
          北京是中华人民共和国首都,简称京。
        </div>
        <form action="" method="post" name="frmmain" id="frmmain">
            <input type="radio" name="answer" value="correct" onclick=
            "frmsubmit();"/>对
            <input type="radio" name="answer" value="wrong" onclick=
            "frmsubmit();" />错<br/>
```

```
        </form>
        <div id="answer">
            <%
                String mAnswer=request.getParameter("answer");
                if(mAnswer!=null){
                    if(mAnswer.equals("correct"))
                        out.print("回答正确");
                    else
                        out.print("回答错误");
                }
            %>
        </div>
    </body>
</html>
```

index.jsp 的运行结果如图 1.18 所示。

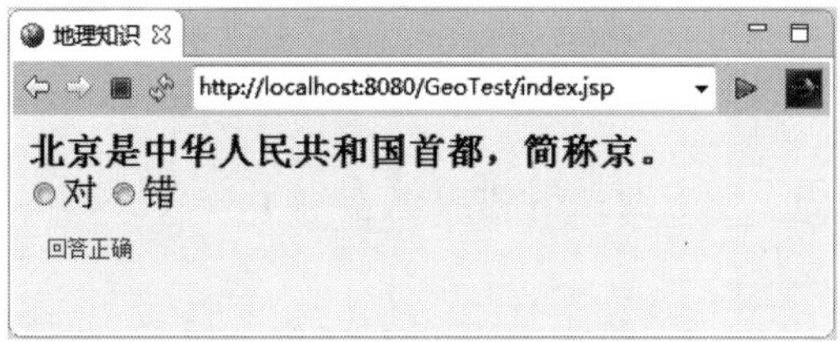

图 1.18　index.jsp 的运行结果

1.3.4　设置首页文件

在建立动态 Web 项目的过程中，在 Web Module 窗口中选择 Generate web.xml deployment descriptor 会自动在 WEB-INF 目录下生成项目部署文件 web.xml，内容如下：

```
<?xml version="1.0" encoding="UTF-8"?>
<web-app xmlns:xsi="http://www.w3.org/2001/XMLSchema-instance"
  xmlns="http://java.sun.com/xml/ns/javaee"
  xsi:schemaLocation="http://java.sun.com/xml/ns/javaee http://java.sun.com/
  xml/ns/javaee/web-app_3_0.xsd"
  id="WebApp_ID" version="3.0">
  <display-name>GeoTest</display-name>
  <welcome-file-list>
  <welcome-file>index.html</welcome-file>
  <welcome-file>index.htm</welcome-file>
  <welcome-file>index.jsp</welcome-file>
  <welcome-file>default.html</welcome-file>
  <welcome-file>default.htm</welcome-file>
  <welcome-file>default.jsp</welcome-file>
  </welcome-file-list>
</web-app>
```

其中,<welcome-file-list>设置启动网站时首页文件的查找顺序。也就是在输入网站网址时,如果不输入具体文件名(如 http://localhost:8080/GeoTest/),Tomcat 将按照 index.html、index.htm、index.jsp、default.html、default.htm、default.jsp 的顺序依次查找当前目录下的文件,如果查找到某一文件,则显示该文件。

修改 web.xml,将 index.jsp 设为第一查找文件。web.xml 更改后,需要重新启动 Tomcat。

实 验 1

实验目的

- 掌握 JSP 开发环境的搭建。
- 熟悉 JSP 开发环境的使用。
- 熟悉静态页面设计的常用标记。

实验内容

(1) 安装 JDK。

从 http://www.oracle.com/网站下载 JDK 软件并安装。

(2) 配置 JDK 环境变量。

创建环境变量 JAVA _HOME,值为 JDK 的具体安装目录;创建环境变量 CLASSPATH,值为.%JAVA_HOME%\lib\dt.jar;%JAVA_HOME%\lib;。

修改环境变量 PATH 的值,在原有值基础上添加%JAVA_HOME%\bin;。

(3) 在命令行提示符中输入 java -version,如果显示出 JDK 版本,则安装成功。

(4) 安装 Tomcat 软件。

从 http://tomcat.apache.org/网站下载 Tomcat 软件(ZIP 格式的文件),解压 Tomcat 到指定目录。Tomcat 目录所在路径应避免出现中文名称,配置 Tomcat 的端口和 Web 服务目录。

(5) 安装 Eclipse 软件。

从 http://www.eclipse.org/网站下载 Eclipse Java EE IDE for Web Developers 软件,解压并进行配置。

(6) 测试简单的 JSP 程序(见代码清单 1-2)。

(7) 调试静态页面(见附录 D 中的代码清单 D-1)。

(8) 调试 JSP 程序(见代码清单 1-11)。

(9) 修改配置文件 server.xml,将端口号由 Tomcat 默认的 8080 改为 9998,将 D:\test 文件夹设为 Web 服务目录,使用 myHome 作为虚拟目录访问 Web 服务目录。

习 题 1

一、选择题

1. 配置 JSP 运行环境时,若 Web 应用服务器选用 Tomcat,则以下说法中正确的是(　　)。

A. 先安装 Tomcat,再安装 JDK

B. 先安装 JDK,再安装 Tomcat

C. 不需要安装 JDK,安装 Tomcat 即可

D. JDK 和 Tomcat 只要都安装就可以,安装顺序没关系

2. Tomcat 服务器的默认端口号是(　　)。

A. 80　　B. 8080　　C. 21　　D. 2121

3. 当多个用户请求同一个 JSP 页面时,Tomcat 服务器为每个客户启动一个(　　)。

A. 进程　　B. 线程　　C. 程序　　D. 服务

4. 假设在 helloapp 应用中有一个 hello.jsp,它的文件路径为 D:/apache-tomcat-8.0.9/webapps/helloapp/hello/hello.jsp,那么在浏览器端访问 hello.jsp 的 URL 是(　　)。

A. http://localhost:8080/hello.jsp

B. http://localhost:8080/helloapp/hello.jsp

C. http://localhost:8080/helloapp/hello/hello.jsp

D. http://localhost:8080/webapps/helloapp/hello/dello.jsp

5. Tomcat 安装目录为 C:\Tomcat 9.0,端口号为 8080。Tomcat 启动后,如果在浏览器地址栏中输入下列内容(　　),则在浏览器中将显示 Tomcat 的默认主页。

A. http://localhost:80　　B. http://127.0.0.1:80

C. http://127.0.0.1:8080　　D. C:\Tomcat9.0\index.jsp

6. URL 是 Internet 中资源的命名机制,在端口取默认值时,URL 由三部分构成,分别是(　　)。

A. 协议、主机 DNS 名或 IP 地址、文件名

B. 主机 DNS 名或 IP 地址、文件名、协议

C. 协议、文件名、主机名

D. 协议、文件名、IP 地址

7. 表格中的行标记<tr>有许多属性,valign 属性不可以取下列(　　)值。

A. top　　B. middle　　C. left　　D. baseline

8. 用来在网页中显示图形的标记为(　　)。

A. <A href="文件名">　　B. <img src="文件名">

C. <center src="文件名">　　D. <picture src="文件名">

9. 下面(　　)是正确的超链接标记。

A. <a href="http://www.sohu.com" title="搜狐网" >搜狐网</a>

B. <a target="http://www.sohu.com" title="搜狐网" >搜狐网</a>

C. <a href="搜狐网" title="搜狐网" >http://www.sohu.com </a>

D. <a target="搜狐网" title="搜狐网" >http://www.sohu.com</a>

10. 当用户请求 JSP 页面时,JSP 引擎会执行该页面的字节码文件响应客户的请求,执行字节码文件的结果是(　　)。

A. 发送一个 JSP 源文件到客户端　　B. 发送一个 Java 文件到客户端

C. 发送一个 HTML 页面到客户端　　D. 什么都不做

11. 下面不属于<input>标记中的 type 属性取值的是(　　)。

A. text　　B. radio　　C. checkbox　　D. picture

12. <select>用于在表单中定义下拉列表框和滚动列表框控件,下列(　　)属性指定列表框的默认选项。

A. size　　B. value　　C. selected　　D. checked

13. <select>用于在表单中插入一个下拉菜单,它需要与(　　)标记配合使用。

A. <list>　　B. <item>　　C. <dot>　　D. <option>

14. 如果将 E:\MyWeb 作为 JSP 网站目录,则需要修改(　　)。

A. server.xml　　B. server.htm　　C. index.xml　　D. index.htm

二、填空题

1. Web 应用中的每一次信息交换都要涉及服务器和________两个层面。

2. input 表单域表示一个文本框时,它的 type 属性应该赋值为________。

3. 所有 JSP 程序操作都在________端执行。

4. HTML 文件是________文件格式,可以用文本编辑器进行编辑制作。

5. 在 Tomcat 目录中,________目录包含启动/关闭脚本。

6. 当今比较流行的技术研发模式是按 C/S 和________体系结构来实现的。

7. 关于 Tomcat 目录,________目录包含不同的配置文件。

8. HTML 文档的开头和结束元素为<html>和________。

9. 在表格定义中,表示单元格的子标记是________。

三、判断题

1. Tomcat 和 JDK 都不是开源的。(　　)

2. JSP 技术基于 Java 语言,是不区分大小写的。(　　)

3. 表单域一定要放在<form>元素中。(　　)

4. 动态网页和静态网页的根本区别在于服务器端返回的 HTML 文件是事先存储好的还是由动态网页程序生成的。(　　)

5. Web 开发技术包括客户端和服务器端的技术。(　　)

6. 超级链接不仅可以将文本作为链接对象,也可以将图像作为链接对象。(　　)

7. 一个 HTML 文档必须有<head>和<title>元素。(　　)

四、程序设计题

1. 设计一个含有提交表单的登录页面 index.html 用于提交账号和密码,密码框中的内容以“*”显示,表单的 action 属性指定页面为 login.jsp,单击“清空”按钮将清除账号和密码输入框中的内容。

2. 设计一个静态页面 a.html,创建一个 5 行 4 列的表格,显示学生相关信息,包括学号、姓名、性别、年龄。

CHAPTER 第 2 章 JSP 基本语法

JSP 页面可以嵌入 HTML 标签、指令、动作、脚本、扩展标签等内容。这些内容可分成元素和模板数据两部分。元素是在 JSP 基本语法中定义的内容，JSP 容器在转换阶段将元素翻译成相应的 Java 代码。JSP 页面中其他的所有内容都是模板数据，也就是说，JSP 容器不知道如何翻译的任何内容都是模板数据。JSP 容器对模板数据不做处理，例如 HTML 内容会直接送到客户端执行。

JSP 定义的元素有 4 种类型：指令、脚本、动作和表达式语言。本章介绍前三种元素类型。本章也将对 GeoTest 应用进行功能升级，让该应用能提供更多的地理知识测试题目。

2.1 脚本元素

视频

脚本元素是 JSP 页面中嵌入的 Java 代码，它包括声明(declaration)、脚本小程序(scriptlet)和表达式(expression)3 种类型，语法格式分别如下。

- 声明：<%! … %>。
- 脚本小程序：<% … %>。
- 表达式：<%= … %>。

2.1.1 声明

视频

声明的作用是在 JSP 程序中声明变量、方法和类。声明语法如下：

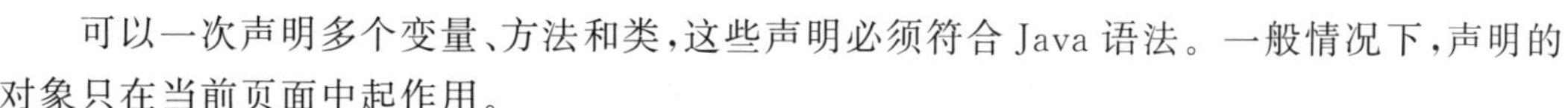

```
<%! declaration; [ declaration; ] … %>
```

可以一次声明多个变量、方法和类，这些声明必须符合 Java 语法。一般情况下，声明的对象只在当前页面中起作用。

1. 声明变量

在声明变量时，变量类型可以是 Java 语言允许的任何数据类型。这些变量称为 JSP 页面的成员变量。由于 JSP 容器将 JSP 页面转换成 Java 文件时将<%!和%>之间声明的变量作为 Servlet 类的成员变量，因此这些变量在整个 JSP 页面内有效。当有多个用户请求一个 JSP 页面时，JSP 容器为每个客户启动一个线程，这些线程共享 JSP 页面的成员变量，因此任何一个用户对 JSP 页面成员变量的操作的结果都会影响到其他用户。

2. 声明方法

与成员变量一样，在<%!和%>之间声明的方法作为 Servlet 类的方法，在整个 JSP 页面内有效。需要注意的是,在方法中定义的变量只在该方法内有效。

3. 声明类

除了声明变量和方法外,还可以在<%!和%>之间声明类。由于该类在 Servlet 类的内部,以内部类形式存在,因此它只在本 JSP 页面内有效,即在 JSP 页面的 Java 程序部分可以使用由该类创建的对象。

视频

为了让 GeoTest 应用能提供更多的地理知识测试题目,在 index.jsp 中声明一个 GeoQuestion 类。该类的一个实例代表一个题目,类中包含每个地理知识测试题目的内容和描述是否正确两项信息。

打开 index.jsp,在<body>标记后插入如代码清单 2-1 所示的声明。

代码

代码清单 2-1　声明 GeoQuestion 类(index.jsp)

```
<%!
    public class GeoQuestion{
        private String mQuestion;
        private boolean mTrueQuestion;
        public GeoQuestion(String question,boolean trueQuestion){
            mQuestion=question;
            mTrueQuestion=trueQuestion;
        }
    }
%>
```

再利用声明变量的方式创建一个 GeoQuestion 数组对象存储测试题目。数据对象访问方式如图 2.1 所示。

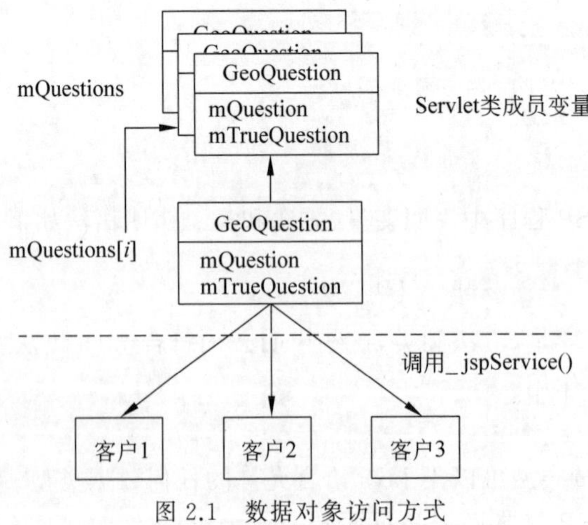

图 2.1　数据对象访问方式

在类 GeoQuestion 中为两个私有变量添加 getter()方法,如代码清单 2-2 所示。

代码清单 2-2　声明变量、数组、GeoQuestion 类(index.jsp)

代码

```
<%!
    int i=0;
```

```
    private GeoQuestion[] mQuestions=new GeoQuestion[]{
            new GeoQuestion("北京是中华人民共和国首都,简称京。",true),
            new GeoQuestion("中国钢产量最多的省是湖南省。",false) ,
            new GeoQuestion("新疆维吾尔自治区是中国面积最大的省级行政区。",true)
    };
    public class GeoQuestion{
        private String mQuestion;
        private boolean mTrueQuestion;
        public GeoQuestion(String question,boolean trueQuestion){
            mQuestion=question;
            mTrueQuestion=trueQuestion;
        }
        public String getQuestion(){
            return mQuestion;
        }
        public boolean isTrueQuestion(){
            return mTrueQuestion;
        }
    }
%>
```

2.1.2　脚本小程序

视频

脚本小程序是在 JSP 程序中嵌入的一段 Java 代码。其基本语法如下：

```
<% Java 代码 %>
```

脚本小程序在<%和%>之间插入，可以包含多个 Java 语句。一个 JSP 页面可以包含多个脚本小程序，这些脚本小程序由 JSP 容器顺序执行。如 1.2.3 节所述，脚本小程序 Java 代码会按顺序插入 Servlet 类的_jspservice()方法中。因此，声明中的变量也称为局部变量或方法变量，它们在 JSP 页面的所有脚本小程序内都有效。

下面更新 index.jsp 中的脚本小程序，如代码清单 2-3 所示。

代码清单 2-3　修改页面内容显示来源（index.jsp）

代码

```
<%out.print("北京是中华人民共和国首都,简称京。");%>
<%
    i=(i+1)% mQuestions.length;
    out.print(mQuestions[i].getQuestion());
%>
```

运行 index.jsp，单击页面刷新按钮，客户端重新发起请求。由于 *i* 变量发生变化，因此可以看到显示了下一个题目。

为符合用户的操作习惯，添加一个“下一题”提交按钮。由于一个表单在提交时会把表单中的所有输入一起提交，因此提交选择结果和提交转到下一题应该分开，可以使用两个表单分别提交（如代码清单 2-4 所示）。

代码

代码清单 2-4　增加第二个表单及处理（index.jsp）

```
<%
  if(request.getParameter("next")!=null)
    i=(i+1)%mQuestions.length;
  out.print(mQuestions[i].getQuestion());
%>
<form action="" method="post" name="frmmain" id="frmmain">
  <input type="radio" name="answer" value="correct" onclick="frmsubmit();" />对
  <input type="radio" name="answer" value="wrong" onclick="frmsubmit();"/>错
</form>
<form action="" method="post" name="frmnext">
  <input type="submit" name="next" value="下一题" />
</form>
```

在第二个form中,提交按钮设置了name属性,表单提交时会把value值传给服务器。如果不设置name属性,则提交按钮值不会回传。

视频

2.1.3 表达式

表达式是由常量、变量和运算符组成的式子。在处理请求时,表达式被计算并插入输出流中返回给客户端。表达式语法如下:

```
<%=expression %>
```

其中,“<%=”中的3个字符之间不能有空格,表达式之后不能有“;”。

在index.jsp的声明中添加方法,如代码清单2-5所示。

代码

代码清单 2-5　声明中添加方法（index.jsp）

```
<%!
…
private String checkAnswer(int p,boolean mTrueAnswer){
    if(mQuestions[p].isTrueQuestion()==mTrueAnswer)
        return "回答正确";
    else
        return "回答错误";
}
…
%>
```

方法checkAnswer()找到当前位置p所对应题目的对错信息,如果给定的答案与题目对错信息一致,则返回“回答正确”,否则返回“回答错误”。

修改index.jsp中在用户选择后显示信息的部分,用表达式给出选择后显示的信息,如代码清单2-6所示。

代码清单 2-6　用表达式显示选择对错（index.jsp）

```
<%
    String mAnswer=request.getParameter("answer");
    boolean mTrueQuestion;
    if(mAnswer!=null){
        if(mAnswer.equals("correct"))
            mTrueQuestion=true;
        else
            mTrueQuestion=false;
%>
<%=checkAnswer(i,mTrueQuestion)%>
<%
}
%>
```

在上述代码中，表达式被嵌入脚本中，脚本相应地分成两部分。index.jsp 的运行结果如图 2.2 所示。

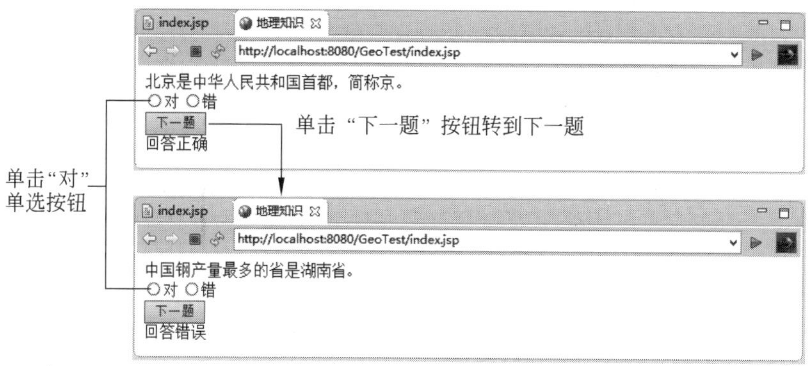

图 2.2　index.jsp 的运行结果

完整页面代码如代码清单 2-7 所示。

代码清单 2-7　完整页面代码(index.jsp)

```
<%@ page language="java" contentType="text/html; charset=UTF-8" pageEncoding=
"UTF-8"%>
<!DOCTYPE html PUBLIC "-//W3C//DTD HTML 4.01 Transitional//EN" "http://www.w3.
org/TR/html4/loose.dtd">
<html>
<head>
    <meta http-equiv="Content-Type" content="text/html; charset=UTF-8">
    <title>地理知识</title>
    <script type="text/javascript">
    function frmsubmit(){
        var frm=document.getElementById("frmmain");
        frm.submit();
    }
```

```
    </script>
  </head>
  <body>
    <%!
     int i=0;
     private GeoQuestion[] mQuestions=new GeoQuestion[]{
           new GeoQuestion("北京是中华人民共和国首都,简称京。",true),
           new GeoQuestion("中国钢产量最多的省是湖南省。",false),
           new GeoQuestion("新疆维吾尔自治区是中国面积最大的省级行政区。",true)
     };
     private String checkAnswer(int p,boolean mTrueAnswer){
         if(mQuestions[p].isTrueQuestion()==mTrueAnswer)
             return "回答正确";
         else
             return "回答错误";
     }
     public class GeoQuestion{
         private String mQuestion;
         private boolean mTrueQuestion;
         public GeoQuestion(String question,boolean trueQuestion){
             mQuestion=question;
             mTrueQuestion=trueQuestion;
         }
         public String getQuestion(){
             return mQuestion;
         }
         public boolean isTrueQuestion(){
             return mTrueQuestion;
         }
     }
    %>
    <%
       if(request.getParameter("next")!=null)
          i=(i+1)%mQuestions.length;
       out.print(mQuestions[i].getQuestion());
    %>
    <form action="" method="post" name="frmmain" id="frmmain">
       <input type="radio" name="answer" value="correct" onclick="frmsubm-
       it();" />对
       <input type="radio" name="answer" value="wrong" onclick="frmsubm-
       it();" />错<br/>
    </form>
    <form action="" method="post" name="frmnext">
    <input type="submit" name="next" value="下一题" />
    </form>
```

```
    <%
        String mAnswer=request.getParameter("answer");
        boolean mTrueQuestion;
        if(mAnswer!=null){
            if(mAnswer.equals("correct"))
            mTrueQuestion=true;
        else
            mTrueQuestion=false;
    %>
    <%=checkAnswer(i,mTrueQuestion) %>
    <%
      }
    %>
</body>
</html>
```

2.2　指令元素

视频

JSP 指令用于设置整个页面属性并告诉 JSP 引擎如何处理该页面，它并不向客户端产生任何输出。通过 JSP 指令可以设置页面的导入类、内容类型及编码、错误处理和会话信息等。指令元素的语法格式如下：

```
<%@ 指令名 属性名 1="属性值" 属性名 2="属性值" … %>
```

其中，"<%@"中的 3 个符号之间没有空格。

JSP 2.3 中有 3 种指令：page、include 和 taglib，本节只介绍 page 和 include 指令。

2.2.1　page 指令

page 指令定义了一组与页面相关的属性。这些属性在 Tomcat 将 JSP 页面转换成 Servlet 类时会转换为相应的 Java 代码。一个 JSP 页面可以包含多个 page 指令。page 指令的语法格式如下：

```
<%@ page 属性名 1="属性值" 属性名 2="属性值" … %>
```

page 指令提供了表 2.1 所示的属性，其中的很多属性可以省略。当属性省略时，指令会使用默认值设置相关属性值。

1. language 属性

language 属性设置 JSP 页面使用的语言，目前只支持 Java，默认值为 java。通常不需要设置。

```
<%@ page language="java" %>
```

2. extends 属性

JSP 其实是一个特殊的 Servlet，最终会被翻译成 Servlet 程序。翻译后生成的 Servlet 一般都继承一个父类，默认值为 HttpJspBase 类，可以通过 extends 属性来自定义继承的超类。例如：

```
<%@ page language="java" extends="com.example.JSPDemo" %>
```

翻译后的Servlet程序将继承com.example包下的JSPDemo类。

表2.1 page指令属性

属性名	说　明	默　认　值
language	定义JSP页面所用的脚本语言	java
extends	指定Servlet从哪个类继承	HttpJspBase类
import	导入要使用的Java类	
pageEncoding	指定页面编码方式	ISO 8859-1
contentType	指定当前JSP页面的MIME类型和字符编码	text/html;charset=ISO 8859-1
session	指定JSP页面是否使用会话	true
buffer	指定out对象使用的缓冲区的大小	8KB
autoFlush	控制out对象的缓冲区是否要自动清除,缓冲区满会产生异常	true
isErrorPage	指定当前页面是否为错误处理页面	false
errorPage	指定当JSP页面发生异常时需要转向的错误处理页面	
isThreadSafe	指定对JSP页面的访问是否为线程安全	true
info	定义JSP页面的描述信息	
isELIgnored	指定是否忽略EL表达式	false

视频

3. import属性

import属性设置JSP导入的类包,嵌入的Java代码片段需要导入相应的类包。如果需要导入多个类包,各类包之间用","分开。使用import属性引用类文件必须写全名(即带上包名)。例如:

```
<%@ page import="java.util.*,java.io.*" %>
```

只有import属性可以重复设置多次,其他任何属性都不能多次设置。

JSP页面默认import属性已经有如下值:

java.lang.*、javax.servlet.*、javax.servlet.jsp.*、javax.servlet.http.*

2.1节在index.jsp声明中定义的内部类GeoQuestion的作用域仅为index.jsp页面,不能在其他页面使用该类。另外,测试题库由页面定义也存在同样的问题。下面修改index.jsp。

(1) 在项目资源管理器中,选择Java Resources下的src,右击,在弹出的快捷菜单中选择New→Package选项,输入新包名称:com.geotest。

(2) 右击com.geotest类包,在弹出的快捷菜单中选择New→Class选项。在新建Java类窗口中的Name处输入GeoQuestion,保持默认的超类java.lang.Object不变,单击Finish按钮,完成新建类。

(3) 将index.jsp声明部分的GeoQuestion类的内容复制到com.geotest包下的

GeoQuestion 类中，如图 2.3 所示。

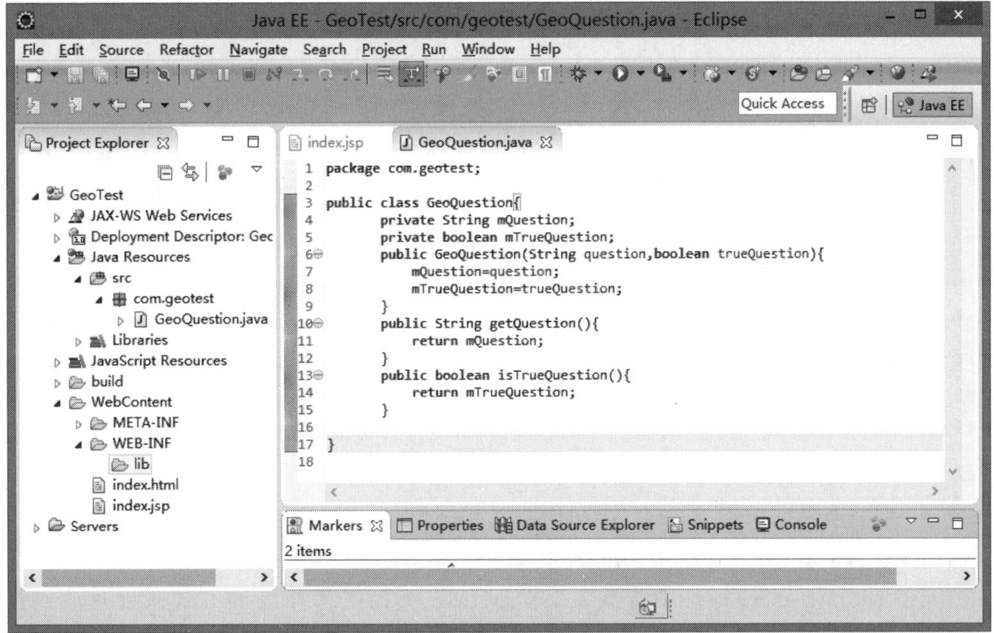

图 2.3　在 com.geotest 包下建立 GeoQuestion 类

(4) 在 com.geotest 包下新建 GeoQuestionBank 类，如代码清单 2-8 所示。

代码清单 2-8　测试题（GeoQuestionBank.java）

代码

```
package com.geotest;
public class GeoQuestionBank {
    private static GeoQuestion[] questions={
        new GeoQuestion("北京是中华人民共和国首都,简称京。",true),
        new GeoQuestion("中国钢产量最多的省是湖南省。",false),
        new GeoQuestion("新疆维吾尔自治区是中国面积最大的省级行政区。",true)
    };
    public static GeoQuestion[] getQuestions(){
        return questions;
    }
}
```

代码

(5) 在 index.jsp 的 page 指令中设置 import 属性。

```
<%@ page language="java" import="com.geotest.*" contentType="text/html;
charset=UTF-8" pageEncoding="UTF-8"%>
```

修改 index.jsp 的声明部分，如代码清单 2-9 所示。

代码清单 2-9　页面引入测试题（index.jsp）

代码

```
<%!
    int i=0;
```

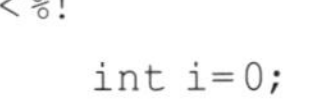

```
    private GeoQuestion[] mQuestions=GeoQuestionBank.getQuestions();
    private String checkAnswer(int p,boolean mTrueAnswer){
    …
    }
%>
```

视频

在 src 目录中建立一个类,当所有的 JSP 页面在 page 指令中进行 import 属性设置后,就都可以使用该类。GeoQuestion 类在 JSP 页面运行前会编译成.class 文件,存储在网站根目录的 WEB-INF 目录的 classes 目录下。

4. pageEncoding 属性

pageEncoding 属性指定页面编码格式。如果设置为 ISO 8859-1(默认值),则页面不支持中文,通常设置为 GBK 或 UTF-8。

```
<%@ page pageEncoding="UTF-8" %>
```

5. contentType 属性

contentType 属性设置页面的 MIME 类型和编码。MIME(多用途 Internet 邮件扩展)类型包括 text/html、text/plain、image/gif、image/jpeg、audio/mpeg、application/msword、application/vnd.ms-excel 等。浏览器会根据 MIME 类型选择相应的方式来处理收到的信息,如图 2.4 和代码清单 2-10 所示。通常,编写中文页面并希望浏览器按 HTML 解释页面内容时,可进行如下设置:

```
<%@ page contentType="text/html; charset=UTF-8" %>
```

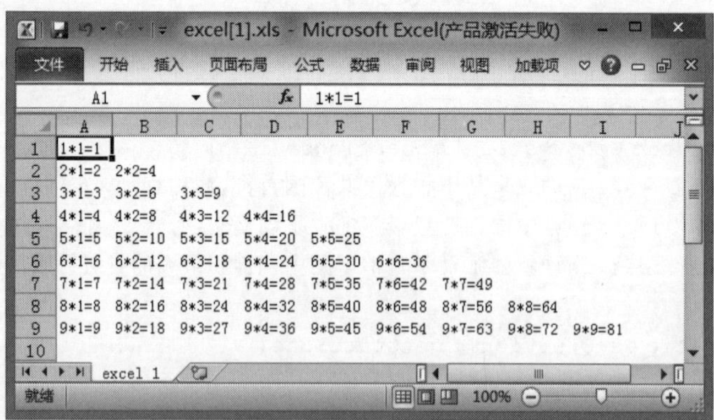

图 2.4 浏览器使用 Excel 打开收到的页面

设置 contentType 时常见的错误是写成<%@ page contentType="text/html"; charset="UTF-8" %>。

代码清单 2-10 浏览器用 Excel 打开页面 (excel.jsp)

代码

```
<%@ page language="java" contentType="application/vnd.ms-excel; charset=UTF-8"
pageEncoding="UTF-8"%>
<!DOCTYPE html PUBLIC "-//W3C//DTD HTML 4.01 Transitional//EN" "http://www.w3.
org/TR/html4/loose.dtd">
```

```
<html>
    <head>
        <meta http-equiv="Content-Type" content="text/html; charset=UTF-8">
        <title>乘法表</title>
    </head>
    <body>
        <table>
            <%
                for(int i=1;i<=9;i++){
                    out.print("<tr>");
                    for(int j=1;j<=i;j++){
                        out.print("<td>"+i+"*"+j+"="+i*j+"</td>");
                    }
                    out.print("</tr>");
                }
            %>
        </table>
    </body>
</html>
```

6. session 属性

视频

session 属性指定页面是否使用 HTTP 的会话对象，默认值为 true。

```
<%@ page session="true"%>
```

7. buffer 属性

buffer 属性设置页面 out 对象的缓冲区大小，默认值为 8KB。单位只能使用 KB，建议使用 8 的倍数作为属性值。例如：

```
<%@ page buffer="16kb" %>
```

out 对象缓冲区将在第 3 章作详细解释。

8. autoFlush 属性

autoFlush 属性设置页面缓存满时是否自动刷新缓存，默认值为 true。如果设置成 false，则缓存满时会抛出异常。例如：

```
<%@ page autoFlush="false" %>
```

9. isErrorPage 属性

视频

isErrorPage 属性可以将当前页面设置成错误处理页面来处理另一个 JSP 页面的错误，也就是作为异常处理页面。

```
<%@ page isErrorPage="true" %>
```

10. errorPage 属性

errorPage 属性设置当前页面的异常处理页面，对应的异常处理页面 isErrorPage 必须设置为 true。如果设置该属性，那么在 web.xml 文件中定义的任何错误处理页面都将被忽略,优先使用该属性定义的异常处理页面。

```
<%@ page errorPage="registerErrorPage.jsp" %>
```

11. isThreadSafe 属性

isThreadSafe 属性表示是不是线程安全的,用来设置当前 JSP 页面是否能够同时响应超过一个以上的用户请求。

12. info 属性

info 属性非常简单,它并不对 JSP 页面进行设置,只是定义一个字符串作为页面的说明性文本,可以使用 servlet.getServletInfo 获得它所定义的信息。例如:

```
<%@ page info="JSP 演示页面 " %>
<%
    out.println(getServletInfo());          //输出 info 属性所定义的字符串
%>
```

13. isELIgnored 属性

EL 是 Expression Language 的缩写,即表达式语言(后面将会介绍)。isELIgonred 属性用来设置 JSP 页面中的 EL 是否可用,true 表示忽略,不可用;false 表示不忽略,可用。isELIgnored 属性的默认值为 false,即 EL 可用。JSP 2.3 规范建议使用 EL,这样会使得 JSP 的格式更加一致。

视频

2.2.2　include 指令

JSP 的 include 指令用来引用外部文件,可以放在 JSP 文件的任意位置。被包含的文件可以是 HTML 文件、JSP 文件、文本文件或一段 Java 代码。

include 指令表示静态引用,在 JSP 页面翻译成 Servlet 前,将引用的文件内容插入当前位置(合并两个文件)。

include 指令的语法格式如下:

```
<%@ include file=" URL" %>
```

URL 为相对路径。如果 URL 仅指定文件名,没有指定文件路径,那么表示文件位于当前目录下。URL 不能为变量,也不能包含参数,例如 index.jsp?answer＝correct 是不合法的。

许多站点在页面上包含导航栏和版权栏。它们通常出现在页面的顶部、左右侧和底部,并且包含在每一个页面中。这用 include 指令来实现是很自然的,如果把这些语句复制到每一个页面,则无疑难以维护。

选择网站根目录 WebContent,右击,在弹出的快捷菜单中选择 New→JSP File 选项,新建 header.jsp(如代码清单 2-11 所示)。

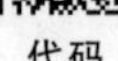

代码

代码清单 2-11　被包含页面的代码 (header.jsp)

```
<%@ page pageEncoding="UTF-8"%>
<%@ page import="java.util.Date" %>
```

```
<%Date date=new Date(); %>
地理知识,共<%=mQuestions.length %>题　当前时间为<%=date.toLocaleString() %>
<hr>
```

视频

由于在 header.jsp 中不存在 mQuestions 定义，因此在 Eclipse 中编辑时会出现错误。这里不用纠正这个错误，直接保存 header.jsp。

在 index.jsp 中的显示内容之前插入 include 指令，如代码清单 2-12 所示。

代码

代码清单 2-12　包含页面（index.jsp）

```
<%@ include file="header.jsp" %>
<%
  if(request.getParameter("next")!=null)
    i=(i+1)%mQuestions.length;
  out.print(mQuestions[i].getQuestion());
%>
```

运行结果如图 2.5 所示。

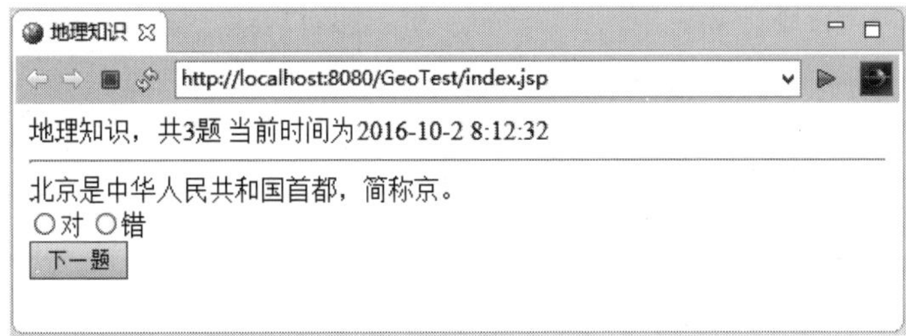

图 2.5　加入 include 指令后的运行结果

在项目资源管理器中存在出错标记并不是好的设计，本例仅为了说明如何使用 include 指令，header.jsp 和 index.jsp 在编译时实际被合并为一个文件。因为文件是在页面被转换时插入的，因此如果 header.jsp 发生改变，则需要将所有指向它的 JSP 页面全部重新编译一次。

2.3　动作元素

JSP 的动作利用 XML 语法格式的标记来控制 JSP 容器的行为。利用 JSP 动作可以动态地插入文件、重用 JavaBean 组件、把用户重定向到另外的页面、为 Java 插件生成 HTML 代码。与 JSP 指令元素不同的是，JSP 动作元素在请求处理阶段起作用。动作的语法格式如下：

```
<jsp:action_name attribute="value" />
```

动作的语法符合 XML 标准，使用时区分大小写，例如<jsp:useBean>与<jsp:usebean>是不同的。

JSP 定义了 20 种动作，其中的常用动作如表 2.2 所示。

表 2.2 JSP 常用动作

动 作	说 明	举 例
<jsp:useBean>	定义或实例化一个 JavaBean	<jsp:useBean id="q" class="bean.Question" />
<jsp:setProperty>	设置 JavaBean 的属性	<jsp:setProperty name="q" property="Id" value="010001" />
<jsp:getProperty>	输出某个 JavaBean 的属性	<jsp:getProperty name="q" property="Id"/>
<jsp:include>	在页面被请求时引入一个文件	<jsp:include page="header.jsp">
<jsp:forward>	把请求转到一个新的页面	<jsp:forward page="welcome.jsp" />
<jsp:params>	包含一组<jsp:param>	<jsp:params> <jsp:param name="username" value="u1" /> <jsp:param name="password" value="u1" /> </jsp:params>
<jsp:param>	以 key-value(键-值对)形式为其他动作元素提供参数	<jsp:param name="username" value="u1" />
<jsp:plugin>	在页面中插入 Java Applet 小程序或 JavaBean	<jsp:plugin type="applet" code="com.MyApplet.class" codebase="." />
<jsp:fallback>	jsp:plugin 的子标识,当使用<jsp:plugin>标识加载失败时,向用户输出提示信息	<jsp:fallback>加载 Applet 失败</jsp:fallback>
<jsp:element>	定义动态 XML 元素	
<jsp:attribute>	设置动态定义的 XML 元素属性	
<jsp:body>	设置动态定义的 XML 元素内容	<jsp:element name="stu"> <jsp:attributee name="id">01</jsp:attributee> <jsp:body>liming</jsp:body> </jsp:element> 生成的结果: <stu id="01">liming</stu>

视频

2.3.1 <jsp:param>动作

<jsp:param>动作用来以 key-value 形式为其他动作元素提供参数。它一般与<jsp:include>、<jsp:forward>和<jsp:plugin>一起使用。其语法格式如下:

```
<jsp:param name="key Name" value="key Value" />
```

其中,name 指定参数的名称,value 指定参数值。参数值可以是一个具体的值,也可以是一个表达式。例如:

```
<jsp:param name="username" value="u1" />
```

视频

2.3.2 <jsp:include>动作

<jsp:include>动作用来在当前 JSP 页面中动态地包含一个 HTML 文件或 JSP 文件。

<jsp:include>可以自动区分被包含的页面是静态的还是动态的。如果被包含页面是静态页面，则与<%@ include %>指令一样，将内容包含进来处理；如果被包含页面是动态页面，则被包含页面也会被 JSP 容器编译。在请求处理期间，JSP 页面向被包含动态页面发送请求，然后将其处理结果插入本 JSP 页面的响应流中。其语法格式如下：

```
<jsp:include page=" URL" flush="true|false" />
```

或

```
<jsp:include page=" URL" flush="true|false" >
<jsp:param … />
</jsp:include>
```

其中，page 指定被包含文件的相对路径或可以转换为相对路径的表达式。flush 为可选，设定在包含页面之前是否刷新缓冲区，true 为刷新，false 为不刷新，默认值为 false。

如果通过<jsp: param>向 include 动作传递了参数，则在被包含页面中，可以通过 request 的 getParameter 方法获取参数值。

下面修改 header.jsp，如代码清单 2-13 所示。

代码清单 2-13　题目数量由参数取出 (header.jsp)

代码

```
<%@ page pageEncoding="UTF-8"%>
<%@ page import="java.util.Date" %>
<%Date date=new Date(); %>
地理知识,共<%=mQuestions.length %>题 当前时间为<%=date.toLocaleString() %>
地理知识，共<%= request.getParameter("count") %>题    当前时间为<%=date.
toLocaleString() %>
<hr>
```

保存 header.jsp，可以看到原来的出错提示消失。

将 index.jsp 中 include 指令替换为 include 动作，如代码清单 2-14 所示。

代码清单 2-14　用 include 动作包含动态页面 (index.jsp)

代码

```
<jsp:include page="header.jsp">
<jsp:param name="count" value="<%=mQuestions.length %>" />
</jsp:include>
<%@ include file="header.jsp" %>
```

include 指令与<jsp:include>动作的功能相近，但是两者在运行机制上存在本质差别。include 动作的处理发生在 JSP 请求处理期，index_jsp.class 不包含 header_jsp.class 的代码，只是包含对包含文件的请求，如图 2.6 所示。

include 动作可以传递参数，include 指令不能传递参数。

被引用文件不能包含某些 JSP 代码(例如不能设置 HTTP 头)。

2.3.3　<jsp:forward>动作

视频

<jsp:forward>动作告诉 JSP 容器停止当前 JSP 页面的执行，把请求转向另一个资源，

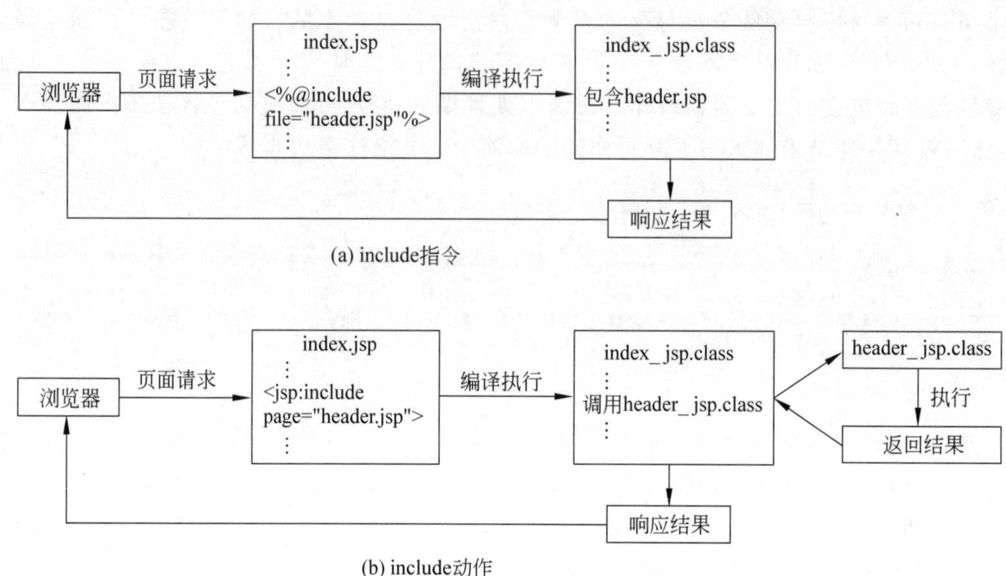

图 2.6 include 指令与 include 动作的运行机制

可以是一个 HTML 文件、JSP 页面或 Servlet。请求转向的资源必须与该 JSP 页面在同一个上下文环境中,即必须属于同一个 Java Web 应用程序。在跳转时,可以通过 param 动作为 forward 动作添加参数。其语法格式如下:

```
<jsp:forward page="URL" />
```

或

```
<jsp:forward page="URL" >
    <jsp:param … />
</jsp:forward>
```

page 属性包含的是一个相对 URL。page 的值既可以直接给出,也可以在请求时动态计算。例如:

```
<jsp:forward page="welcome.jsp" />
<jsp:forward page="<%=someJavaExpression %>" />
```

下面通过向 GeoTest 项目中添加登录功能来说明 forward 动作的使用。在测试地理知识的过程中,非匿名用户需要通过登录页面提供用户相关信息。首先需要创建用户类。

(1) 右击 com.geotest 类包,在弹出的快捷菜单中选择 New→Class 选项。在新建 Java 类窗口中的 Name 处输入 User,保持默认的超类 java.lang.Object 不变,单击 Finish 按钮,完成新建类操作。

(2) 在 User.java 中,新增两个成员变量和一个构造方法(如代码清单 2-15 所示)。

代码清单 2-15 User 类中的新增代码(User.java)

```
package com.geotest;
public class User {
```

```
    private String mUserName;
    private String mPassWord;
    public User(String userName,String passWord){
        mUserName=userName;
        mPassWord=passWord;
    }
}
```

(3) 在 User.java 中，右击构造方法的后方区域，在弹出的快捷菜单中选择 Source→Generate Getters and Setters 选项。在弹出的对话框中单击 Select All 按钮，为每个变量都生成 getter()与 setter()方法(如代码清单 2-16 所示)。

代码清单 2-16　生成 getter()与 setter()方法（User.java）

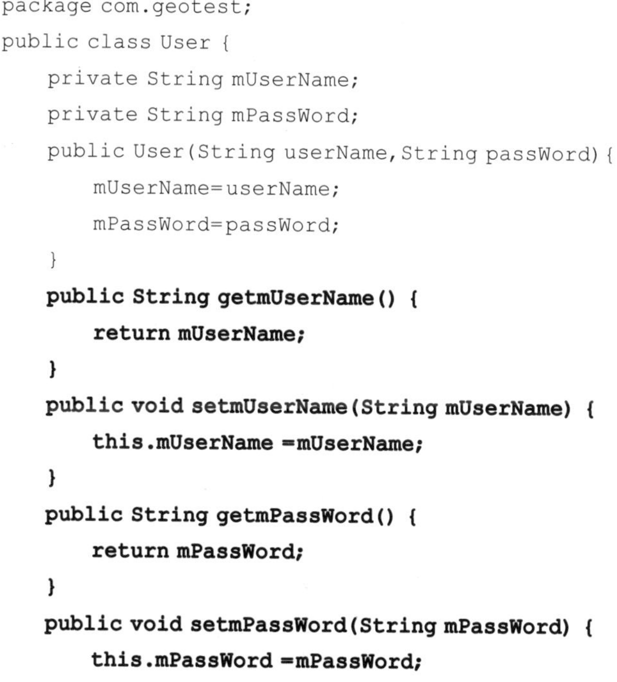

```
package com.geotest;
public class User {
    private String mUserName;
    private String mPassWord;
    public User(String userName,String passWord){
        mUserName=userName;
        mPassWord=passWord;
    }
    public String getmUserName() {
        return mUserName;
    }
    public void setmUserName(String mUserName) {
        this.mUserName =mUserName;
    }
    public String getmPassWord() {
        return mPassWord;
    }
    public void setmPassWord(String mPassWord) {
        this.mPassWord =mPassWord;
    }
}
```

(4) 右击 com.geotest 类包，新建 UserBank.java 类，用来存储用户信息。如代码清单 2-17 所示，添加 check()方法，判断 User 对象是否满足一定条件。如果用户名和密码符合特定值，则返回 true，否则返回 false。

代码清单 2-17　check()方法（UserBank.java）

```
package com.geotest;
public class UserBank {
    private static User[] users={new User("u1","1234"),new User("u2","1234"),new
    User("u3","1234")};
    public static boolean check(User u){
```

```
        for(int i=0;i<users.length;i++){
            if(users[i].getmUserName().equals(u.getmUserName())&&users[i].
            getmPassWord().equals(u.getmPassWord()))
            return true;
        }
        return false;
    }
}
```

(5) 选择网站根目录 WebContent,右击,在弹出的快捷菜单中选择 New→JSP File 选项,新建 login.jsp。修改编码方式,在 page 指令中添加 import 属性,导入类包。添加一个表单,实现输入功能(如代码清单 2-18 所示)。

代码清单 2-18　用户登录页面(login.jsp)

代码

```
<%@ page language="java" contentType="text/html; charset=UTF-8" pageEncoding="
UTF-8"%>
<%@ page import="com.geotest.* " %>
<!DOCTYPE html PUBLIC "-//W3C//DTD HTML 4.01 Transitional//EN" "http://www.w3.
org/TR/html4/loose.dtd">
<html>
    <head>
        <meta http-equiv="Content-Type" content="text/html; charset=UTF-8">
        <title>用户登录</title>
    </head>
    <body>
        <form action=" " method="post" >
            用户: <input type="text" name="userName" /><br/><br/>
            密码: <input type="password" name="passWord" /><br/><br/>
            <input type="submit" value="登录" />
        </form>
    </body>
</html>
```

(6) 为 login.jsp 表单输入添加处理程序,如代码清单 2-19 所示。

代码清单 2-19　登录页面用户输入数据的处理(login.jsp)

代码

```
</form>
<%
    String mUserName=request.getParameter("userName");
    String mPassWord=request.getParameter("passWord");
    if(mUserName!=null&&mPassWord!=null){
        User u=new User(mUserName,mPassWord);
        if(UserBank.check(u)){
%>
    <jsp:forward page="index.jsp">
    <jsp:param name="userName" value="<%=u.getmUserName() %>" />
```

```
    </jsp:forward>
    <%
        }
        else{
            out.print("用户名或密码不对!");
        }
    }
    %>
</body>
</html>
```

（7）在 header.jsp 中读入用户名，如代码清单 2-20 所示。

代码清单 2-20　包含文件读取 forward 参数（header.jsp）

```
<%@ page pageEncoding="UTF-8"%>
<%@ page import="java.util.Date" %>
  <%Date date=new Date(); %>
  地理知识,共<%=request.getParameter("count") %>题
  当前时间为<%=date.toLocaleString() %>
  用户名: <%=request.getParameter("userName") %>
  <hr>
```

login.jsp 的运行结果如图 2.7 所示。

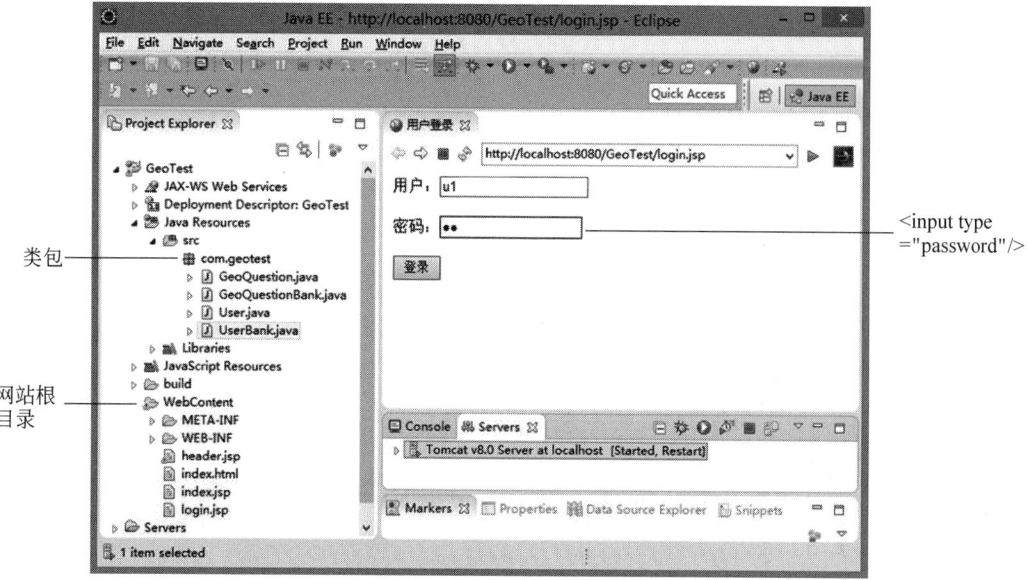

图 2.7　login.jsp 的运行结果

forward 动作的跳转发生在服务器端，即把客户端的请求延续到另一个资源，但客户端无法知道这个跳转。如图 2.8 所示，跳转后，客户端浏览器地址栏的地址仍为 login.jsp。选择单选按钮或单击“下一题”按钮，数据提交给 login.jsp，页面又转回登录页面，后面会纠正这个错误。

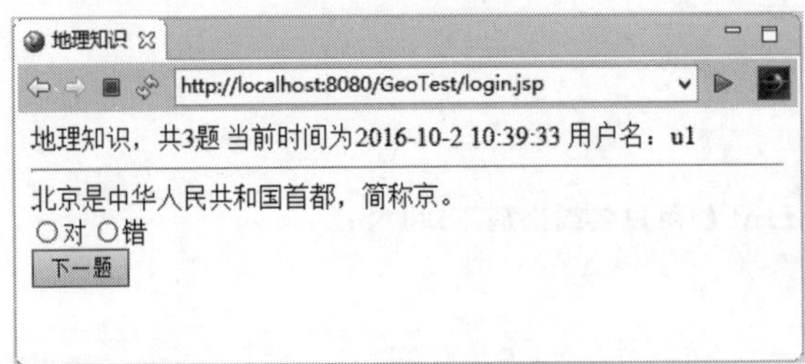

图 2.8 forward 跳转后的结果

视频

2.3.4 <jsp:plugin>和<jsp:fallback>动作

<jsp:plugin>动作用来根据浏览器的类型插入通过 Java 插件运行 Java Applet 所必需的 object 或 embed 元素。如果需要的插件不存在，它会下载插件，然后执行 Java 组件。Java 组件可以是一个 Applet 或一个 JavaBean。

<jsp:fallback>是<jsp:plugin>的子标识。当使用<jsp:plugin>标识加载 Java 小应用程序或 JavaBean 失败时，可通过<jsp:fallback>标识向用户输出提示信息。

Applet 可被视为小应用程序，Java Applet 就是用 Java 语言编写的一些小应用程序，它们可以直接嵌入网页中并能够产生特殊的效果。包含 Applet 的网页称为 Java 支持的网页。当用户访问这样的网页时，Applet 被下载到用户的计算机上执行，但前提是用户使用的是支持 Java 的网络浏览器。由于 Applet 是在用户的计算机上执行的，因此它的执行速度不受网络存取速度的限制。用户可以更好地欣赏网页上 Applet 产生的多媒体效果。在 Java Applet 中，可以实现图形绘制、字体和颜色控制、动画和声音的插入、人机交互及网络交流等功能。

Applet 程序在结构上必须创建一个用户类，其父类是系统的 Applet 类。Applet 类是 Java 类库中的一个重要的系统类，存在于 java.applet 包中；该类是 java.awt.Panel 的子类。正是通过 Applet 类的子类，才能完成 Applet 与浏览器的配合。Applet 的字节代码文件从服务器端下载后，浏览器将创建一个 Applet 类的实例并调用它从 Applet 类那里继承的 init 方法。第一次调用 init()方法把 Applet 装进计算机的内存。实际上，上述由浏览器自动调用的 Applet 的主要方法除了 init()以外，还包括 start()、stop()、destroy()和 paint()等方法，分别对应 Applet 的启动、暂停、消亡和绘制界面等过程。

下面是使用<jsp:plugin>动作插入 Applet 的示例。

(1) 选择资源管理器中的 src 目录，创建 Applet 类 MyApplet.java，如代码清单 2-21 所示。

代码

代码清单 2-21 Applet (MyApplet.java)

```
import java.applet.*;
import java.awt.*;
public class MyApplet extends Applet{
    public void paint(Graphics g) {
        g.drawString("hello world", 10,10);
        for(int i=0;i<20;i++)
```

```
            g.drawOval(20+i, 20, 100+i, 100+i);
        }
    }
```

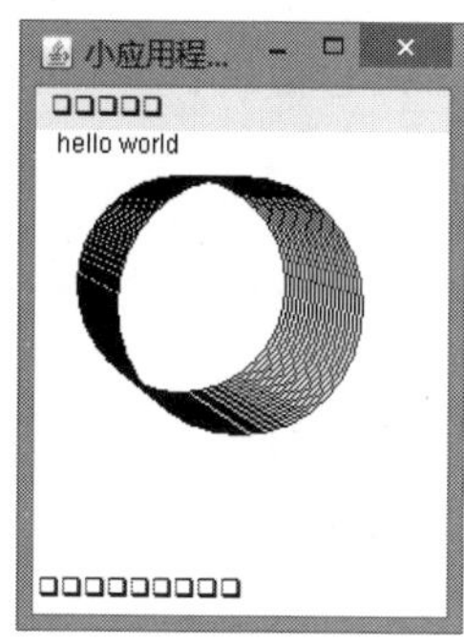

图 2.9　Applet 运行结果

选择 MyApplet.java，右击，在弹出的快捷菜单中选择 Run As→Java Applet 选项，运行结果如图 2.9 所示。

(2) 在 WebContent 目录中创建文件夹 test，将 Applet 类的编译文件 MyApplet.class(在 Tomcat 目录中可找到)复制到该目录下。.class 文件必须放在浏览器能够访问的目录中，不能在 WEB-INF/classes 目录中。

(3) 在 WebContent 目录中新建 plug.jsp，如代码清单 2-22 所示。

代码清单 2-22　用<jsp:plugin>调用 Applet (plug.jsp)

代码

```
<%@ page language="java" contentType="text/html; charset=UTF-8" pageEncoding=
"UTF-8"%>
<!DOCTYPE html PUBLIC "-//W3C//DTD HTML 4.01 Transitional//EN" "http://www.w3.
org/TR/html4/loose.dtd">
<html>
    <head>
        <meta http-equiv="Content-Type" content="text/html; charset=UTF-8">
        <title>plugin</title>
    </head>
    <body>
    <!--type 属性指出加载插件类型为 applet,codebase 指定类文件所在路径,code 指定加载
    类文件名称 -->
        <jsp:plugin type="applet" codebase="test" code="MyApplet.class" width=
       "120" height="120">
        <jsp:fallback>Unable to initialize Java Plugin </jsp:fallback>
        </jsp:plugin>
    </body>
</html>
```

2.4　注释

JSP 中可以使用 3 种注释：HTML 注释、JSP 注释和 Java 注释。

① HTML 注释。

语法格式：

```
<!-- comments -->
```

注释中可包含表达式。

JSP 容器把 HTML 注释交给用户，用户通过浏览器查看 JSP 源文件时，能够看到 HTML 注释。

② JSP 注释,也称为隐藏注释。

语法格式:

```
<%-- comments --%>
```

JSP 注释会被 JSP 容器忽略,不发给客户。

③ Java 注释。

脚本段中可以使用 Java 语言本身的注释机制,包含在<% %>内。

语法格式:

```
<% //单行注释 %>
<% /*多行注释*/ %>
```

实 验 2

实验目的

- 掌握在 JSP 页面中使用成员变量、Java 程序片段、Java 表达式的方法。
- 掌握 JSP 常用指令和动作的用法。

实验内容

(1) 编写一个页面 showData.jsp,在页面内显示 100 以内的所有质数。

部分代码:

```
<%
    int i,j,count=1;
    out.print("100 以内的质数为: <br>2 ");
    for(i=3;i<100;i=i+2){
        for(j=2;j<i;j++){
            if(i %j==0)
            break;
        }
        if(j==i){
            count++;
            out.println(i+" ");
            if(count %10==0)
            out.println("<br>");
        }
    }
%>
```

(2) 调试代码清单 2-7 和代码清单 2-10。

(3) 调试代码清单 2-11 和代码清单 2-12。

(4) 调试代码清单 2-13 和代码清单 2-14。

(5) 调试代码清单 2-15 至代码清单 2-20。

习　题　2

一、选择题

1. JSP 的 page 编译指令的属性 language 的默认值是(　　)。

A. Java　　B. C　　C. C#　　D. SQL

2. 可以在以下(　　)标记之间插入变量与方法声明。

A. <% 和 %>　　B. <%! 和 %>　　C. </ 和 %>　　D. <% 和 !>

3. 下列变量声明(　　)。

```
<%! Date dateTime;
    int countNum; %>
```

A. 从定义开始处有效,客户之间不共享

B. 在整个页面内有效,客户之间不共享

C. 在整个页面内有效,被多个客户共享

D. 从定义开始处有效,被多个客户共享

4. 关于部署到 Tomcat 服务器的 Java Web 应用程序,正确的说法有(　　)。

A. Java Web 应用程序总是打包成 WAR 形式部署到 Tomcat 服务器

B. Java Web 应用程序应该部署到 Tomcat 服务器的 server 子目录中

C. 每个 Java Web 应用程序都有一个 web.xml 文件

D. Java Web 应用程序的根目录下不能存放任何文件,所有 HTML、GIF 等文件必须存放到某一子目录中

5. page 指令的作用是(　　)。

A. 用来定义整个 JSP 页面的一些属性和这些属性的值

B. 用来在 JSP 页面内某处嵌入一个文件

C. 使该 JSP 页面动态包含一个文件

D. 指示 JSP 页面加载 Java 插件

6. JSP 的编译指令标记通常是指(　　)。

A. page 指令、include 指令和 taglib 指令

B. page 指令、include 指令和 plugin 指令

C. forward 指令、include 指令和 taglib 指令

D. page 指令、param 指令和 taglib 指令

7. page 指令的 import 属性的作用是(　　)。

A. 定义 JSP 页面响应的 MIME 类型　　B. 定义 JSP 页面使用的脚本语言

C. 为 JSP 页面引入 Java 包中的类　　D. 定义 JSP 页面字符的编码

8. page 指令中的(　　)属性可以多次出现。

A. contentType　　B. extends

C. import　　D. 不存在这样的属性

9. 以下(　　)是 include 指令所具有的属性。

A. page　　B. file　　C. contentType　　D. prefix

10. include 指令用于在 JSP 页面中静态插入一个文件，插入的文件可以是 JSP 页面、HTML 网页、文本文件或一段 Java 代码，但必须保证插入后形成的文件是(　　)。

A. 一个完整的 HTML 文件　　B. 一个完整的 JSP 文件

C. 一个完整的 TXT 文件　　D. 一个完整的 Java 源文件

二、填空题

1. 在<%!和%>之间声明的变量又称为________的成员变量。

2. 在 JSP 页面的基本构成元素中，变量和方法声明、表达式和________统称为 JSP 脚本元素。

3. 一个完整的 JSP 页面是由普通的________标记、JSP 指令标记、JSP 动作标记、变量声明与方法声明、程序片段、表达式、注释 7 种要素构成。

4. JSP 指令标记和________统称为 JSP 标记。

5. 在 JSP 页面中，输出型注释(即 HTML 注释)的内容写在________和"-->"之间。

6. ________指令标签可在 JSP 页面出现该指令的位置处静态插入一个文件。

7. <%!和%>之间声明的方法称为________的成员方法。

三、判断题

1. <%@ page %>指令不一定放在页面内的头部。(　　)

2. 页面成员方法不可以在页面的 Java 程序片段中调用。(　　)

3. 在<%!和%>标记之间声明的 Java 方法在整个页面内有效。(　　)

4. <jsp:forward>用来进行页面跳转，地址栏发生变化。(　　)

5. 程序片段变量不同于在<%!和%>之间声明的页面成员变量，不能在不同客户访问页面的线程之间共享。(　　)

6. 程序片段变量的有效范围与其声明位置有关，即从声明位置向后有效，可以在声明位置后的程序片段、表达式中使用。(　　)

7. 在 Java 程序片段中可以使用 Java 语言的注释方法，其注释的内容会发送到客户端。(　　)

8. 不可以用一个 page 指令指定多个属性的取值。(　　)

9. <jsp:include>动作标记与 include 指令标记对所包含文件的处理时间和方式不同。(　　)

10. JSP 页面只能在客户端执行。(　　)

四、程序设计题

1. 编写一个 JSP 页面计算 1+2+…+100 的和。

2. 编写两个 JSP 页面：show.jsp 和 cal.jsp，将它们保存在同一 Web 服务目录中。show.jsp 使用<jsp:include>动作标记动态加载 cal.jsp 页面。cal.jsp 页面可以计算并显示矩形的面积。当 cal.jsp 被加载时，获取 show.jsp 页面中<jsp:include>动作标记的 param 子标记提供的矩形的两条边长的值。

3. 编写一个 JSP 页面，显示当前日期和时间。

4. 编写一个 JSP 页面，输出九九乘法表。

5. 编写一个简单的 JSP 页面，显示大小写英文字母表。

CHAPTER 第3章

JSP 内置对象

为了简化用户的开发,JSP 中提供了 9 个内置对象。这些内置对象由 JSP 容器为用户进行实例化,用户直接使用就可以,而不用像在 Java 中那样,必须通过关键字 new 进行实例化对象后才可以使用。这 9 个内置对象为 request(请求对象)、response(响应对象)、session(会话对象)、out(输出对象)、application(应用程序对象)、page(页面对象)、config(配置对象)、exception(异常对象)和 pageContext(页面上下文对象)。

3.1 request 对象

request 对象是 HttpServletRequest 类的实例,作用是接收客户端发送过来的请求信息。

3.1.1 request 封装的数据

视频

当客户端请求一个 JSP 页面时,JSP 容器会将客户端的请求信息包装在这个 request 对象内,请求信息的内容包括请求的头部信息、请求的方式、请求的参数名称和参数值、Cookie 信息、客户浏览器信息等。request 对象封装了用户提交的信息,通过调用该对象相应的方法可以获取来自客户端的请求信息,然后作出响应。

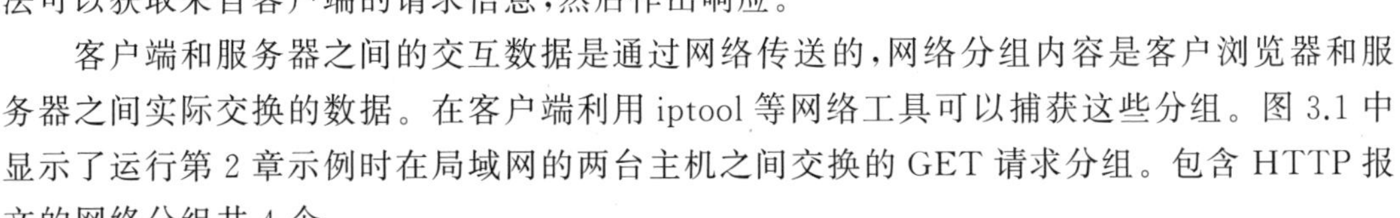

客户端和服务器之间的交互数据是通过网络传送的,网络分组内容是客户浏览器和服务器之间实际交换的数据。在客户端利用 iptool 等网络工具可以捕获这些分组。图 3.1 中显示了运行第 2 章示例时在局域网的两台主机之间交换的 GET 请求分组。包含 HTTP 报文的网络分组共 4 个:

- 第一个分组是客户端发送的 GET 请求,请求/GeoTest/login.jsp 页面;
- 第二个分组是服务器发回的对 GET 请求的响应,即 login.jsp 页面;
- 第三个分组是客户填写完用户名和密码后发送的 POST 请求分组,请求原 login.jsp 页面,同时携带数据(如代码清单 3-1 所示);
- 第四个分组是服务器发回的对 POST 请求的响应,在 login.jsp 中接收参数后转到另一个页面,发回的响应是该页面的内容。

代码清单 3-1 POST 请求内容

代码

```
POST /GeoTest/login.jsp HTTP/1.1
Accept: application/x-ms-application, image/jpeg, application/xaml+xml,
image/gif, image/pjpeg, application/x-ms-xbap, */*
```

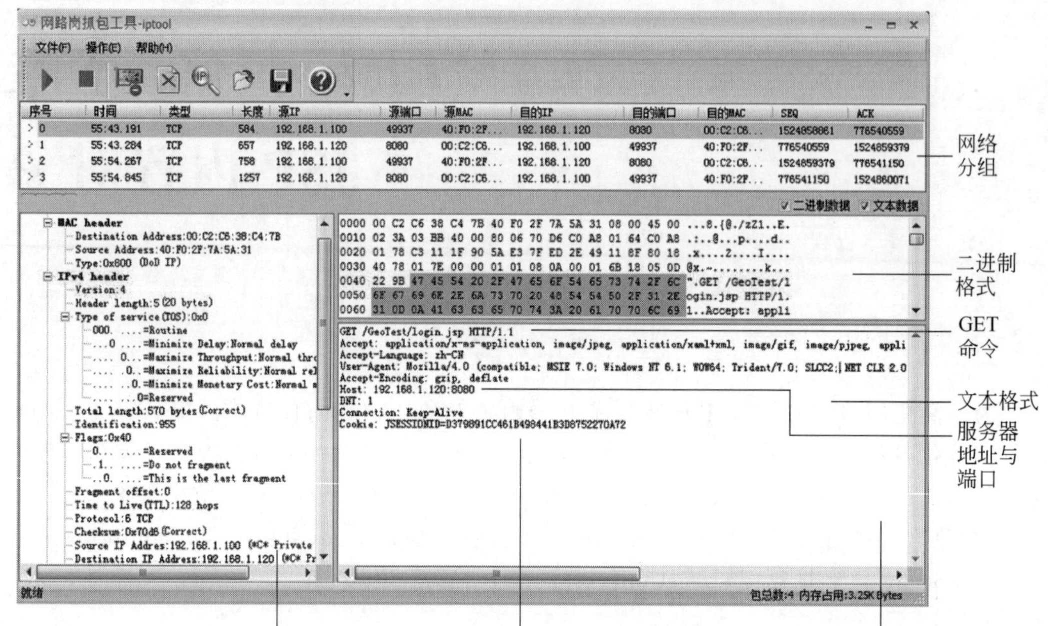

图 3.1　GET 请求分组

```
Referer: http://192.168.1.120:8080/GeoTest/login.jsp
Accept-Language: zh-CN
User-Agent: Mozilla/4.0 (compatible; MSIE 7.0; Windows NT 6.1; WOW64; Trident/7.0;
SLCC2; .NET CLR 2.0.50727; .NET CLR 3.5.30729; .NET CLR 3.0.30729; Media Center PC
6.0; .NET4.0C; .NET4.0E)
Content-Type: application/x-www-form-urlencoded
Accept-Encoding: gzip, deflate
Host: 192.168.1.120:8080
Content-Length: 25
DNT: 1
Connection: Keep-Alive
Cache-Control: no-cache
Cookie: JSESSIONID=D379891CC461B498441B3D8752270A72

userName=u1&passWord=1234
```

在 Web 应用中,客户端和服务器之间用 HTTP 传输数据。HTTP 报文包括头部和报文主体两部分,这两部分使用两个回车换行符分隔。与 GET 请求只有头部不同,在 POST 请求中,除了 HTTP 的头部信息以外,还包括报文主体部分,即用户提交的数据 userName=u1&passWord=1234。

request 封装的数据来源于客户端,大体包括以下 3 个部分。

① HTTP 报文头部数据。其中包括命令类型(GET 或 POST)、请求文件名(/GeoTest/login.jsp)、协议版本号(HTTP/1.1)、客户端可接受的文件类型(Accept)、客户端使用的语言(Accept-Language)、请求的源资源地址(Referer)、服务器地址及端口号

(Host)、本次会话访问标识(Cookie：JSESSIONID)等。

② 客户端提交的数据。

表单提交方式有两种。

- POST 方式(method="post")，使用 POST 请求报文携带数据。
- GET 方式(method="get")，采用查询字符串形式，由 GET 请求报文携带数据，例如：

```
GET /GeoTest/login.jsp?userName=u1&passWord=1234 HTTP/1.1
```

③ 网络层协议数据，如客户端 IP 地址。

3.1.2 request 对象的主要方法

视频

request 对象的主要方法如表 3.1 所示。

表 3.1 request 对象的主要方法

方 法 名	说 明	返回类型
getParameter(String name)	返回此 request 中 name 指定的参数，若不存在则返回 null	String
getParameterValues(String name)	返回指定名称的参数的所有值，若不存在则返回 null	String[]
setAttribute(String key, Object obj)	设置属性的属性值	void
getAttribute(String name)	返回名称为 name 的属性值，若不存在则返回 null	Object
getAttributeNames()	返回 request 对象的所有属性名称的集合	Enumeration
getQueryString()	返回此 request URL 包含的查询字符串	String
getHeaderNames()	返回所有 HTTP 头的名称集合	Enumeration
getParameterNames()	返回请求中所有参数的集合	Enumeration
getSession()	返回 request 对应的 session 对象，若不存在则创建一个	HttpSession
getContextPath()	返回 request URI 中指明的上下文路径	String
getHeader(String name)	返回 name 指定的信息头	String
getCookies()	返回客户端所有的 Cookie 的数组	Cookie[]
getInputStream()	返回请求的输入流	ServletInputStream
getRequestedSessionId()	返回 request 指定的 SessionID	String
getCharacterEncoding()	返回 request 的字符编码集名称	String
getContentType()	返回 request 主体的 MIME 类型，若未知则返回 null	String
getRemoteAddr()	返回客户端的 IP 地址	String

1. 用 getParameter()方法获取表单提交信息

request 对象获取客户提交信息最常用的方法是 getParameter(String name)，其中参数

name 区分大小写,需要与 HTML 源代码中出现的参数名完全相同。

① getParameter()方法的返回值为 String 类型。如果参数存在,但没有相应的值,则返回空的 String;如果 GET 或 POST 报文中没有参数,则返回 null。

② getParameter()方法只能读取表单提供的单个值,通常在类型为 text、password、hidden、radio、submit 的 input 标签、textarea 标签和 select 标签(设置为单选列表)中使用。

③ 表单数据不管由 GET 方式还是由 POST 方式发送,都可以用 getParameter()方法获取。

视频

2. 用 getParameterValues()方法获取表单成组信息

request 对象的 getParameterValues(String name)方法可以获取指定参数的成组信息,如果同一参数名有可能在表单数据中多次出现,则应该调用 getParameterValues()方法。

① getParameterValues()方法的返回值为字符串数组。如果参数名不存在,则返回值为 null;如果参数只有单个值,则返回只有一个元素的数组。

② getParameterValues()方法通常用于复选框(类型为 checkbox 的 input 标签)和多选列表(即设置了 multiple 属性的 select 标签)中。

下面为 GeoTest 项目添加注册页面。

(1) 新建 register.jsp。选择网站根目录 WebContent,右击,在弹出的快捷菜单中选择 New→JSP File 选项,新建 register.jsp。修改编码方式,添加一个表单,实现输入用户名、密码、确认密码、真实姓名、身份证号、性别、学习兴趣(如代码清单 3-2 所示)。

代码

代码清单 3-2　注册页面(register.jsp)

```
<%@ page language="java" contentType="text/html; charset=UTF-8" pageEncoding=
"UTF-8"%>
<!DOCTYPE html PUBLIC "-//W3C//DTD HTML 4.01 Transitional//EN" "http://www.w3.
org/TR/html4/loose.dtd">
<html>
    <head>
        <meta http-equiv="Content-Type" content="text/html; charset=UTF-8">
        <title>注册</title>
    </head>
    <body>
        <form action="registertreate.jsp" method="post" name="frmregister">
            <p>用户名: <input type="text" name="userName" /></p>
            <p>密码: <input type="password" name="passWord" /></p>
            <p>确认密码:<input type="password" name="confirmPassWord" /></p>
            <p>真实姓名:<input type="text" name="userRealName" /></p>
            <p>身份证号: <input type="text" name="pId" /></p>
            <p>性别: <input type="radio" name="sex" value="male"/>男
                    <input type="radio" name="sex" value="female"/>女</p>
            <p>学习兴趣: <input type="checkbox" name="interest" value="china"/>中国
                      地理
                      <input type="checkbox" name="interest" value="world"/>世界
```

```
                    地理</p>
            <p><input type="submit" value="提交"/></p>
        </form>
    </body>
</html>
```

(2) 升级 User 类。以 User 作为父类，创建 TestUser 类。新增 4 个实例变量，分别表示用户的真实姓名、身份证号、性别和学习兴趣。新增一个包括 6 个参数的构造方法（如代码清单 3-3 所示）。

代码清单 3-3　向 TestUser 添加变量（TestUser.java）

代码

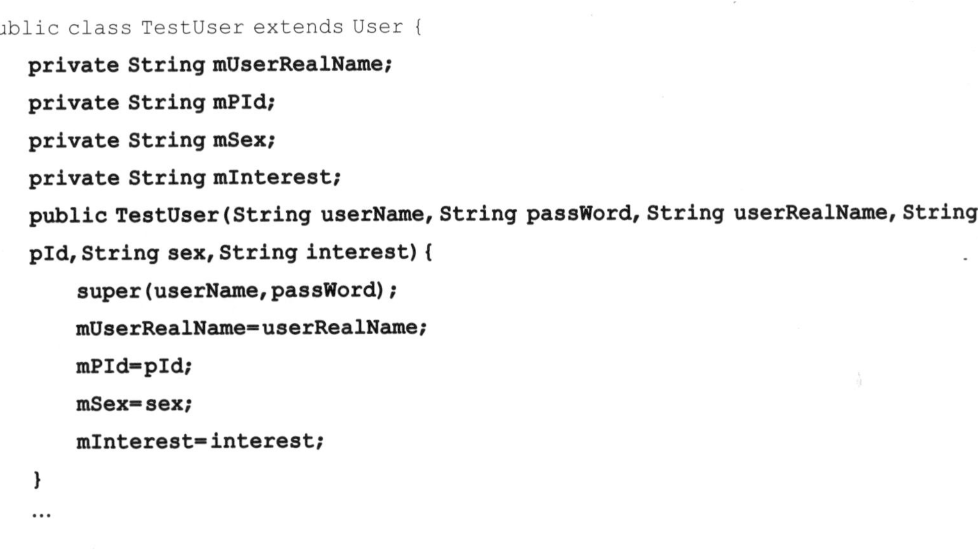

```
public class TestUser extends User {
    private String mUserRealName;
    private String mPId;
    private String mSex;
    private String mInterest;
    public TestUser(String userName, String passWord, String userRealName, String
    pId, String sex, String interest) {
        super(userName, passWord);
        mUserRealName=userRealName;
        mPId=pId;
        mSex=sex;
        mInterest=interest;
    }
    …
}
```

为新增变量生成 getter()与 setter()方法（在代码区右击，在弹出的快捷菜单中选择 Source→Generate Getters and Setters 选项）。改写 toString()方法，输出全部变量（如代码清单 3-4 所示）。

代码清单 3-4　为新增变量添加 getter()与 setter()方法（TestUser.java）

代码

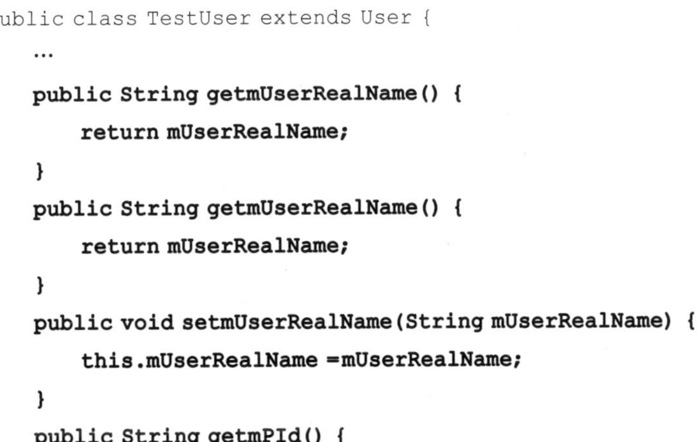

```
public class TestUser extends User {
    …
    public String getmUserRealName() {
        return mUserRealName;
    }
    public String getmUserRealName() {
        return mUserRealName;
    }
    public void setmUserRealName(String mUserRealName) {
        this.mUserRealName =mUserRealName;
    }
    public String getmPId() {
```

```
            return mPId;
        }
        public void setmPId(String mPId) {
            this.mPId =mPId;
        }
        Public String getmSex() {
            return mSex;
        }
        public void setmSex(String mSex) {
            this.mSex =mSex;
        }
        public String getmInterest() {
            return mInterest;
        }
        public void setmInterest(String mInterest) {
            this.mInterest =mInterest;
        }
        public String toString(){
            return "用户名="+getmUserName()+"密码="+getmPassWord()+"姓名="
            +mUserRealName
            +"身份证号="+mPId+"性别="+mSex+"学习兴趣="+mInterest;
        }
    }
```

视频

(3) 新建 registertreate.jsp。注册页面表单未将数据提交给注册页面自身,而是由 action 将数据提交给另一个页面 registertreate.jsp 处理。选择网站根目录 WebContent,右击,在弹出的快捷菜单中选择 New→JSP File 选项,新建 registertreate.jsp(如代码清单 3-5 所示)。

代码

代码清单 3-5　注册处理页面(registertreate.jsp)

```
<%@ page language="java" contentType="text/html; charset=UTF-8" pageEncoding=
"UTF-8"%>
<%@ page import="com.geotest.*" %>
<!DOCTYPE html PUBLIC "-//W3C//DTD HTML 4.01 Transitional//EN" "http://www.w3.
org/TR/html4/loose.dtd">
<html>
    <head>
        <meta http-equiv="Content-Type" content="text/html; charset=UTF-8">
        <title>注册处理</title>
    </head>
    <body>
        <%
            String userName=request.getParameter("userName");
            String passWord=request.getParameter("passWord");
```

```
            String userRealName=request.getParameter("userRealName");
            String sex=request.getParameter("sex");
            String pId=request.getParameter("pId");
            String[] interests=request.getParameterValues("interest");
            String interestStr="";
            if(interests!=null)
            for(int i=0;i<interests.length;i++)
                interestStr+=","+interests[i];          //用","作为分隔符
            if(interests.length>0)
                interestStr=interestStr.substring(1);   //去掉第一个分隔符
            TestUser u = new TestUser (userName, passWord, userRealName, pId, sex,
            interestStr);
        %>
        <%=u.toString() %>
    </body>
</html>
```

注册页面的运行结果如图 3.2 所示。

图 3.2　注册页面的运行结果

3. 用 setCharacterEncoding()方法设置提交参数编码

默认情况下，request.getParameter 使用服务器的当前字符集解释输入。在 Java 的内部处理中，所有的字符编码默认都使用 ISO 8859-1。如果客户端在提交参数时所采用的编码不是 ISO 8859-1，编码不一致，则获取的客户端中文参数会产生乱码。

setCharacterEncoding()方法用于设置 request 对象中客户端提交参数的编码，如代码清单 3-6 所示。该方法必须在访问任何请求参数之前调用。

代码清单 3-6　设置客户端提交参数的编码(registertreate.jsp)

代码

```
<%
    request.setCharacterEncoding("UTF-8");
    String userName=request.getParameter("userName");
    ...
%>
```

3.2 response 对象

response 对象是 HttpServletResponse 类的实例,作用是向客户端发送数据。

视频

3.2.1 response 封装的数据

response 对象的主要功能是对客户端的请求作出响应,如设置响应 HTTP 报文头、向客户端写入 Cookie 信息、将处理结果返回给客户端等。

图 3.1 所示的示例中对 GET 请求的响应分组内容(第二个网络分组内容)如代码清单 3-7 所示。

代码

代码清单 3-7 对 GET 请求的响应分组内容

```
HTTP/1.1 200 OK
Server: Apache-Coyote/1.1
Content-Type: text/html;charset=UTF-8
Content-Length: 447
Date: Thu, 11 Aug 2016 21:55:40 GMT

<!DOCTYPE html PUBLIC "-//W3C//DTD HTML 4.01 Transitional//EN" "http://www.w3.org/TR/html4/loose.dtd">
<html>
<head>
<meta http-equiv="Content-Type" content="text/html; charset=UTF-8">
<title>用户登录</title>
</head>
<body>
<form action="" method="post">
用户: <input type="text" name="userName" /><br/><br/>
密码: <input type="password" name="passWord" /><br/><br/>
<input type="submit" value="登录" />
</form>
</body>
</html>
```

浏览器接收到服务器向客户端发送的 HTTP 响应报文后,会将报文主体显示出来。与 GET 请求或 POST 请求的头部不同,响应 HTTP 报文的头部信息包含的是服务器信息和报文信息,通知浏览器如何打开报文主体。

3.2.2 response 对象的主要方法

response 对象的主要方法如表 3.2 所示。

表 3.2　response 对象的主要方法

方法名	说明	返回类型
encodeRedirectURL(String url)	对 sendRedirect 方法使用的 URL 进行编码	String
encodeURL(String url)	对 URL 进行编码，回传包含 Session ID 的 URL	String
containsHeader(String name)	返回指定的响应头是否存在	boolean
isCommitted()	返回响应是否已经提交到客户端	boolean
addCookie(Cookie cookie)	添加指定的 Cookie 至响应中	void
addHeader(String name, String value)	添加指定名称的响应头和值	void
setContentLength(int len)	指定 HTTP Servlets 中响应内容的长度，此方法用来设置 HTTP Content-Length 信息头	void
flushBuffer()	将任何缓存中的内容写入客户端	void
reset()	清除任何缓存中的任何数据，包括状态码和各种响应头	void
resetBuffer()	清除基本的缓存数据，不包括响应头和状态码	void
sendError(int sc)	使用指定的状态码向客户端发送一个出错响应，然后清除缓存	void
sendRedirect(String location)	使用指定的 URL 向客户端发送一个临时的间接响应	void
setBufferSize(int size)	设置响应体的缓存区大小	void
setCharacterEncoding(String charset)	指定响应的编码集(MIME 字符集)	void
setContentType(String type)	设置响应内容的类型(如果响应还未被提交)	void
setHeader(String name, String value)	使用指定名称和值设置响应头的名称和内容	void

1. 使用 sendRedirect()方法进行重定向

功能：跳转到另一页面。

格式：response.sendRedirect(String location)

该方法向客户端发送一个页面重定向的 HTTP 报文头，浏览器得到此报文头信息后，向指定 URL 发出新的请求，从而引起页面跳转(如代码清单 3-8 所示)。在使用 sendRedirect()方法之前不能有信息输出，否则会引发异常。

代码清单 3-8　用 sendRedirect()方法替换 forward 指令(login.jsp)

代码

```
...
<%
    String mUserName=request.getParameter("userName");
    String mPassWord=request.getParameter("passWord");
    if(mUserName!=null&&mPassWord!=null){
        User u=new User(mUserName,mPassWord);
        if(UserBank.check(u)){
%>
<jsp:forward page="index.jsp">
```

```
<jsp:param name="userName" value="<%=u.getmUserName() %>" />
</jsp:forward>
<%
        response.sendRedirect("index.jsp");
    }
    else{
        out.print("用户名或密码不对!");
    }
  }
%>
</body>
</html>
```

sendRedirect()方法与 forward 指令的区别如下：

- forward 指令只能在本网站内跳转。跳转后，在地址栏中仍然显示以前页面的 URL，跳转前后的两个页面同属于一个 request。用户程序可以用 request 来设置或传递用户程序数据。
- sendRedirect()方法可以跳转到任何 URL。跳转后，在地址栏中显示跳转后页面的 URL，跳转前后的两个页面不属于一个 request。

两种方法的执行过程如图 3.3 所示。

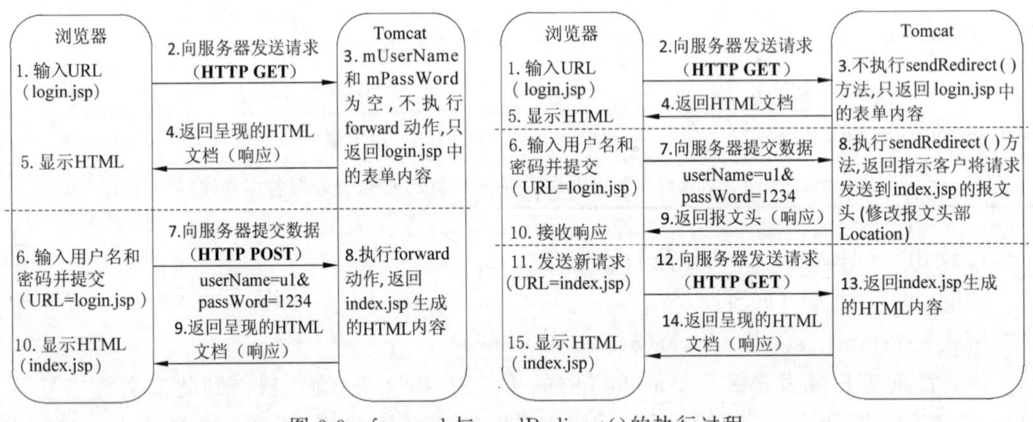

图 3.3 forward 与 sendRedirect()的执行过程

用 sendRedirect()方法替换 forward 指令后，用户名的传递需要用 3.2.3 节介绍的其他方式实现。

2. 使用 setCharacterEncoding()方法设置响应字符编码

视频

服务器向客户端发出响应的编码如果存在多处设置，则按下列顺序选择：

(1) setCharacterEncoding()方法设置值(优先级最高)。

(2) setContentType()方法设置值(对应 page 指令的 contentType 属性)。

(3) 默认值(ISO 8859-1)。

3. 使用 setContentType()和 setHeader()方法设置响应头信息

setContentType(String type)方法可以动态改变 ContentType 的属性值。ContentType 的属性值包括两部分：第一部分指定响应内容类型；第二部分指定字符编码。响应内容类型可以取 text/html、text/plain、application/vnd.ms-excel、application/msword 等，这些不同的 MIME 类型通知浏览器用什么程序打开响应内容。

在 GeoTest 项目中，修改注册处理页面，在输出信息前，通知浏览器用 Excel 打开(见图 3.4)，如代码清单 3-9 和代码清单 3-10 所示。

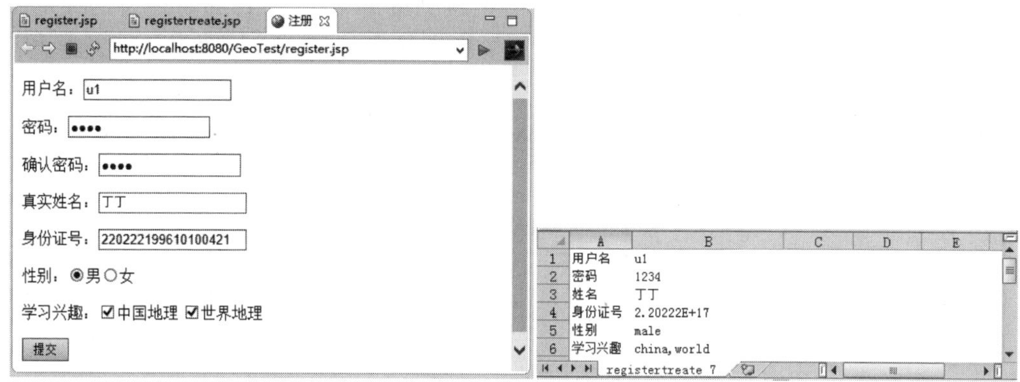

图 3.4　注册页面运行结果用 Excel 打开

代码清单 3-9　设置输出内容(TestUser.java)

```
public String toString(){
    return "用户名="+getmUserName()+"密码="+getmPassWord()+"姓名="+
    mUserRealName+"身份证号="+mPId+"性别="+mSex+"兴趣="+mInterest;
    return "<table><tr><td>用户名</td><td>"+getmUserName()+"</td></tr>"
            +"<tr><td>密码</td><td>"+getmPassWord()+"</td></tr>"
            +"<tr><td>姓名</td><td>"+mUserRealName+"</td></tr>"
            +"<tr><td>身份证号</td><td>"+mPId+"</td></tr>"
            +"<tr><td>性别</td><td>"+mSex+"</td></tr>"
            +"<tr><td>学习兴趣</td><td>"+mInterest+"</td></tr></table>";
}
```

代码清单 3-10　设置打开输出内容的方式(registertreate.jsp)

```
…
<%response.setContentType("application/vnd.ms-excel; charset=UTF-8");%>
<%=u.toString() %>
…
```

setHeader(String name, String value)可以设置新的响应头和值。下面为 response 对象添加一个响应头 Refresh，其值为 5。客户收到这个响应头之后，每隔 5 秒就刷新一次页面。

在 index.jsp 声明部分后插入如代码清单 3-11 所示的代码。

代码清单 3-11　设置定时刷新(index.jsp)

```
<%  response.setHeader("Refresh", "5");  %>
```

视频

3.2.3 操作 Cookie

Cookie 是由服务器写到客户端的小文件或字符串。当客户请求一个 Web 页面时,服务器除了提供所请求的页面外,还可以提供一些附加的信息。这些信息可能会包括一个 Cookie。如果用户没有禁用 Cookie,浏览器会把收到的 Cookie 保存到客户机的硬盘上。Cookie 只是一些保存信息的文件或字符串,不是可执行程序。Cookie 常用于标识用户、记录用户名和密码、定制站点等方面。

在 JSP 中专门提供了 javax.servlet.http.Cookie 操作类,该类定义的常用方法如表 3.3 所示。

表 3.3 Cookie 类的主要方法

方 法 名	说 明	返回类型
Cookie(String name,String value)	实例化 Cookie 对象,同时设置名称和内容	Cookie
getName0	取得 Cookie 的名称	String
getValue0	取得 Cookie 的内容	String
setMaxAge(int expiry)	设置 Cookie 的保存时间,以秒为单位	void

所有的 Cookie 都是由服务器端设置到客户端上去的,所以要向客户端增加 Cookie,必须使用 response.addCookie(Cookie cookie)方法。而从客户端读取 Cookie 则需要使用 request.getCookies()方法,可以得到一个 Cookie 数组(如图 3.5 所示)。

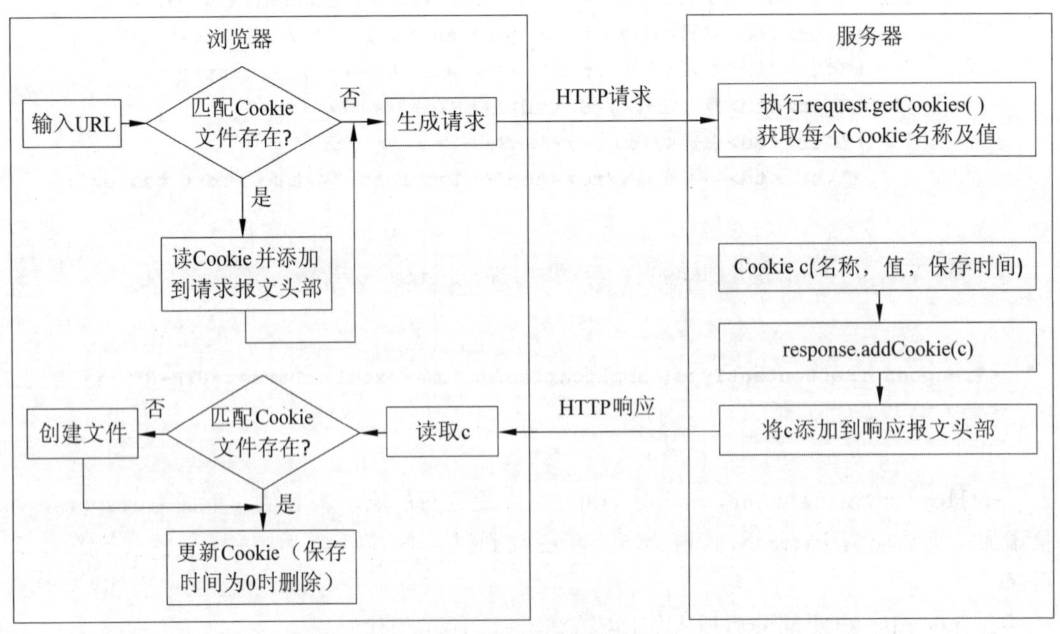

图 3.5 Cookie 读写过程

视频

1. 向客户端发送 Cookie

向客户端发送 Cookie 的步骤如下。

(1) 创建 Cookie 对象。调用 Cookie 的构造函数，参数包括 Cookie 的名称和 Cookie 值，二者都是字符串。例如，如果要创建一个名为 userName 的 Cookie 并将它的值设为 u1，则应该使用下面的语句：

```
Cookie c=new Cookie("userName","u1");
```

(2) 设置最大时效。创建 Cookie 后，Cookie 变量默认是会话级别的变量，存储在浏览器的内存中，用户在退出浏览器后将被删除。如果希望浏览器将 Cookie 保存在磁盘上，则需要使用 setMaxAge 指定 Cookie 在多长时间（以秒为单位）内是合法的。例如，将 c 的时效设为 1 周。

```
c.setMaxAge(60 * 60 * 24 * 7);
```

将最大时效设置为 0 时是命令浏览器删除 Cookie。

(3) 将 Cookie 放入 HTTP 响应报头。创建 Cookie 对象和调用 setMaxAge 都是在服务器上执行的，操作的是服务器内存中的数据结构，并没有向浏览器发送任何内容。如果不将 Cookie 发送到客户程序，它就不会起到任何作用。必须使用 response.addCookie 将 Cookie 放入 HTTP 响应报头并发送给浏览器。

```
response.addCookie(c);
```

如代码清单 3-12 所示，修改 login.jsp，增加记录用户名和密码的功能。

代码清单 3-12　用 Cookie 记录密码(login.jsp)

代码

```
…
<form action="" method="post">
    用户: <input type="text" name="userName" /><br/><br/>
    密码: <input type="password" name="passWord" /><br/><br/>
    <input type="checkbox" name="remember" value="remember" />记住密码<br/>
    <input type="submit" value="登录" />
</form>
<%
    String mUserName=request.getParameter("userName");
    String mPassWord=request.getParameter("passWord");
    if(mUserName!=null&&mPassWord!=null){
        String mrem=request.getParameter("remember");
        int expiry=0;
        if(mrem!=null){              //复选框未选中时,不向服务器提交变量,mrem 为 null
            expiry=60 * 60 * 24 * 7;
        }
        Cookie c1=new Cookie("userName",mUserName);
        c1.setMaxAge(expiry);
        response.addCookie(c1);
        Cookie c2=new Cookie("passWord",mPassWord);
        c2.setMaxAge(expiry);
```

```
        response.addCookie(c2);
        User u=new User(mUserName,mPassWord);
        if(UserBank.check(u)){
            response.sendRedirect("index.jsp");
        }
        else{
            out.print("用户名或密码不对!");
        }
    }
%>
</body>
</html>
```

2. 从客户端读取 Cookie

从客户端读取 Cookie 的步骤如下。

(1) 调用 request.getCookies。要获取由浏览器发送过来的 Cookie,需要调用 request 的 getCookies()方法。getCookies()方法的返回值是一个 Cookie 对象数组,对应由 HTTP 请求中 Cookie 报头输入的值。如果请求中不包含 Cookie,则返回 null。

(2) 对数组进行循环,调用每个 Cookie 的 getName()方法,直到找到想找的 Cookie 为止,再通过 getValue()方法获取 Cookie 值。例如,如果想读取 Cookie 中保存的 userName 的值,可以采用下列代码。

```
Cookie[] cookies=request.getCookies();
if(cookies!=null){
    for(int i=0;i<cookies.length;i++){
        Cookie cookie=cookies[i];
        if(cookie.getName().equals("userName"))
            dosomething(cookie.getValue());    //通过 getValue 取到 userName 中保存的值
    }
}
```

修改 login.jsp,如代码清单 3-13 所示。

代码清单 3-13 从 Cookie 中读取并显示用户名和密码(login.jsp)

代码

```
…
<body>
<%
    String rememberedUserName="";
    String rememberedPassWord="";
    Cookie[] cookies=request.getCookies();
    if(cookies!=null){
        for(int i=0;i<cookies.length;i++){
            Cookie c=cookies[i];
            if(c.getName().equals("userName"))
                rememberedUserName=c.getValue();
```

```
            if(c.getName().equals("passWord"))
                rememberedPassWord=c.getValue();
        }
    }
%>
<form action="" method="post">
  用户：<input type="text" name="userName" value="<%=rememberedUserName%>" />
  <br/><br/>
  密码：<input type="password" name="passWord" value="<%=rememberedPassWord%>"/>
  <br/><br/>
  <input type="checkbox" name="remember" value="member"
    <%if(!rememberedUserName.equals("") && !rememberedPassWord.equals("")) out.
    print("checked"); %>
  />记住密码<br/>
  <input type="submit" value="登录" />
</form>
...
```

运行 login.jsp，勾选“记住密码”复选框，登录后用户名与密码保存在客户端 Cookie 中。再次登录时，用户名和密码会从 Cookie 中取出，不需要重新填写。

3.3　session 对象

Web 基本上是无状态的，浏览器向服务器发送一个请求并取回一个文件，然后服务器就会忘记它曾经见过这个特殊的用户。如果服务器想记住这个用户当前的这次访问，就需要记录客户当前的信息。

客户浏览器与服务器间的交互称为会话，在 Web 中称为 session。

3.3.1　session 工作机制

视频

在客户第一次访问网站时，服务器会为每个客户创建一个 session 对象。session 对象是 javax.servlet.http.HttpSession 类的实例，包括 ID、创建时间等属性，并且可动态添加自定义属性来保存用户数据。不同客户使用自己的 session 对象，相互之间不会产生影响，如图 3.6 所示。

用户从首次访问服务器开始到关闭浏览器，只要最后访问的时间不超时，服务器就会一直为用户保留 session 对象，保存在 session 中的用户信息也就一直存在。建立 session 对象后，在后续的连接中，取出当前的 SessionID 并使用这个 ID 从服务器上提取此会话的相关信息，这称为会话跟踪。会话跟踪可以由 Servlet 提供的 HttpSession 实现。HttpSession 接收到使用 Cookie 或 URL 重写传递的 SessionID 后，会自动完成会话跟踪，方便地存储与每个会话相关联的任意对象，不需要 Servlet 的开发设计人员自己实现跟踪过程。

1. 利用 Cookie 的会话跟踪

通常，服务器记录的客户信息是通过 Cookie 字符串查找的。

GET 请求和 POST 请求（见图 3.1 和代码清单 3-1）都包含类似下面的 Cookie 字符串：

```
Cookie: JSESSIONID=D379891CC461B498441B3D8752270A72
```

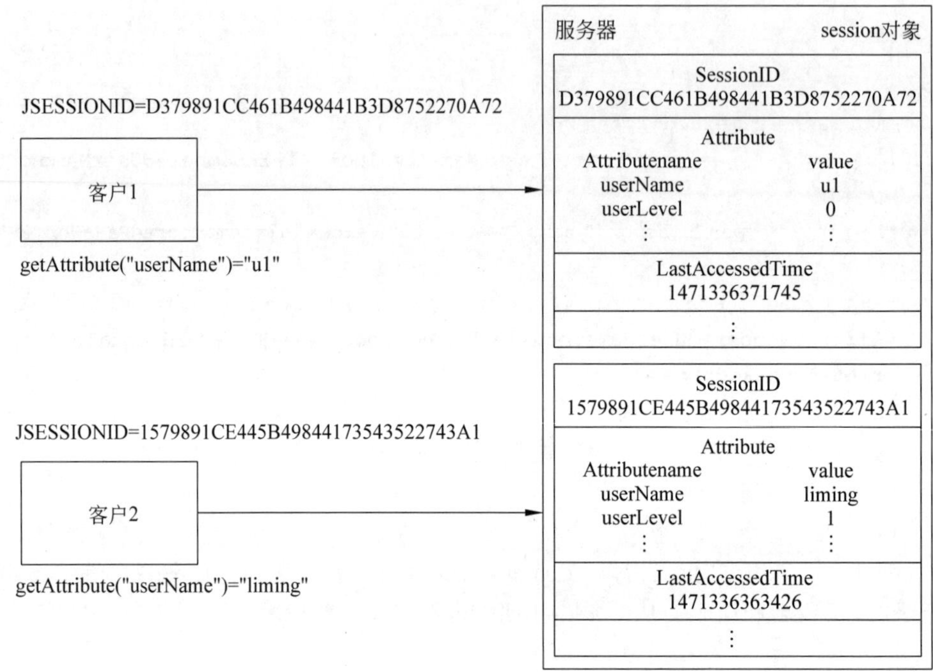

图 3.6 用 Cookie 跟踪 session

在浏览器第一次请求服务器时,会生成一个取值唯一的字符串 JSESSIONID 作为用户的当前访问标识。服务器收到请求后,会将 JSESSIONID 存储起来,以后如果其他请求携带了这个 JSESSIONID,服务器就可以将其从众多请求中区分出来,找到它所对应的用户数据。

2. URL 重写

如果浏览器不支持 Cookie 或用户禁用 Cookie,则客户发送给服务器的请求中将不会包含 Cookie 中的 SessionID,此时需要使用其他方法携带 SessionID。通常使用的方法称为 URL 重写。采用这种方式时,客户程序在每个 URL 的尾部添加一些额外的数据,这些数据标识当前的会话,服务器将这个标识符与它存储的用户相关数据关联起来。例如:

```
http://host/path/file.html;jsessionid=D379891CC461B498441B3D8752270A72
```

使用 response 对象的 encodeURL()方法或 encodeRedirectURL()方法可以实现 URL 重写。例如:

```
String str=response.encodeURL("index.jsp");
<a href="<%=str %>">首页</a>
```

3. session 的作用

session 对象建立后,客户浏览器访问的任何页面都可以使用该对象存储信息,因此 session 对象经常用于临时存储可供多个页面共享的数据。session 中保存和检索的信息不能是对象类型,如 Integer、Double、String 等。

session 对象在以下情况下会失效:

- 客户关闭浏览器。
- 会话超时，即超过 session 对象的生存时间。如果用户在规定时间内没有再次访问该网站，则认为超时。默认超时时间为 30 分钟。
- 显式地调用 invalidate()方法。

3.3.2　session 对象的主要方法

视频

session 对象的主要方法如表 3.4 所示。

表 3.4　session 对象的主要方法

方　法　名	说　　明	返回类型
getId()	返回 session 对象的 SessionID	String
setAttribute(String name, Object value)	设置指定名称的 session 属性值，它会替换任何以前的值	void
getAttribute (String name)	返回指定名称的 session 属性值	Object
removeAttribute (String name)	删除指定名称的 session 属性	void
getCreationTime()	返回 session 被创建的时间。最小单位为千分之一秒	long
getLastAccessedTime()	返回 session 最后被客户发送的时间。最小单位为千分之一秒	long
getMaxInactiveInterval()	返回超时时间(秒)，负值表示 session 永远不会超时	int
setMaxInactiveInterval(int n)	设置超时时间(秒)	void
getAttributeNames()	获得 session 内所有属性名称的集合	Enumeration
getValueNames()	返回一个包括 session 内所有可用属性名称的数组	String[]
invalidate()	取消 session，使 session 不可用	void

1. 利用 session 对象存储数据

session 对象存在于服务器端，它们不在网络上传输，只是通过特定的工作机制(如使用 Cookie 或 URL 重写)自动与客户关联在一起。session 对象拥有内建的数据结构，可以存储任意数量的对象数据。存储的数据采用键-值对形式。

存储和读取数据使用 setAttribute(String name, Object value)和 getAttribute(String name)方法。

session.setAttribute(key,value)以键-值对的方式将一个对象的值存放到 session 中。

session.getAttribute(key)获取存储的键-值对，返回类型为 Object，通常需要将它转换成会话中与这个属性名相关联的存储时的数据类型。如果属性不存在，则 getAttribute 的返回值为 null。

setAttribute( )方法会替换掉任何之前设定的值，如果想移除某个值，应使用 removeAttribute()方法。

利用 session 实现用户登录控制。具体思路是：当用户登录成功后，设置一个 session

范围的属性,然后在其他需要验证的页面中判断是否存在此 session 属性。如果存在,则表示已经是正常登录过的合法用户;如果不存在,则跳转回登录页提示用户重新登录。

具体如代码清单 3-14 至代码清单 3-16 所示。

代码

代码清单 3-14　跳转前在 session 中保存用户名(login.jsp)

```
...
User u=new User(mUserName,mPassWord);
if(UserBank.check(u)){
    session.setAttribute("userName",mUserName);
    response.sendRedirect("index.jsp");
}
else{
    out.print("用户名或密码不对!");
}
```

代码

代码清单 3-15　包含文件读取 session 参数(header.jsp)

```
<%@  page pageEncoding="UTF-8"%>
<%@  page import="java.util.Date" %>
  <%Date date=new Date(); %>
  地理知识,共<%=request.getParameter("count") %>题
  当前时间为<%=date.toLocaleString() %>
  用户名:<%=request.getParameter("userName") %>
  用户名:<%=session.getAttribute("userName")%>
  <hr>
```

代码

代码清单 3-16　从未登录页面进入则跳转到登录页面(index.jsp)

```
...
<body>
<%if(session.getAttribute("userName")==null)
    response.sendRedirect("login.jsp");
%>
...
```

视频

2. session 对象的生命周期

session 是在用户第一次访问时创建的,那么它是何时销毁的?其实,session 使用一种平滑超时的方式来控制何时销毁。session 有默认的生存时间,通常为 30 分钟,即用户保持连续 30 分钟不访问,则 session 被收回。如果用户在这 30 分钟内又访问一次页面,那么 30 分钟就重新计时。也就是说,这个超时是连续不访问的超时时间,而不是第一次访问后 30 分钟超时。session 对象包含多个与时间相关的变量,包括创建时间、最后访问时间、最大访问时间间隔等。session 创建后,每次访问都会更新最后访问时间。最后访问时间加上最大访问时间间隔即是 session 销毁的时间。在销毁时间到来时仍没有访问,则 session 销毁。最大访问时间间隔可以通过 setMaxInactiveInterval()方法设置,单位为秒。与生命周期相

关的方法有以下几个。

① public long getCreationTime()返回 session 创建时间，这个时间是从 1970 年 1 月 1 日 00:00:00GMT 以来的毫秒数。

② public long getLastAccessedTime()返回客户端最后一次发送与 session 相关的请求的时间，这个时间是从 1970 年 1 月 1 日 00:00:00GMT 以来的毫秒数。可以用来确定客户端在两次请求之间的会话的非活动时间。

③ public void setMaxInactiveInterval(int seconds)用于设置在 session 失效前客户端的两个连续请求之间的最长时间间隔，单位为秒。如果设置为负值，表示 session 永远不会失效。Web 应用程序可以使用这个方法来设置 session 的超时时间间隔。

④ public void invalidate()用于使 session 失效。例如，用户在网上书店购买完图书后，可以选择退出登录，服务器端的 Web 应用程序可以调用这个方法使 session 失效，从而让用户不再与这个 session 关联。

代码清单 3-17 为会话跟踪实现。

代码清单 3-17　会话跟踪

代码

```
<%@ page language="java" contentType="text/html; charset=UTF-8" pageEncoding=
"UTF-8"%>
<%@ page import="java.util.Date" %>
<!DOCTYPE html PUBLIC "-//W3C//DTD HTML 4.01 Transitional//EN" "http://www.w3.
org/TR/html4/loose.dtd">
<html>
    <head>
        <title>session object</title>
    </head>
    <body bgcolor="#fef5e6">
        <div align="center">
            <%String heading;
                Integer accessCount=(Integer)session.getAttribute("accessCount");
                if(accessCount==null){
                    accessCount=new Integer(0);
                    heading="welcome newcomer";
                }else{
                    accessCount=new Integer(accessCount.intValue()+1);
                    heading="welcome back";
                }
                session.setAttribute("accessCount", accessCount);
            %>
            <h1>会话跟踪<%=heading %></h1>
            <table border="1">
                <tr bgcolor="ffad00"><th>info type</th><th>value</th></tr>
                <tr><td>Id</td><td><%=session.getId() %></td></tr>
```

```
                <tr><td>创建时间</td><td><%=new Date(session.getCreationTi-
                me()) %></td></tr>
                <tr><td>最后访问时间</td><td><%=new Date(session
                .getLastAccessedTime()) %></td></tr>
                <tr><td>访问次数</td><td><%=accessCount %></td></tr>
            </table>
        </div>
    </body>
</html>
```

会话跟踪记录的首次访问和第 5 次访问信息如图 3.7 和图 3.8 所示。

图 3.7　首次访问

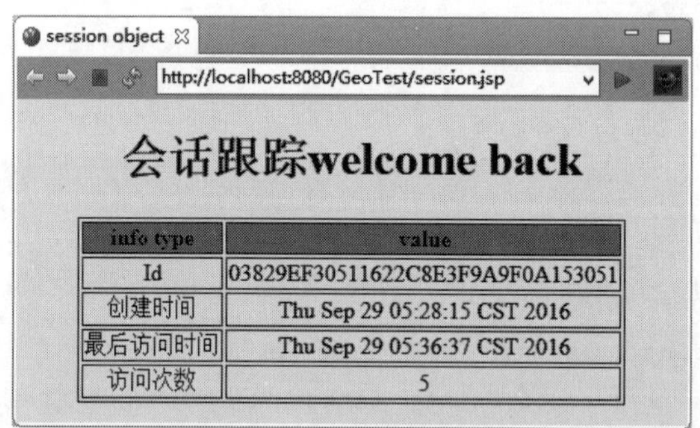

图 3.8　第 5 次访问(与其他用户访问无关)

视频

3.4 out 对象

out 对象向客户端发送数据,发送的内容是浏览器需要显示的内容。out 对象的类型为 JspWriter,JspWriter 相当于一种带缓存功能的 PrintWriter,设置 JSP 页面的 page 指令的 buffer 属性可以调整它的缓存大小,甚至关闭它的缓存。

只有向 out 对象中写入了内容且满足如下任何一个条件时,out 对象才去调用特定方法,将 out 对象缓冲区中的内容真正写入 Tomcat 提供的缓冲区中。

- 设置 page 指令的 buffer 属性关闭了 out 对象的缓存功能。
- out 对象的缓冲区已满。

• 整个 JSP 页面结束。

out 对象的工作原理如图 3.9 所示。

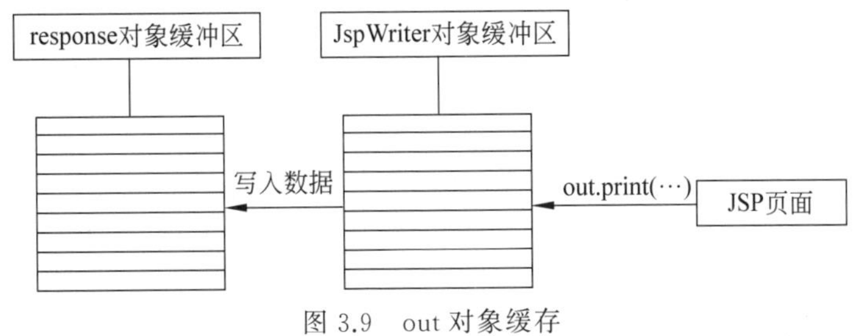

图 3.9　out 对象缓存

out 对象的常用方法如表 3.5 所示。out 对象一般使用 print()和 println()方法向客户端进行输出。println()比 print()在输出字符的后面多了一个空行，但使用这种方法实现空行在浏览器中一般是无效的，需要使用 out.print("<br>")方法来实现。print()方法可以输出各种类型的数据，例如：

```
<%
out.print("out 对象的使用方法:<br><br>");           //正常输出一段文字
out.print(true);                                    //输出 boolean 类型的值
out.print('a');                                     //输出一个字符
out.print(new char[]{'d','j','j','w','z'});        //输出一个字符数组
out.print(new java.util.Date());                    //输出一个日期类型的值
%>
```

表 3.5　out 对象的常用方法

方　法　名	说　　明	返回类型
print(datatype data)	输出不同数据类型的数据	void
println(datatype data)	输出不同数据类型的数据并自动换行	void
newLine()	输出换行	void
flush()	直接将目前暂存于缓冲区的数据输出	void
close()	关闭输出流	void
clear()	清除缓冲区中的数据，若缓冲区已经是空的，则会产生 IOException 异常	void
clearBuffer()	清除缓冲区的数据，若缓冲区为空，不会产生 IOException 异常	void
getBufferSize()	返回缓冲区的大小	int
getRemaining()	返回缓冲区的剩余空间大小	int

out 对象缓冲区的默认大小为 8KB。代码清单 3-18 显示了缓冲区大小随输出变化的情况。

代码清单 3-18　out 对象缓冲区

代码

```
<%@ page language="java" contentType="text/html; charset=UTF-8" pageEncoding=
"UTF-8"%>
```

```
<html>
    <head>
        <title>out object buffer size</title>
    </head>
<body>
    <%
        out.print("缓冲区大小: "+out.getBufferSize());
        out.print("<br>");
        out.print("缓冲区剩余空间的大小: "+out.getRemaining());
        out.println();
        for(int i=0;i<5;i++){
           out.print("hello world!");
        }
        out.print("<p>缓冲区剩余空间的大小: "+out.getRemaining()+"</p>");
        out.flush();
        out.clearBuffer();
        out.print("<p>缓冲区剩余空间的大小: "+out.getRemaining()+"</p>");
    %>
</body>
</html>
```

运行结果如图 3.10 所示。

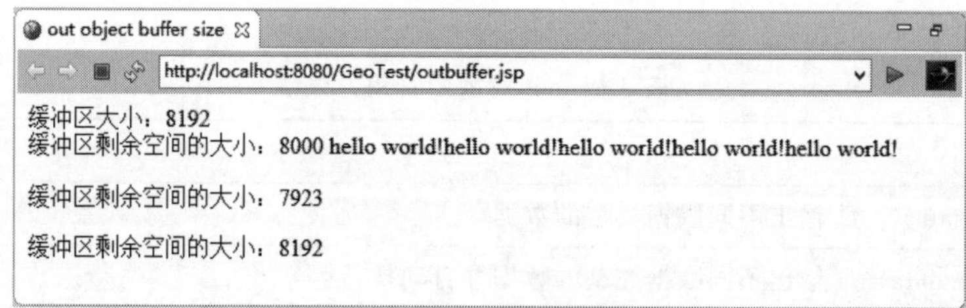

图 3.10　out 对象缓冲区

如果缓冲区中的内容已经被输出，即调用了 flush()方法，此时再调用 clear()方法清除缓冲区的内容，则会产生 IOException 异常。

视频

3.5　application 对象

application 对象提供了对 javax.servlet.ServletContext 对象的访问，用于在多个程序或多个用户之间共享数据。对于一个容器而言，每个用户都共用一个 application 对象，这和 session 对象不同。

服务器启动后就产生了这个 application 对象。当客户在所访问的网站的各个页面之间浏览时，这个 application 对象都是同一个，直到服务器关闭。与 session 不同的是，所有客户的 application 对象都是同一个，即所有客户共享这个内置的 application 对象。

application 对象的常用方法如表 3.6 所示。

表 3.6 application 对象的常用方法

方法名	说明	返回类型
setAttribute (String name, Object value)	设置指定名称的 application 属性值,它会替换任何以前的值	void
getAttribute (String name)	返回指定名称的 application 属性值	Object
removeAttribute (String name)	删除指定名称的 application 属性	void
getInitParameter(String name)	返回 application 对象某个属性的初始值	long
getServerInfo()	返回当前版本 Servlet 编译器的信息	long
getContext(URI)	返回指定 URI 的 ServletContext	ServletContext
getAttributeNames()	获得 application 内所有属性名称的集合	Enumeration
getValueNames()	返回一个包括 application 内所有可用属性名称的数组	String[]
getRealPath(URI)	返回指定 URI 的实际路径	String

1. getRealPath()方法

该方法是将指定的虚拟路径转换为真实路径。通过 URL 访问网页时,跟在主机后面的路径(如 http://localhost:8080/geotest/index.jsp 中的/index.jsp)就是虚拟路径。通过虚拟路径访问有多个原因,最重要的有两个:一个是出于安全方面的考虑;另一个是为了将分布在不同位置上的资源组织到同一个虚拟的目录树上,以方便访问。但是,如果想在 Web 应用中对实际的文件系统进行操作,如创建目录、删除文件、查看文件属性等,则必须知道资源的真实路径,这时就需要将虚拟路径转换为部署服务器上的真实路径(如代码清单 3-19 所示)。

代码清单 3-19 利用 application 获取文件真实路径

代码

```
<%@ page language="java" contentType="text/html; charset=UTF-8" pageEncoding=
"UTF-8"%>
<%@ page import="java.io.* " %>
<!DOCTYPE html PUBLIC "-//W3C//DTD HTML 4.01 Transitional//EN" "http://www.w3.
org/TR/html4/loose.dtd">
<html>
    <head>
        <title>application object</title>
    </head>
    <body>
        <%
            String realpath=application.getRealPath("/index.jsp");
            out.print(realpath);           //输出全路径,如 D:\tomcat8\webapps\
                                           //GeoTest\index.jsp
            File f=new File(realpath);     //File 类位于 java.IO 包中,可以通过 File
                                           //对象获取文件相关属性
            out.print(f.length());
```

```
    %>
  </body>
</html>
```

2. 利用 application 对象存储数据

application 对象可以通过自定义属性方式存储数据，使用方式与 session 对象类似。存储和读取数据使用 setAttribute(String name, Object value)和 getAttribute(String name)方法。

application.setAttribute(key, value)以键-值对的方式将一个对象的值存放到 application 中。

application.getAttribute(key)获取 application 对象中含有关键字 key 的对象。由于任何对象都可以添加到 application 中，因此取回对象时需要强制转换为原来的类型。

代码清单 3-20 利用 application 对象实现了一个页面访问计数器。

代码清单 3-20　页面访问计数器

代码

```
<%@ page language="java" contentType="text/html; charset=UTF-8" pageEncoding=
"UTF-8"%>
<!DOCTYPE html PUBLIC "-//W3C//DTD HTML 4.01 Transitional//EN" "http://www.w3.
org/TR/html4/loose.dtd">
<html>
    <head>
        <title>application object</title>
    </head>
    <body>
    <%
        Integer number=(Integer)application.getAttribute("count");
        if(number==null){
            number=new Integer(1);
            application.setAttribute("count", number);
        }else{
            number=new Integer(number.intValue()+1);
            application.setAttribute("count",number);
        }
    %>
    您是第<%=(Integer)application.getAttribute("count") %>位访问本站的客户
    </body>
</html>
```

视频

3.6　其他内置对象

page 对象是 java.lang.Object 的对象实例，也是 JSP 的实现类的实例，类似于 Java 中的 this 指针，指向当前 JSP 页面本身。

config 对象对应于 javax.servlet.ServletConfig 类，此类位于 servlet-api.jar 包中。config 对象用于获取配置信息。配置信息包括初始化参数以及表示 Servlet 或 JSP 页面所属 Web 应用的 ServletContext 对象。具体来说，如果在当前 Web 应用的应用部署描述文件 web.xml 中针对某个 Servlet 文件或 JSP 文件设置了初始化参数，则可以通过 config 对象来获取这些初始化参数。

pageContext 对象代表页面上下文，提供了对 JSP 页面所有的对象及命名空间的访问。该对象主要用于访问 JSP 之间的共享数据。使用 pageContext 可以访问 page、request、session、application 范围的变量。pageContext 对象是 javax.servlet.jsp.pageContext 类的对象实例。pageContext 对象的常用方法如表 3.7 所示。

表 3.7 pageContext 对象的常用方法

方 法 名	说 明	返回类型
getAttribute(String name)	取得 page 范围内的 name 属性	Object
getAttribute (String name[,int scope])	获得某一指定范围内的属性值，默认为 page 范围	Object
setAttribute(String name, Object value [, int scope])	设置某一指定范围内的属性值，默认为 page 范围	void
forward (String url)	把页面重定向到另一个页面或 Servlet 组件上	void
getException()	返回当前的 exception 对象	exception
getRequest()	返回当前的 request 对象	request
getServletConfig( )	返回当前的 ServletConfig 对象	ServletConfig

getAttribute(String name,int scope)取得指定范围内的 name 属性，其中 scope 可以是如下 4 个值：

- PageContext.PAGE_SCOPE，对应于 page 范围。
- PageContext.REQUEST_SCOPE，对应于 request 范围。
- PageContext.SESSION_SCOPE，对应于 session 范围。
- PageContext.APPLICATION_SCOPE，对应于 application 范围。

与 getAttribute()方法类似，pageContext 也提供了两个对应的 setAttribute()方法，用于将指定变量放入 page、request、session、application 范围内。

代码清单 3-21 用 pageContext 实现页面访问计数器。

代码清单 3-21 用 pageContext 实现页面访问计数器

```
…
application.setAttribute("count", number);
pageContext.setAttribute("count", number, pageContext.APPLICATION_SCOPE);
```

3.7 简单购物车

视频

本节介绍使用会话跟踪构造在线商店，包括如何表示单个商品、订单和购物车，如何显示待售商品，如何处理订单等。本例的数据存储与显示模型如图 3.11 所示，具体实现参见代码清单 3-22 至代码清单 3-28。

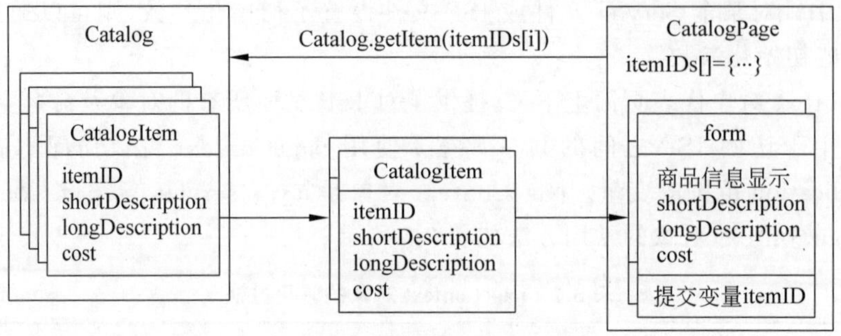

图 3.11 数据存储与显示模型

代码

代码清单 3-22 商品类(CatalogItem.java)

```
package com.ShoppingCart;
public class CatalogItem {
    private String itemID;
    private String shortDescription;
    private String longDescription;
    private double cost;
    public CatalogItem(String itemID,String shortDescription,String
    longDescription,double cost){
        this.itemID=itemID;
        this.shortDescription=shortDescription;
        this.longDescription=longDescription;
        this.cost=cost;
    }
    public String getItemID() {
        return itemID;
    }
    public void setItemID(String itemID) {
        this.itemID =itemID;
    }
    public String getShortDescription() {
        return shortDescription;
    }
    public void setShortDescription(String shortDescription) {
        this.shortDescription =shortDescription;
    }
    public String getLongDescription() {
        return longDescription;
    }
    public void setLongDescription(String longDescription) {
        this.longDescription =longDescription;
    }
    public double getCost() {
        return cost;
```

```
    }
    public void setCost(double cost) {
        this.cost =cost;
    }
}
```

代码清单 3-23　商品库类(Catalog.java)

代码

```
package com.ShoppingCart;
public class Catalog {
    private static CatalogItem[] items={
        new CatalogItem("0001","简单的逻辑学","这是一本足以彻底改变你思维世界的小书。美国著名逻辑学家、哲学教授 D.Q.麦克伦尼将一门宽广、深奥的逻辑科学以贴近生活、通俗易懂、妙趣横生的语言娓娓道来。",23.9),
        new CatalogItem("0002","朱镕基答记者问","《朱镕基答记者问》收录了朱镕基同志在担任国务院副总理、总理期间回答中外记者提问和在境外发表的部分演讲。",131.1),
        new CatalogItem("0003","唐诗鉴赏辞典","《唐诗鉴赏辞典》共收唐代 190 多位诗人诗作 1100 余篇,由萧涤非、程千帆、马茂元、周汝昌、周振甫、霍松林等古典文学专家撰写赏析文章。",77.4),
        new CatalogItem("0004","纳兰词 ","《纳兰词》是我国清代著名词人纳兰性德所著的词作合集,主题涉及爱情、亲情、友情、杂感等方面,塞外江南、古今风物尽收其中,"+"词风清丽隽秀、幽婉顽艳,颇有南唐后主之风,在中国文学史上有着极其特殊的地位与影响力。",21.8)
    };
    public static CatalogItem getItem(String itemID){
        CatalogItem item;
        if(itemID==null){
            return null;
        }
        for(int i=0;i<items.length;i++){
            item=items[i];
            if(itemID.equals(item.getItemID())){
                return item;
            }
        }
        return null;
    }
}
```

代码清单 3-24　商品显示页面(CatalogPage.jsp)

代码

```
<%@ page language="java" contentType="text/html; charset=UTF-8" pageEncoding=
"UTF-8"%>
<%@ page import="com.ShoppingCart.*" %>
<!DOCTYPE html PUBLIC "-//W3C//DTD HTML 4.01 Transitional//EN" "http://www.w3.
org/TR/html4/loose.dtd">
<html>
    <head>
        <title>shopping cart</title>
```

```
    </head>
    <body bgcolor="#fef5e6">
        <%!
            String heading="文学";
            String[] itemIDs={"0003","0004"};
            CatalogItem[] items=new CatalogItem[itemIDs.length];
        %>
        <h1 align="center"><%=heading %></h1>
        <%
            String formurl=response.encodeUrl("OrderPage.jsp");        //URL 重写
            for(int i=0;i<items.length;i++){
                items[i]=Catalog.getItem(itemIDs[i]);
        %>
            <hr>
            <form action="<%=formurl %>" method="post">
                <input type="hidden" name="itemID" value="<%=items[i].getItemID
                () %>"/>
                <h2><%=items[i].getShortDescription()%>(¥<%=items[i].getCost
                () %>)</h2>
                <p><%=items[i].getLongDescription()%></p>
                <p align="center">
                <input type="submit" value="添加到购物车" />
                </p>
            </form>
        <%
        }
        %>
    </body>
</html>
```

商品显示页面根据给定的商品编号数组从商品库类中提取出商品对象，如图 3.12 所

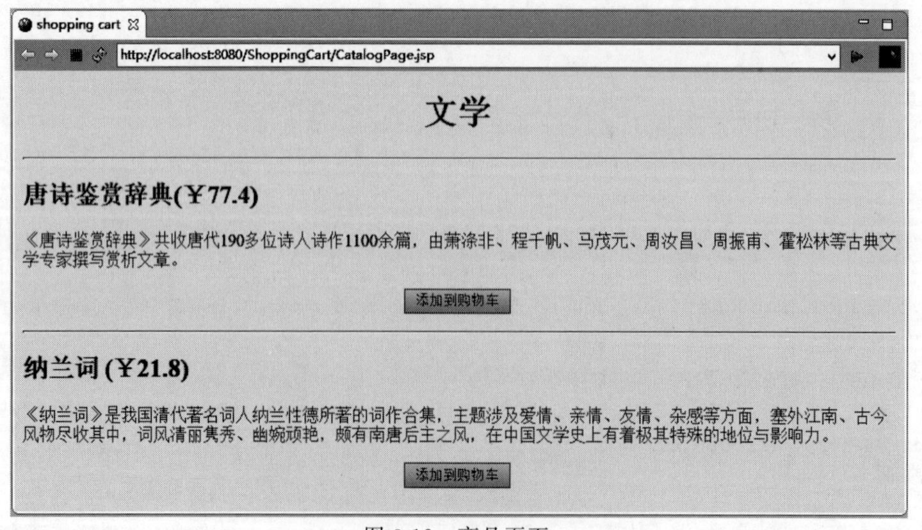

图 3.12　商品页面

示。在页面中显示商品时，为每个商品提供了一个表单。在单击表单上的"添加到购物车"提交按钮时，隐藏域保存的值（商品编号）将会提交给服务器。表单处理程序经过 response.encodeUrl()方法编码后，即使客户端 Cookie 关闭，仍然能够实现自动会话跟踪。

订单页面（OrderPage.jsp）的处理流程如图 3.13 所示。

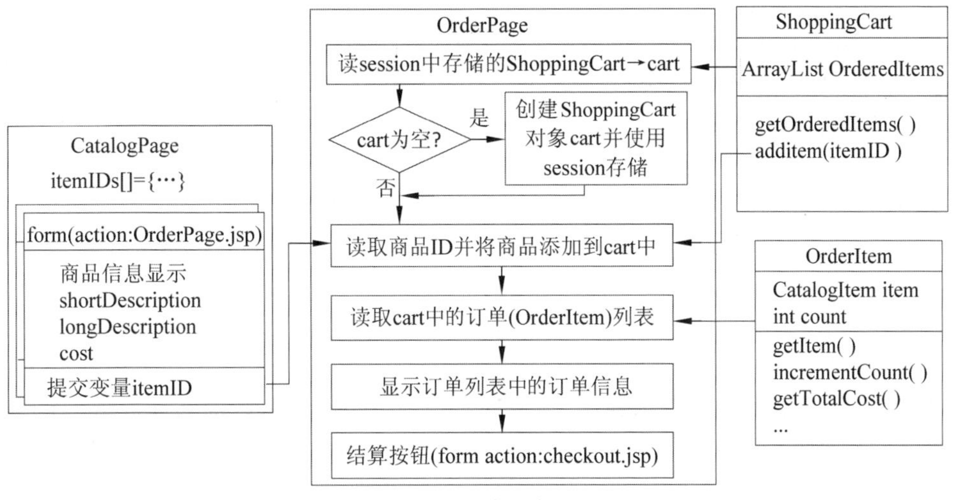

图 3.13　处理流程

代码清单 3-25　订单类（OrderItem.java）

```
package com.ShoppingCart;
public class OrderItem {
    private CatalogItem item;
    private int count;
    public OrderItem (CatalogItem item){
        this.item=item;
        count=1;
    }
    Public CatalogItem getItem() {
        Return item;
    }
    Public void setItem(CatalogItem item) {
        this.item =item;
    }
    Public int getCount() {
        return count;
    }
    Public void setCount(int n) {
        this.count =n;
    }
    public String getItemID(){
        return getItem().getItemID();
    }
```

```
    public String getShortDescription(){
        return getItem().getShortDescription();
    }
    Public String getLongDescription(){
        return getItem().getLongDescription();
    }
    public double getUnitCost(){
        return getItem().getCost();
    }
    public void incrementCount(){
        this.count++;
    }
    public double getTotalCost(){
        return this.count * getUnitCost();
    }
}
```

订单类包括了在将商品放入购物车时所应包括的信息,即哪种商品和数量。它通过商品类提供了获取商品信息(编号、描述、单价)的方法。另外,订单类提供了数量增加和求总金额的方法。

代码

代码清单 3-26 购物车类(ShoppingCart.java)

```
package com.ShoppingCart;
import java.util.ArrayList;
import java.util.List;
public class ShoppingCart {
    private ArrayList OrderedItems;
    public ShoppingCart(){
        OrderedItems=new ArrayList();
    }
    public ArrayList getOrderedItems (){
        return OrderedItems;
    }
    public synchronized void addItem(String itemID){
        OrderItem order;
        for(int i=0;i<OrderedItems.size();i++){
            order=(OrderItem)OrderedItems.get(i);
            if(order.getItemID().equals(itemID)){
                order.incrementCount();
                return;
            }
        }
        OrderItem newOrder=new OrderItem(Catalog.getItem(itemID));
        OrderedItems.add(newOrder);
    }
}
```

购物车类利用 ArrayList 集合保存订单对象。在构造函数中初始化 ArrayList 对象。购物车类提供了添加订单的方法,参数为商品编号。添加订单时,首先在订单对象集合中查找是否存在与该商品编号对应的订单。如果存在,则将商品数量加 1,否则生成新的订单对象并添加到集合中。

视频

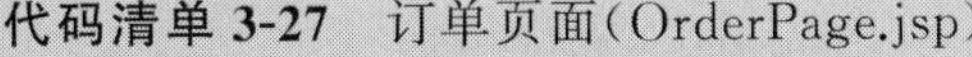

代码清单 3-27　订单页面(OrderPage.jsp)

代码

```
<%@ page language="java" contentType="text/html; charset=UTF-8" pageEncoding=
"UTF-8"%>
<%@ page import="com.ShoppingCart.*,java.util.*,java.text.*" %>
<!DOCTYPE html PUBLIC "-//W3C//DTD HTML 4.01 Transitional//EN" "http://www.w3.
org/TR/html4/loose.dtd">
<html>
    <head>
        <title>shopping cart</title>
    </head>
    <body bgcolor="#fef5e6">
        <%
        ShoppingCart cart=(ShoppingCart)session.getAttribute("shoppingCart");
        if(cart==null){
            cart=new ShoppingCart();
            session.setAttribute("shoppingCart",cart);
        }
        String itemID=request.getParameter("itemID");
        if(itemID!=null){
            cart.addItem(itemID);
        }
    %>
    <h1 align="center">订单状态</h1>
    <%
        ArrayList Ordereditem=cart.getOrderedItems ();
        NumberFormat formatter=NumberFormat.getCurrencyInstance();
        out.print("<table align='center' cellspacing='0' cellpadding='4'
        width='600' border='1'>");
        out.print("<tr><td>商品编号</td><td>名称</td><td>单价</td><td>数量
        </td><td>总额</td></tr>");
        OrderItem order;
        for(int i=0;i<Ordereditem.size();i++){
            order=(OrderItem)Ordereditem.get(i);
            out.print("<tr>\n<td>"+order.getItemID()+"</td>");
            out.print("<td>"+order.getShortDescription()+"</td>");
            out.print("<td>"+formatter.format(order.getUnitCost())+"</td>");
            out.print("<td>"+order.getCount()+"</td>");
            out.print("<td>"+formatter.format(order.getTotalCost())+"</td>");
```

```
            out.print("</tr>");
        }
        out.print("</table><br>");
        String checkoutURL=response.encodeURL("checkout.jsp");
        out.print("<center>");
        out.print("<form action=\""+checkoutURL +"\">");
        out.print("<input type=\"submit\" value=\"结算\" />");
        out.print("</form>");
        out.print("</center>");
    %>
    </body>
</html>
```

购物车对象保存在 session 中。从商品页面单击“添加到购物车”按钮转到订单页面进行处理,订单页面首先检查 session 属性中是否存在购物车对象,如果不存在,则先创建购物车对象并添加到 session 属性。将提交的商品编号添加到购物车对象中。从购物车中取出订单集合,显示各订单所包括的商品信息和商品数量,如图 3.14 所示。在显示商品单价和总额时,由于可能出现小数显示多位的情况(某些小数不能精确表示),因此使用 NumberFormat 类的 format()方法将小数表示成货币格式。

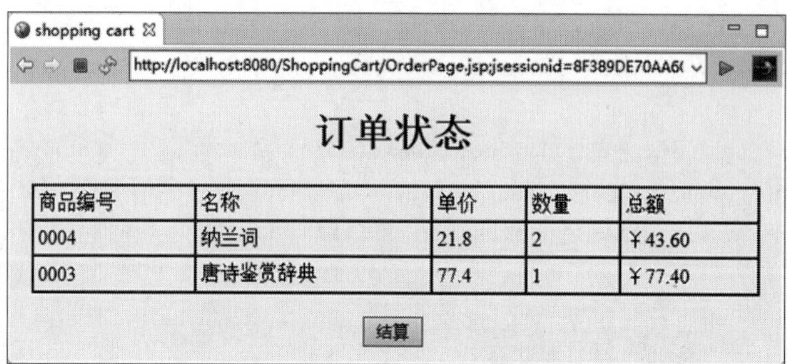

图 3.14 多次单击购物车之后的订单页面

代码清单 3-28 模拟结算页面(checkout.jsp)

```
<%@ page language="java" contentType="text/html; charset=UTF-8" pageEncoding=
"UTF-8"%>
<%@ page import="com.ShoppingCart.*,java.util.*,java.text.*" %>
<!DOCTYPE html PUBLIC "-//W3C//DTD HTML 4.01 Transitional//EN" "http://www.w3.
org/TR/html4/loose.dtd">
<html>
    <head>
        <title>check out</title>
    </head>
    <body bgcolor="#fef5e6">
        <h1 align="center">结算</h1>
        <%
```

```
            ShoppingCart cart=(ShoppingCart)session.getAttribute("shoppingCart");
            if(cart!=null){
                ArrayList Ordereditem=cart.getOrderedItems();
                NumberFormat formatter=NumberFormat.getCurrencyInstance();
                double sum=0;
                OrderItem order;
                for(int i=0;i<Ordereditem.size();i++){
                    order=(OrderItem)Ordereditem.get(i);
                    sum=sum+order.getTotalCost();
                }
                out.print("总金额: "+formatter.format(sum));
            }
        %>
    </body>
</html>
```

结算页面如图 3.15 所示。

图 3.15　结算页面

实　验　3

实验目的

- 了解内置对象的作用和作用范围。
- 掌握 JSP 中的常用内置对象的作用和用法。
- 运用内置对象实现网页功能。

实验内容

(1) 编写两个页面 inputData.jsp 和 showResult.jsp。inputData.jsp 接收用户输入的三角形的三条边长，showResult.jsp 页面接收传来的三条边长，判断是否能构成三角形，如果能构成三角形，则计算该三角形的周长并在页面显示。

inputData.jsp 页面的代码如下：

```
<%@ page language="java" contentType="text/html; charset=UTF-8" pageEncoding=
"UTF-8"%>
<!DOCTYPE html PUBLIC "-//W3C//DTD HTML 4.01 Transitional//EN" "http://www.w3.
org/TR/html4/loose.dtd">
```

```
<html>
    <head>
        <meta http-equiv="Content-Type" content="text/html; charset=UTF-8">
        <title>Insert title here</title>
    </head>
    <body>
        <form action="showResult.jsp" method="post" name="dataForm">
        请输入三角形的三条边: <br>
        第一条边长:<input type="text" name="one" size=6><br>
        第二条边长:<input type="text" name="two" size=6><br>
        第三条边长:<input type="text" name="three" size=6><br>
        <input type="submit" name="send" value="确认">
        <input type="reset" name="cancel" value="取消">
        </form>
    </body>
</html>
```

showResult.jsp 页面的代码如下：

```
<%@ page language="java" contentType="text/html; charset=UTF-8" pageEncoding=
"UTF-8"%>
<!DOCTYPE html PUBLIC "-//W3C//DTD HTML 4.01 Transitional//EN" "http://www.w3.
org/TR/html4/loose.dtd">
<html>
    <head>
        <meta http-equiv="Content-Type" content="text/html; charset=UTF-8">
        <title>Insert title here</title>
    </head>
    <body>
        <%
            int one,two,three;
            String strone=request.getParameter("one");
            String strtwo=request.getParameter("two");
            String strthree=request.getParameter("three");
            if(strone!=null&&strtwo!=null&&strthree!=null){
                one=Integer.parseInt(request.getParameter("one").trim());
                two=Integer.parseInt(request.getParameter("two").trim());
                three=Integer.parseInt(request.getParameter("three").trim());
                if((one<=0)||(two<=0)||(three<=0)){
                    out.println("无法构成三角形,边长必须为大于 0 的正数!");
                }else if((one+two>three)&&(one+three>two)&&(two+three>one)){
                    out.println("该三角形的三条边长分别为"+one+"、"+two+"和"+three
                    +",它的周长为: "+(one+two+three)+"。<br>");
                }else{
                    out.println("无法构成三角形!");
                }
```

```
        }
      %>
    </body>
</html>
```

(2) 编写注册页面(参考代码清单 3-5)。

(3) 编写利用 Cookie 保存密码的登录页面(参考代码清单 3-12、代码清单 3-13)。

(4) 调试会话跟踪代码清单 3-17。

(5) 设计一个简单的后台管理系统,用户通过登录页面的合法验证后才能使用其他页面,否则访问这些页面时跳转回登录页面。

习　题　3

一、选择题

1. 当 response 的状态行代码为(　　)时,表示用户请求的资源不可用。

   A. 101　　B. 202　　C. 303　　D. 404

2. 在 request 对象中可以获得服务器的端口的方法是(　　)。

   A. getMethod　　B. getQueryString　　C. getServletPath　　D. getServerPort

3. 调用 getCreationTime 可以获取 session 对象创建的时间,该时间的单位是(　　)。

   A. 秒　　B. 分秒　　C. 毫秒　　D. 微秒

4. session 对象的作用是(　　)。

   A. 网页传回用户端的回应

   B. 与请求有关的会话期

   C. 针对错误网页,未捕捉的例外

   D. 用户端请求,此请求会包含来自 GET/POST 请求的参数

5. 在 session 对象中,(　　)方法可以获得指定名称的属性。

   A. GetAttribute　　B. GetAttributeName

   C. GetId　　D. GetCreationTime

6. 一个典型的 HTTP 请求消息包括请求行、多个请求头和(　　)。

   A. 响应行　　B. 信息体　　C. 响应行　　D. 响应头

7. 能在浏览器的地址栏中看到提交数据的表单提交方式是(　　)。

   A. submit　　B. get　　C. post　　D. out

8. out 对象是一个输出流,其输出各种类型数据并换行的方法是(　　)。

   A. out.print　　B. out.newLine

   C. out.println　　D. out.write

9. 下列关于 application 对象的说法中错误的是(　　)。

   A. application 对象用于在多个程序中保存信息

   B. application 对象用来在所有用户间共享信息,但不可以在 Web 应用程序运行期间持久地保持数据

   C. getAttribute(String name)方法返回由 name 指定名称的 application 对象的属性

的值

D. getAttributeNames()方法返回所有 application 对象的属性的名称

10. 在 request 对象中可以用(　　)方法获得客户端向服务器端传送数据所依据的协议名称。

A. getMethod　　B. getQueryString

C. getServletPath　　D. getProtocol

11. 在 Tomcat 的 web.xml 中,有如下代码:

```
<session-config>
    <session-timeout>30</session-timeout>
</session-config>
```

上述代码定义了默认的会话超时时长,时长为 30(　　)。

A. 毫秒　　B. 秒　　C. 分钟　　D. 小时

12. out 对象是一个输出流,其输出不换行的方法是(　　)。

A. out.print　　B. out.newLine　　C. out.println　　D. out.write

13. JSP 页面中 request.getParamter(String)得到的数据的类型是(　　)。

A. Double　　B. int　　C. String　　D. Integer

14. 在 JSP 中为内建对象定义了 4 种作用范围,即 Application Scope、Session Scope、Page Scope 和(　　)。

A. Request Scope　　B. Response Scope

C. Out Scope　　D. Write Scope

15. 可以利用 JSP 动态改变客户端的响应,使用的语法是(　　)。

A. response.setHeader　　B. response.outHeader

C. response.writeHeader　　D. response.handlerHeader

16. 可以利用 request 对象的(　　)方法获取客户端的表单信息。

A. request.getParameter　　B. request.outParameter

C. request.writeParameter　　D. request.handlerParameter

17. 在 request 对象中可以用(　　)方法获得客户端所请求的脚本文件的文件路径。

A. getMethod　　B. getQueryString

C. getServletPath　　D. getServerPort

18. JSP 页面程序片段中可以使用(　　)方法将 strNumx=request.getParamter("ix")得到的数据类型转换为 Double 类型。

A. Double.parseString(strNumx)

B. Double.parseDouble(strNumx)

C. Double.parseInteger(strNumx)

D. Double.parseFloat(strNumx)

19. 当利用 request 的方法获取 Form 中的元素时,默认情况下字符编码是(　　)。

A. ISO 8859-1　　B. GB 2312　　C. GB 3000　　D. UTF-8

20. 要在 session 对象中保存属性,可以使用(　　)语句。

A. session.getAttribute("key","value");

B. session.setAttribute("key","value");

C. session.setAtrribute("key");

D. session.getAttribute("key");

二、填空题

1. 当客户端请求一个 JSP 页面时，JSP 容器会将请求信息包装在________对象中。

2. 表单标记中的________属性用于指定处理表单数据的程序的 URL 地址。

3. ________对象的作用是传送回应的输出。

4. 表单标记中的________属性用于指定表单传递数据的方式。

5. response.setHeader("Refresh", "5")的含义是指定页面刷新时间为________。

6. out 对象的________方法的功能是输出缓冲区的内容。

7. JSP 的________对象用来保存单个用户访问时的一些信息。

8. 在 JSP 中，内置对象________封装了用户提交的信息，使用该对象可以获取用户提交的信息。

9. 要使 JavaBean 在整个应用程序的声明周期中被该应用程序中的任何 JSP 文件所使用，则该 JavaBean 的 scope 属性必须设置为________。

10. request 对象可以使用________方法获取表单中某输入框提交的信息。

11. response 对象的________方法可以将当前客户端的请求转到其他页面。

12. JSP 内置对象中的________对象可对客户的请求作出动态响应，向客户端发送数据。

13. 从访问者连接到服务器开始到访问者关闭浏览器离开该服务器结束的这段时间被称为一个________。

三、判断题

1. post 属于表单的隐式信息提交方法。　(　　)

2. 使用 request 对象获取信息时，可能会出现 NullPointerException 异常。　(　　)

3. 利用 response 对象的 sendRedirect()方法只能实现本网站内的页面跳转，但不能传递参数。　(　　)

4. out 对象是一个输出流，它实现了 javax.servlet.JspWriter 接口，用来向客户端输出数据。　(　　)

5. 转发(forward)之后可以使用原来的 request 对象，而且效率较高。　(　　)

6. respone 对象主要用于向客户端发送数据。　(　　)

7. application 对象可以用来保存数据。　(　　)

8. contentType 属性用来设置 JSP 页面的 MIME 类型和字符编码集，取值格式为"MIME 类型"或"MIME 类型;charset=字符编码集"，response 对象调用 addHeader()方法修改该属性的值。　(　　)

9. <select>标记用于在表单中插入一个下拉菜单。　(　　)

10. 同一个客户在同一个 Web 服务程序中的 session 对象是相同的，在不同的 Web 服务程序中的 session 对象是不相同的。　(　　)

11. 网页中只要使用 GB 2312 编码就不会出现中文乱码。　(　　)

12. 表单提交的信息封装在 HTTP 请求消息的信息体部分，用户使用 request 对象的

getParameter()方法可以得到通过表单提交的信息。 ( )

13. 表单信息的验证只能放在服务器端执行。 ( )

14. request 对象的 getRemoteHost()方法既能获取客户机的名称,又能获取客户 IP 地址。 ( )

15. public long session.setMaxInactiveInterval()方法设置最长时间间隔,单位为毫秒。 ( )

16. application 对象对所有用户都是共享的,任何对它的操作都会影响所有的用户。 ( )

17. session 对象是 HttpSession 接口类的实例,由客户端负责创建和销毁,所以不同客户的 session 对象不同。 ( )

18. session 对象可以用来保存用户会话期间需要保存的数据信息。 ( )

四、程序设计题

1. 设计一个提交表单 info.jsp 用于提交姓名、年龄、性别和籍贯信息,表单的 action 指定页面为 showInfo.jsp。

info.jsp 页面的效果如图 3.16 所示。

图 3.16 info.jsp 页面的效果

单击“提交”按钮后,showInfo.jsp 页面的效果如图 3.17 所示。

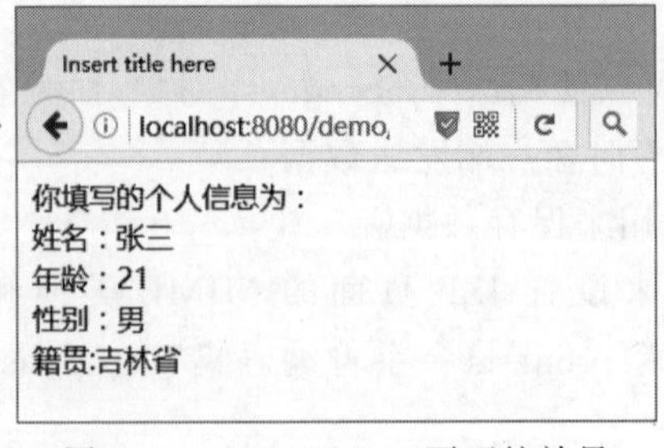

图 3.17 showInfo.jsp 页面的效果

2. 编写两个 JSP 页面(inputString.jsp 和 computer.jsp),用户可以使用 inputString.jsp 提供的表单输入一个字符串并提交给 computer.jsp 页面,后者通过内置对象获取 inputString.jsp 页面提交的字符串并显示该字符串的长度。

3. 编写一个猜数字的小游戏。当用户访问页面 c1.jsp 时，服务器随机分配给用户一个 1～100 的整数(Math.Random 可以在[0.0，1.0)范围内产生随机数)，然后将这个整数存在用户的 session 对象中。

用户单击超链接"去猜测这个数"将转到 guess.jsp 页面。在该页面中，如果猜测数大于机器生成的数，显示"您猜大了"和这是第几次猜测；如果猜小了，显示"您猜小了"和这是第几次猜测；如果相等，显示"您猜对了"和这是第几次猜测。同时，下面显示一个超链接"重新获得随机数"，单击此链接将返回 c1.jsp 页面重新开始猜数。

4. 编写一个页面，要求在页面上有两个文本框。用户在文本框中输入姓名和电话号码，单击"提交"按钮后，由服务器应用程序接收并处理用户信息。

5. 编写一个简单的登录页面 index.jsp，要求用户在登录页面中输入用户名(username)和密码(password)。单击"提交"按钮后，将信息提交给 index.jsp 页面，要求 index.jsp 页面实现以下功能：验证用户是否输入了用户名和密码；如果用户名为 aaa，密码为 aaa，则转到登录成功页面，否则显示 index.jsp 页面。

CHAPTER 第4章 EL

在使用 JSP 开发动态页面时，经常需要在 JSP 页面中取得内置对象（如 pageContext、request、session、application）中保存的属性数据。为取得这些对象的属性值，在表达式语言（Expression Language，EL）出现之前需要使用 JSP 代码脚本或表达式脚本，而页面中 Java 脚本太多不利于页面设计师和 Java 软件工程师协同工作。如何将 JSP 中的代码移除一直是现在 Web 应用开发努力的目标。由此出现了各种不同的解决方案，如 EL、JSTL、Struts 等。在 JSP 2.0 之后，EL 已经正式成为 JSP 规范的一部分。

4.1 EL 表达式基础

在 JSP 页面中使用表达式语言可以简化对变量和对象的访问。

视频

4.1.1 EL 语法

EL 基本格式：${表达式}。

功能：计算花括号内的表达式的值，将其转换为 String 类型并进行显示。

表达式是由常量、作用域变量（用 setAttribute 存储在 pageContext、request、session、context 中的对象）、请求参数、Cookie 等组成的运算表达式。

EL 可以直接在 JSP 页面的模板文本中使用，也可以作为元素属性的值，还可以在自定义或标准动作元素的内容中使用，但不能在脚本元素中使用。

例如：

```
<p>您好: ${username} </p>
<input type="text" name="userName" value="${param.userName}"/>
```

JSP 脚本实现：

```
<input type="text" name="userName" value="<%
    String s=request.getParameter("userName");
    if(s!=null)
        out.print(s);
>%
"/>
```

4.1.2 []和.操作符

EL 使用[]和.操作符来访问数据。

两种操作符的功能相同，都用于获取指定对象的属性。例如，${param.userName}和${param["userName"]}都可以获取客户端提交的 userName 参数值。

“[]”的适应性更广，当对象的属性名中包含特殊字符或属性名是一个变量的值时，只能用“[]”操作符获取属性值。

4.1.3 运算符

视频

在 EL 表达式中，可以实现算术运算、关系运算、逻辑运算，如表 4.1 所示。

表 4.1 EL 中的运算符

分类	运算符	功能	示例	结果
算术运算	+	加	${12+13}	25
	−	减	${12−3}	9
	*	乘	${12 * 3}	36
	/(或 div)	除	${12/3}	4
	%(或 mod)	取模(或求余)	${10%3}	1
关系运算	==(equ)	相等(类似 Java 的 equal 方法)	${param.user=='u1'}	相等为 true
	>(gt)	大于	${10>3}	ture
	<(lt)	小于	${10<3}	false
	!=(ne)	不等	${param.user!='u1'}	不等为 true
	>=(ge)	大于或等于	${10>=3}	true
	<=(le)	小于或等于	${10<=3}	false
逻辑运算	&&(and)	逻辑与	${1<2&&4<3}	false
	||(or)	逻辑或	${1<2||4<3}	true
	!(not)	逻辑非	${!(1<2)}	true
是否为空	empty	对象为 null 或 empty 则返回 true，否则返回 false	${empty null}	true
条件运算	条件?表达式 1:表达式 2	条件为 true 则返回表达式 1 值，否则返回表达式 2 值	${1>2?3:4}	4

4.2 EL 内置对象

视频

在 JSP 中存在 JSP 内置对象，这些对象无须任何声明就可以直接使用。EL 中也有自身的内置对象，通过这些对象可以访问 JSP 页面中常用对象的属性。

1. pageContext 对象

该对象等价于 JSP 中的 pageContext 对象，通过它可以访问 ServletContext、request、 response 和 session 等对象及其属性。例如：

${pageContext.request.method}，客户端请求方法。

${pageContext.response.contentType}，页面的 contentType 信息。

${pageContext.session.createTime}，会话的创建时间。

2. 作用域内置对象

EL 中允许直接访问通过 setAttribute 被绑定到不同范围(page、request、session 和 application)的属性变量。作用域内置对象有如下 4 个：

- pageScope，访问绑定在 pageContext 上的对象。
- requestScope，访问绑定在 request 上的对象。
- sessionScope，访问绑定在 session 上的对象。
- applicationScope，访问绑定在 application 上的对象。

语法格式：

```
${作用域内置对象.属性名}
```

代码清单 4-1 演示了通过 requestScope 访问属性。

代码

代码清单 4-1　通过作用域内置对象 requestScope 访问属性

```
<body>
    <%request.setAttribute("userName","Tom"); %>
    ${requestScope.userName}
</body>
```

在访问绑定了不同作用域范围的属性变量时，可以省略前面作用域对象的限定。例如访问上面的 userName 属性可以简写为

```
${userName}
```

当省略了作用域对象后，EL 将按照 page、request、session、application 的顺序查找。若在不同的范围内使用相同的属性名绑定了多次，则以范围最小的为准。若没有以指定名称绑定的属性，则返回空字符串。

3. 请求头部内置对象

以下内置对象用来访问请求头部中的信息。

- header：访问请求头部中值为单值的属性，例如 ${header.host}。
- headerValues：访问请求头部中值为多值的属性。
- cookie：访问请求头部中的 Cookie 信息，例如 ${cookie.JSESSIONID.value}。

4. 参数访问内置对象

param 和 paramValues 用于访问客户端提交的参数。

param：访问请求参数值为单值的参数。

格式：

```
${param.key}
```

paramValues：访问请求参数值为多值的参数，EL 将参数值映射到一个数组中。

格式：

```
${paramValues.key[index]}
```

5. 利用 EL 设置 HTML 标签显示值

在 GeoTest 项目中，运行 login.jsp 页面时，如果用户名和密码输入错误，会要求重新输入。由于提交时页面会刷新，因此重新输入时文本框中已输入的内容将丢失。其他页面也出现同样情况。

解决方法是，先用 EL 获取用户提交的数据，根据不同输入类型作如下设置。

- 文本框：设置 value 属性。
- 单选按钮：选中项设置 checked 属性。
- 复选框：选中项设置 checked 属性。

代码清单 4-2 和代码清单 4-3 分别为修改 login.jsp 表单和修改 login.jsp。

代码清单 4-2　修改 login.jsp 表单(login.jsp)

代码

```
<form action="" method="post">
    用户：<input type="text" name="userName" value="${param.userName}"/>
    <br/><br/>
    密码：<input type="password" name="passWord" /><br/><br/>
    <input type="submit" value="登录" />
</form>
```

代码清单 4-3　修改 index.jsp(index.jsp)

代码

```
<form action="" method="post" name="frmmain" id="frmmain">
    <input type="radio" name="answer" value="correct" onclick="frmsubmit();"
        ${param.answer=="correct"?"checked":""} />对
    <input type="radio" name="answer" value="wrong" onclick="frmsubmit();"
        ${param.answer=="wrong"?"checked":""} />错<br/>
</form>
<form action="" method="post" name="frmnext">
    <input type="submit" name="next" value="下一题" />
</form>
```

运行结果如图 4.1 所示。

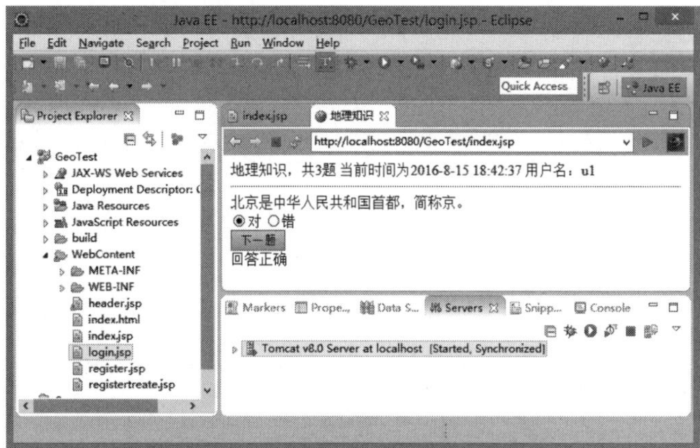

图 4.1　保留选择信息的运行结果

实 验 4

实验目的

- 了解 EL 的功能。
- 掌握 EL 的使用。

实验内容

(1) 设计一个提交表单 info.jsp 用于提交水果的名称、数量和单价,表单的 action 指定页面为 showInfo.jsp。showInfoFruit.jsp 页面显示 info.jsp 页面传过来的信息。要求 showInfoFruit.jsp 页面获取参数部分时不能使用 Java 程序片段,只能使用 EL 表达式。

info.jsp 页面的代码如下:

```
<%@ page language="java" contentType="text/html; charset=UTF-8" pageEncoding=
"UTF-8"%>
<!DOCTYPE html PUBLIC "-//W3C//DTD HTML 4.01 Transitional//EN" "http://www.w3.
org/TR/html4/loose.dtd">
<html>
    <head>
        <meta http-equiv="Content-Type" content="text/html; charset=UTF-8">
        <title>Insert title here</title>
    </head>
    <body>
        <form action="showInfoFruit.jsp" method="post" name="form1">
            水果名称: <input type="text" name="name" /><br><br>
            水果数量: <input type="text" name="sum" />千克<br><br>
            水果单价: <input type="text" name="price" />元/千克<br><br>
            <input type="submit" name="send" value="提交"/>
            <input type="reset" name="cancel" value="取消">
        </form>
    </body>
</html>
```

showInfoFruit.jsp 页面的代码如下:

```
<%@ page language="java" contentType="text/html; charset=UTF-8" pageEncoding=
"UTF-8"%>
<!DOCTYPE html PUBLIC "-//W3C//DTD HTML 4.01 Transitional//EN" "http://www.w3.
org/TR/html4/loose.dtd">
<html>
    <head>
        <meta http-equiv="Content-Type" content="text/html; charset=UTF-8">
        <title>Insert title here</title>
    </head>
```

```
    <body>
        <%request.setCharacterEncoding("UTF-8"); %>
        水果名称: ${param.name}<br>
        水果数量: ${param.sum}千克<br>
        水果单价: ${param.price}元/千克<br>
    </body>
</html>
```

（2）调试代码清单 4-2 和代码清单 4-3。

习　题　4

一、选择题

1. 下列关于 EL 的说法正确的是(　　)。

A. 可以读取 JavaBean 的属性值　　B. 可以访问所有的 JSP 内置对象

C. 可以修改 JavaBean 的属性值　　D. 可以调用 JavaBean 的任何方法

2. EL 表达式 ${10 mod 3}的执行结果为(　　)。

A. 1　　B. 2　　C. 3　　D. null

3. JSP EL 表达式 ${(10 * 10) ne 100}的值是(　　)。

A. 0　　B. True　　C. False　　D. 1

4. JSP EL 表达式的语法为(　　)

A. !JSP expression　　B. @{JSP expression}

C. ${JSP expression}　　D. #{JSP expression}

5. ${3+"6"}将输出(　　)。

A. 3+6　　B. 9

C. 36　　D. 不会输出,因为表达式是错误的

6. JSP EL 表达式 ${user.loginName}的执行效果等同于(　　)。

A. <%=user.getLoginName()%>　　B. <%user.getLoginName();%>

C. <%=user.loginName%>　　D. <%user.loginName;%>

二、填空题

1. EL 的基本格式是________。

2. EL 使用“[]”和“.”操作符来访问数据。两种操作符的功能相同,都用于获取指定对象的________。

3. 在 EL 表达式中,可以实现算术运算、关系运算和________运算。

三、判断题

1. ${3 + 4 ==7 ? 6 : 9}这个表达式是正确的。(　　)

2. 在 JSP 页面中使用 EL 可以简化对变量和对象的访问。(　　)

3. EL 可以直接在 JSP 页面的模板文本中使用,但是不可以作为元素属性的值。(　　)

4. ${pageContext.request.method}是客户端请求方法。(　　)

四、程序设计题

1. 使用 EL 表达式设计页面。提交表单 info.jsp 用于提交姓名、年龄、性别和籍贯信息,表单的 action 指定页面为 showInfo.jsp,具体页面运行效果如图 4.2 所示。

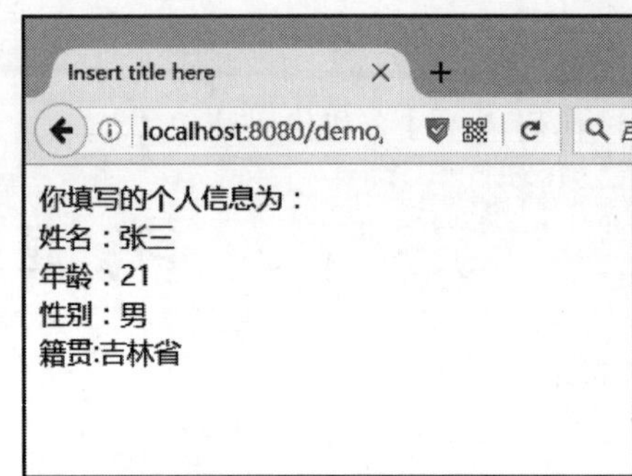

图 4.2 页面运行效果

2. 使用 EL 表达式设计页面 show.jsp,计算并显示 1000 以内所有质数的和。

CHAPTER 第 5 章 数据库访问

大多数 Web 应用需要将数据保存在数据库中。本书数据库示例都是在 MySQL 数据库管理系统下完成的。MySQL 是最流行的开源关系数据库管理系统，其社区版虽然是免费的，但是性能卓越，可以满足中小网站的需求。

5.1 创建 MySQL 数据库

从官方网站 http://www.mysql.com 下载 MySQL 社区安装版，在本地安装成功后，MySQL 会自动启动。MySQL 命令提示行控制台是纯字符命令操作，命令繁多且容易出错。现在有很多开源的图形界面管理工具，如 MySQL-Front、phpMyAdmin 等。本节介绍利用 MySQL-Front 数据库管理工具创建数据库。

5.1.1 创建数据库

视频

使用 MySQL-Front 创建数据库包括连接数据库实例、创建数据库、在数据库中新建表等步骤。

1. 创建数据库实例

安装好客户端 MySQL-Front 后，打开客户端时，需要连接到指定的数据库实例。如果第一次访问 MySQL-Front，则需要创建一个数据库实例，步骤如下。

(1) 打开 MySQL-Front 客户端，在图 5.1 所示的“打开登录信息”对话框中单击“新建”按钮。

(2) 在 Host 文本框中输入连接的服务器，本机为 localhost，如图 5.2 所示。“端口”设

图 5.1 打开登录信息

图 5.2 设置连接属性

置为 MySQL 安装时设置的端口号，默认值为 3306。输入用户名和密码，用户必须已经存在且具有足够权限，这里在“用户”文本框中输入 root，在“密码”文本框中输入 123456（MySQL 安装过程中设置的密码）。然后单击“数据库”文本框右侧的浏览按钮，在“选择数据库”对话框中选择当前存在的任一数据库实例。此时选择 MySQL 提供的测试数据库实例 test（创建数据库后应选择自建数据库），单击“确定”按钮。

2. 创建数据库

（1）在图 5.3 所示的窗口左侧列表框中右击连接地址，此处连接的地址是 localhost，在弹出的快捷菜单中选择“新建”→“数据库”选项。

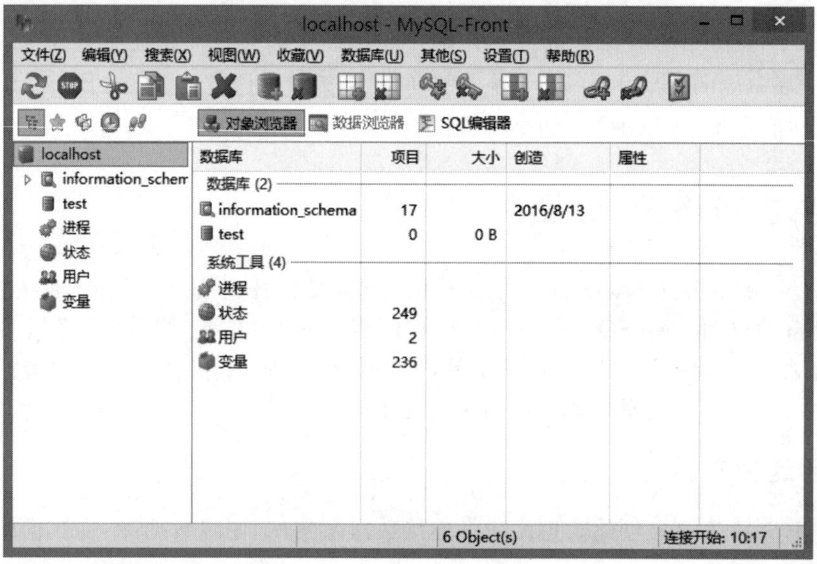

图 5.3　MySQL-Front 窗口

（2）在打开的“新建的数据库”对话框中输入数据库名称 geotest，选择数据库的编码方式为 UTF8，然后单击“确定”按钮，完成数据库的创建，如图 5.4 所示。

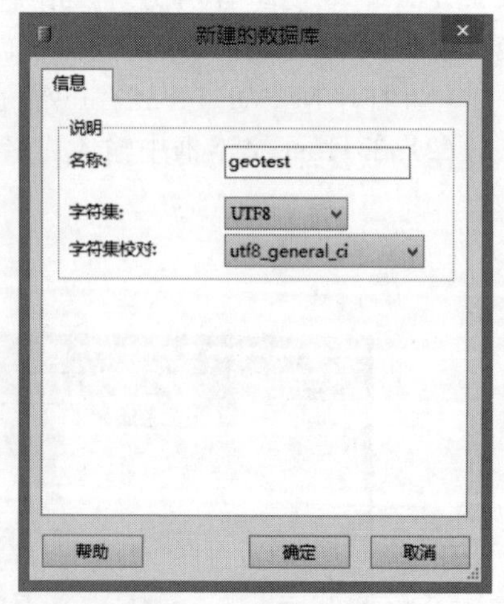

图 5.4　新建数据库

3. 新建数据库表

（1）在 MySQL-Front 窗口的左侧列表框中右击新建的数据库名 geotest，在弹出的快捷菜单中选择“新建”→“表格”选项，打开图 5.5 所示的“添加表格”对话框，在“名称”文本框中输入表名 users。

（2）单击“字段”选项卡，单击“添加字段”图标，或者右击字段列表空白区，选择“新建”选项，进入“添加字段”对话框，如图 5.6 所示。按表 5.1 设置字段，然后单击“确定”按钮。

图 5.5　添加表格

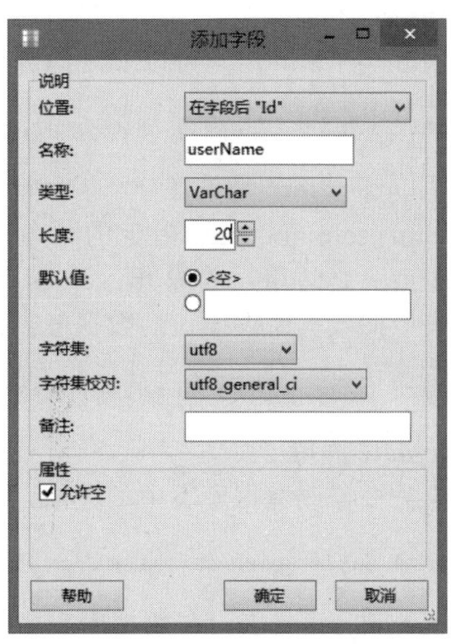

图 5.6　添加字段

表 5.1　users 表结构

字段名称	类　型	备　注	字段名称	类　型	备　注
userName	varchar(20)	主键	interest	varchar(20)	默认值为 null
passWord	varchar(20)	默认值为 null	testGrade	int	默认值为 0
realName	varchar(20)	默认值为 null	testTime	datetime	
pId	varchar(18)	默认值为 null	memo	text	默认值为 null
sex	char(8)	默认值为 null			

5.1.2　常用 DML 语句

视频

DML(Data Manipulation Language,数据操纵语言)命令使用户能够查询数据库以及操作已有数据库中的数据,包括查询数据(select 语句)、插入数据(insert 语句)、修改数据(update 语句)、删除数据(delete 语句)等。由于 DML 非常复杂,因此本节只列出后面章节涉及的语句部分。

1. select 语句

select 语句主要用于查询数据库的操作,包括选择满足特定条件的记录、选择特定列、计算列、设置列的别名、排序、分组等。select 语句的功能非常强大,语法复杂。例如:

```
select userName, realName,pId from users    //列出 users 表用户名、真实姓名、身份证号
select * from users where userName="u1"     //查找用户 u1
select count(*) from users                   //统计 users 表中记录个数
select * from users limit 20,10             //列出第 20 条之后的 10 条记录
select * from users where userName="u1" and password="1234"    //根据用户名和密码查找
select * from users where realName like "王%"                   //查找姓王的用户
```

2. insert 语句

使用 insert into 语句可以实现向数据表中增加数据。语法格式如下：

```
insert into tablename [(column1,column2,…)] values (value1,value2,…)
```

其中,insert into 是关键字,表示向数据库表中插入数据;tablename 表示数据库表名称;columnl、column2 表示指定的列名,是可选的(插入数据列数等于数据表总列数时可选),多个列名之间用逗号隔开;values 是关键字,表示插入的数据,后面括号中的 valuel、value2 表示向数据库表插入的数据值。例如：

```
insert into users (userName,passWord,testGrade) values ("u1","123456",0)
```

3. update 语句

如果需要修改数据库表中的数据,可以使用 update 语句。语法格式如下：

```
update tablename set column1=value1,column2=value2, … where conditions
```

update 和 set 是表示在数据库表中修改数据的关键字;tablename 表示表的名称;关键字 set 后面紧跟的是要修改的列名以及列名对应的值,多个列之间用逗号隔开;where 子句用来指定要修改的条件,如果不指定条件,会修改表中指定列的所有值。

例如下面修改表 users 中用户 u1 的性别和考试类型：

```
update users set sex="female", testGrade=1 where username="u1"
```

4. delete 语句

使用 delete 语句可以在数据库表中删除数据。delete 语句可以删除数据库表中满足条件的数据,也可以删除满足子查询指定条件的数据。

1）删除满足条件的数据

使用 delete 语句可以在数据库表中删除满足条件的数据记录,语法格式如下：

```
delete from tablename where conditions
```

delete from 是表示从数据库表中删除数据的关键字;tablename 表示表名称;where 子句后面的 condition 是指定删除条件。例如,从 users 表中删除用户名为 u1 的用户：

```
delete from users where userName="u1"
```

在使用 delete 语句执行删除操作时,不需要指定数据的列名,因为 delete 语句执行的操作是删除数据库表中的行记录,而不是删除某一单独的列数据。

2）删除有外键约束的数据

在定义了外键约束的表中删除数据时,删除的数据要满足外键约束条件。例如,假设在答题表 tests 中存在 userName 字段,并且将其设置为外键。如果删除 users 表中的用户 u1,tests 表中与 u1 相关的数据将查不到用户 u1 的其他信息,删除时将出现错误。此时,需要先删除 tests 表中与 u1 相关的数据,然后才能删除 users 表中的用户 u1。

5.2 JDBC 应用概述

JDBC 的全称是 Java DataBase Connectivity,即 Java 数据库连接。JDBC 提供一套访问关系数据库的标准 API,可以在 Java 应用程序中与关系数据库建立连接并执行相关操作。

目前主流的数据库都支持 JDBC。通过 JDBC API,可以使用完全相同的 Java 语法访问大量各种各样的 SQL 数据库。

利用 JDBC 查询数据库需要经过如下 7 个标准步骤：

(1) 载入 JDBC 驱动程序。

如果要载入驱动程序,只需要在 Class.forName()方法中指定数据库驱动程序的类名。这样做就自动创建了驱动程序的实例,并注册到 JDBC 驱动程序管理器。

(2) 定义连接 URL。

在 JDBC 中,连接 URL 指定服务器的主机名、端口以及希望与之建立连接的数据库名。

(3) 建立连接。

有了连接 URL、用户名和密码,可以建立到数据库的网络连接。连接建立之后,可以执行数据库查询,直到连接关闭为止。

(4) 创建 Statement 对象。

创建 Statement 对象才能向数据库发送查询和命令。

(5) 执行查询或更新。

有了 Statement 对象,可以使用 execute、executeQuery、executeUpdate 或 executeBatch 方法发送 SQL 语句到数据库。

(6) 结果处理。

数据库查询执行完毕之后,返回一个查询结果(ResultSet 对象)。ResultSet 表示一系列的行和列,可以调用 next 和各种 get()方法对查询结果进行处理。

(7) 关闭连接。

在执行完查询且处理完结果之后,应该关闭连接,释放与数据库相关联的资源。

5.2.1　载入 JDBC 驱动程序

视频

由于厂商不一样,各种数据库产品的连接方式也会有差别。JDBC 为不同数据库提供了不同的驱动程序,通过驱动程序,JDBC 屏蔽了各种数据库之间的差异。所以,驱动程序是指导如何与实际的数据库服务器进行会话的软件部件。如果要载入驱动程序,只需要载入相应的类。驱动程序类自身的一个 static 代码块自动生成驱动程序的实例,并将其注册到 JDBC 驱动程序管理器。

常见数据库的驱动程序类名如下。

- Oracle 驱动程序类：oracle.jdbc.driver.OracleDriver。
- SQL Server 驱动程序类：com.microsoft.jdbc.sqlserver.SQLServerDriver。
- MySQL 驱动程序类：com.mysql.jdbc.Driver。

不同版本的 MySQL 使用的驱动程序并不相同,可以在 MySQL 的官方网站下载最新版的数据库驱动程序(http://www.mysql.com)。然后,将 mysql-connector-java-5.1.37-bin.jar 文件(或其他版本的驱动程序)复制到 Tomcat 安装目录的 common\lib 目录下,或将其复制到网站的 WEB-INF\lib 目录中。

加载过程是使用 Class.forName()方法将驱动加载到运行环境中。加载时,驱动程序会自动在驱动程序管理器中完成注册。加载过程中,如果未找到驱动程序或驱动程序版本不匹配,会产生一个 ClassNotFoundException 错误,因而必须将 Class.forName()方法放在

try…catch 块中(如代码清单 5-1 所示)。

代码

代码清单 5-1 加载 MySQL 驱动程序

```
String driverName="com.mysql.jdbc.Driver";
try{
    Class.forName(driverName);
}catch(ClassNotFoundException e){
    e.printStackTrace();
}
```

视频

5.2.2 定义连接 URL

指向数据库的 URL 所使用的标准规范是 JDBC,连同服务器主机名、端口和数据库名(或引用名)一起构成 URL。不同类型数据库对应的 URL 并不相同,常见的访问本机 URL 如下:

- MySQL 的 URL 为 jdbc:mysql://127.0.0.1:3306/geotest。
- Oracle 的 URL 为 jdbc:oracle:thin:@127.0.0.1:1521:geotest。
- SQL Server 的 URL 为 jdbc:sqlserver://127.0.0.1:1433;DatabaseName=geotest。
- MS Access(已建立 ODBC 数据库连接名 geotest)的 URL 为 jdbc:odbc:geotest。

5.2.3 建立连接

像使用 MySQL-Front 一样,在操作数据库之前建立连接时需要提供用户名和密码。建立实际的网络连接时,需要将 URL、数据库用户名和数据库密码传递给 DriverManager 类的 getConnection()方法。如果不能建立连接,getConnection()方法会抛出 SQLException 异常,因此需要使用 try…catch(如代码清单 5-2 所示)。

代码

代码清单 5-2 连接 MySQL 数据库

```
String url="jdbc:mysql://127.0.0.1:3306/geotest";
String username="root";
String password="123456";
try{
    Connection con=DriverManager.getConnection(url,username,password);
}catch(SQLException e){
    e.printStackTrace();
}
```

getConnection()方法也提供只接收一个参数的连接形式,此时需要将用户名和密码等参数用连接字符串的形式附加在 URL 后(如代码清单 5-3 所示)。

在建立连接时,JDBC 会使用默认的字符编码。在前面建立数据库的过程中,因为选择的是 UTF-8 编码,与默认的字符编码不一致,所以在操作数据库的过程中,中文会出现乱码。因此,在建立连接时,需要向 getConnection()方法传递编码方式。

代码清单 5-3 另一种连接 MySQL 数据库的方式

代码

```
String url =" jdbc: mysql://127. 0. 0. 1: 3306/geotest? user = root&password =
123456&characterEncoding=UTF-8";
try{
    Connection con=DriverManager.getConnection(url);
}catch(SQLException e){
    e.printStackTrace();
}
```

JDBC 定义了数据库的连接、SQL 语句的执行以及查询结果集的遍历等。这些操作类位于包 java.sql 的下面，如 java.sql.Connection、java.sql.Statement、java.sql.ResultSet 等，各个数据库提供商在自己的 JDBC 驱动中实现了这些接口。在 JSP 页面中使用这些 API 前需要在 page 指令中设置 import 属性：

```
<% page import="java.sql.*"   %>
```

5.2.4 创建 Statement 对象

Statement 对象用来向数据库发送查询和命令。它由 Connection 的 createStatement()方法创建，如代码清单 5-4 所示。

代码清单 5-4 创建 Statement

代码

```
Statement statement=con.createStatement();
```

5.2.5 执行查询或更新

有了 Statement 对象之后，可以使用它的 executeQuery()方法发送 SQL 查询，或者使用 executeUpdate()方法执行插入、更新等命令。

通常使用 Statement 对象的 3 个基本方法来执行 SQL 命令。

1. executeQuery()方法

executeQuery()方法主要用来执行查询命令，返回一个 ResultSet 对象。ResultSet 可能为空，但不会是 null。例如，查询 users 表的所有数据：

```
String sql="select * from users";
ResultSet rs=statement.executeQuery(sql);
```

2. executeUpdate()方法

executeUpdate()方法主要用来执行插入、删除及修改记录操作，返回一个 int 值，此整型值是被更新的行数，可以为 0。executeUpdate()方法也支持 create table 等命令。例如，向 users 表中插入一行记录：

```
String sql ="insert into users(userName,passWord) values ( 'u2', '123456') " ;
int n=statement.executeUpdate (sql);
```

3. execute()方法

execute()方法主要用来执行一般的 SQL 命令，包括增删改查以及数据定义，返回一个布尔值，显示是否返回一个 ResultSet 对象。例如，查询 user 表中的所有数据：

```
String sql="select * from users";
Boolean value=statement.execute(sql);
```

如果 value 变量取真，则表明返回一个结果集对象，然后再通过 statement.getResultSet 方法获取一个 ResultSet 对象（如代码清单 5-5 所示）。

代码

代码清单 5-5　执行查询

```
String sql="select userName,realName,pId,testGrade from users";
ResultSet rs=statement.executeQuery(sql);
```

5.2.6　结果处理

ResultSet 对象的每条记录结果代表一个数据表行。处理结果最简单的方式是使用 ResultSet 的 next()方法在表中移动，每次一行。

在一行内，ResultSet 提供各种 getXxx()方法，它们都以列名或列索引为参数，以各种不同的 Java 类型返回结果。例如，下面前两行代码都可以取到当前行的 userName 字段值：

```
String un=rs.getString("userName");
String un=rs.getString(1);                  //列索引从 1 开始(遵循 SQL 的约定)
int tg=rs.getInt("testGrade");
```

以列索引为参数的 get()方法的代码可读性差，容易出错，不易维护，应尽量避免使用。代码清单 5-6 为显示查询结果。

代码

代码清单 5-6　显示查询结果

```
while(rs.next()){
    String un=rs.getString("userName");
    String rn=rs.getString("realName");
    String pid=rs.getString("pId");
    int tg=rs.getInt("testGrade");
    out.println("username="+un+"realname="+rn+"person id="+pid+"testgrade="+tg);
}
```

JDBC 使用 Java 技术来访问数据库数据。数据库数据类型和 Java 数据类型不同，所以使用 JDBC 时，需要将 Java 数据类型与数据库数据类型进行转换。数据库数据类型和 Java 数据类型的对照如表 5.2 所示。

表 5.2　数据库数据类型和 Java 数据类型的对照

数据库数据类型	Java 数据类型	数据库数据类型	Java 数据类型
char	String	integer	int
varchar	String	bigint	long

续表

数据库数据类型	Java 数据类型	数据库数据类型	Java 数据类型
longvarchar	String	real	float
numeric	bigDecimal	float	float
decimal	bigDecimal	double	double
bit	boolean	binary	byte[]
tinyint	byte	date	Java.sql.Date
smallint	short	time	Java.sql.Time

5.2.7　关闭连接

关闭连接使用如下语句：

```
con.close();
```

关闭连接还会关闭对应的 Statement 和 ResultSet 对象。

下面综合上述各步，完成对 users 表的显示。在 GeoTest 项目网站根目录下创建 userlist.jsp，内容如代码清单 5-7 所示。

代码清单 5-7　显示 users 表的部分字段(userlist.jsp)

代码

```
<%@ page language="java" contentType="text/html; charset=UTF-8" pageEncoding=
"UTF-8"%>
<%@ page import="java.sql.* " %>
<!DOCTYPE html PUBLIC "-//W3C//DTD HTML 4.01 Transitional//EN" "http://www.w3.
org/TR/html4/loose.dtd">
<html>
    <head>
        <meta http-equiv="Content-Type" content="text/html; charset=UTF-8">
        <title>用户列表</title>
    </head>
    <body>
    <%
        String driverName="com.mysql.jdbc.Driver";
        try{
            Class.forName(driverName);
        }catch(ClassNotFoundException e){
            e.printStackTrace();
        }
        String url =" jdbc: mysql://127. 0. 0. 1/geotest? user = root&password =
       123456&characterEncoding=UTF-8";
        try{
            Connection con=DriverManager.getConnection(url);
```

```
                Statement statement=con.createStatement();
                String sql="select userName,realName,pId,testGrade from users";
                ResultSet rs=statement.executeQuery(sql);
                while(rs.next()){
                    String un=rs.getString(“userName");
                    String rn=rs.getString(“realName");
                    String pid=rs.getString(“pId");
                    int tg=rs.getInt(“testGrade");
                    out.print(“username="+un+" realname="+rn+" person id="+pid+
                    " testgrade="+tg+"<br/>");
                }
                rs.close();
                con.close();
            }catch(SQLException e){
                e.printStackTrace();
            }
        %>
        </body>
    </html>
```

运行结果如图 5.7 所示。

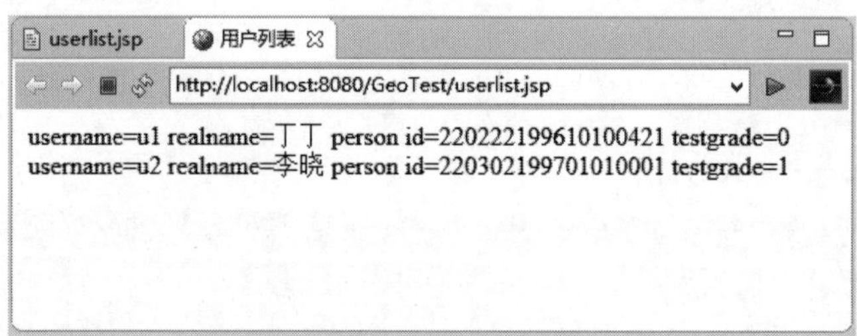

图 5.7　显示 users 表

视频

5.2.8　数据库连接工具类

数据库打开与关闭的过程在所有 JSP 页面中是相同的，为提高代码重用性，可将这部分代码抽取出来，做成工具类 DBConnection.java(如代码清单 5-8 所示)。

右击 com.geotest 类包，在弹出的快捷菜单中选择 New→Class 选项，在新建 Java 类窗口的 Name 处输入 DBConnection，保持默认的超类 java.lang.Object 不变，单击 Finish 按钮完成新建类。

代码

代码清单 5-8　数据库工具类(DBConnection.java)

```
package com.geotest;
import java.sql.*;
public class DBConnection {
    private static String url =" jdbc: mysql://localhost: 3306/geotest? user =
```

```
    root&password=123456&characterEncoding=UTF-8";
    private static String drivername="com.mysql.jdbc.Driver";
    static{
        try{
            Class.forName(drivername);
        }catch(ClassNotFoundException e){
            e.printStackTrace();
        }
    }
    public static Connection getConnection(){
        try{
            Connection conn=DriverManager.getConnection(url);
            return conn;
        }catch(SQLException e){
            e.printStackTrace();
            return null;
        }
    }
    public static void free(Connection conn,Statement stmt,ResultSet rs){
        try{
            if(rs!=null)
                rs.close();
        }catch(SQLException e){
            e.printStackTrace();
        }finally{
            try{
                if(stmt!=null)
                    stmt.close();
            }catch(SQLException e){
                e.printStackTrace();
            }finally{
                try{
                    if(conn!=null)
                        conn.close();
                }catch(SQLException e){
                    e.printStackTrace();
                }
            }
        }
    }
}
```

在 DBConnection 类中，注册载入 MySQL 驱动程序的程序段放在 static 代码块中，载入该类时会被执行一次。getConnection()方法被设置为静态方法，不依赖于任何对象就可以直接访问。

代码清单 5-9 为修改后的显示 users 表的页面。

代码

代码清单 5-9　修改后的显示 users 表的页面(userlist.jsp)

```
<%@ page language="java" contentType="text/html; charset=UTF-8" pageEncoding=
"UTF-8"%>
<%@ page import="java.sql.*" %>
<%@ page import="java.sql.*,com.geotest.*" %>
<!DOCTYPE html PUBLIC "-//W3C//DTD HTML 4.01 Transitional//EN" "http://www.w3.
org/TR/html4/loose.dtd">
<html>
    <head>
        <meta http-equiv="Content-Type" content="text/html; charset=UTF-8">
        <title>用户列表</title>
    </head>
    <body>
    <%
        String driverName="com.mysql.jdbc.Driver";
        try{
            Class.forName(driverName);
        }catch(ClassNotFoundException e){
            e.printStackTrace();
        }
        String url="jdbc:mysql://127.0.0.1/geotest?user=root&password=
        123456&characterEncoding=UTF-8";
        Connection con=null;
        Statement statement=null;
        ResultSet rs=null;
        try{
            Connection con=DriverManager.getConnection(url);
            con=DBConnection.getConnection();
            Statement statement=con.createStatement();
            statement=con.createStatement();
            String sql="select userName,realName,pId,testGrade from users";
            ResultSet rs=statement.executeQuery(sql);
            rs=statement.executeQuery(sql);
            while(rs.next()){
                String un=rs.getString("userName");
                String rn=rs.getString("realName");
                String pid=rs.getString("pId");
                int tg=rs.getInt("testGrade");
                out.print("username="+un+" realname="+rn+" person id="+pid+
                "testgrade="+tg+"<br/>");
            }
            rs.close();
```

```
            con.close();
        }catch(SQLException e){
            e.printStackTrace();
        }finally{
            DBConnection.free(con,statement,rs);
        }
        %>
    </body>
</html>
```

将关闭连接放在 finally 中保证了即使执行 Statement 出现错误，数据库连接也会被关闭。

5.3 使用预编译语句

视频

除了普通的 Statement 之外，还有一种语句在实际应用中经常用到，这就是预编译的 PreparedStatement。如果需要多次执行类似的语句，使用参数化(预编译)语句要比每次都执行原始的查询更有效率。预编译语句首先按照标准格式创建参数化语句，在实际使用之前先发送到数据库进行编译。

PreparedStatement 对象是通过 Connection 对象的 prepareStatement()方法来创建的，如代码清单 5-10 所示。

代码清单 5-10　创建 PreparedStatement 对象

```
String sql="select * from users where userName=?";
PreparedStatement pstmt=con.prepareStatement(sql);
pstmt.setString(1, "u1");                    //参数索引从 1 开始
```

prepareStatement()方法有一个参数，这个参数需要输入所要执行的 SQL 语句。该 SQL 语句可以保留一个或多个参数作为动态输入。如果需要有参数动态输入，则此 SQL 语句的参数位置需要用"?"代替。然后需要根据参数的序号位置，分别调用不同类型的 set()方法将参数值动态输入。

上例代码主要是实现根据用户名从 users 表中查询相关记录数据，首先通过 Connection 对象创建一个 PreparedStatement 对象，初始化时将用户名作为动态输入参数，之后使用 setString()方法输入参数。如果需要查询不同的用户，则只要修改用户名 userName，而不需要重新编译一个 SQL 命令。

因为用户名 userName 是字符串类型，所以在设置输入参数时需要选择 setString()方法。同理，针对不同的参数类型，int 类型用 setInt()方法。setString()方法的第一个参数代表的是参数的序号位置，当有多个参数时，通过序号位置分别将参数嵌入其中；第二个参数是具体的参数值。

PreparedStatement 对象的常用方法如下：

- close()，关闭 Statement。
- executeQuery()，输出 ResultSet 对象。
- executeUpdate()，输出数据更新的行数。

- execute()，输出 boolean 值，表明是否返回 ResultSet 对象。
- setBoolean(int paramIndex，boolean x)，输入布尔型参数，参数 paramIndex 表示所传递的参数序号，参数 x 表示传递的是布尔类型的参数值。

代码清单 5-11 演示了如何添加用户。

代码

代码清单 5-11 添加用户(add.jsp)

```
<%@ page language="java" contentType="text/html; charset=UTF-8" pageEncoding=
"UTF-8"%>
<%@ page import="java.sql.*,com.geotest.*,java.text.*" %>
<!DOCTYPE html PUBLIC "-//W3C//DTD HTML 4.01 Transitional//EN" "http://www.w3.
org/TR/html4/loose.dtd">
<html>
    <head>
        <meta http-equiv="Content-Type" content="text/html; charset=UTF-8">
        <title>添加用户</title>
    </head>
    <body>
        <%
            Connection con=null;
            PreparedStatement pstmt=null;
            try{
                con=DBConnection.getConnection();
                String sql="insert into users (userName,passWord,realName,pId,
                testGrade,testTime) values (?,?,?,?,?,?)";
                pstmt=con.prepareStatement(sql);
                pstmt.setString(1,"u3");
                pstmt.setString(2,"123");
                pstmt.setString(3,"李想");
                pstmt.setString(4,"220000199601010001");
                pstmt.setInt(5,1);
                String time="2016-02-21 13:30:00";
                SimpleDateFormat dateformat = new SimpleDateFormat("yyyy-MM-dd
                hh:mm:ss");
                java.util.Date date=dateformat.parse(time);
                Timestamp d=new Timestamp(date.getTime());
                pstmt.setTimestamp(6,d);
                pstmt.executeUpdate();
            }catch(SQLException e){
                e.printStackTrace();
            }finally{
                DBConnection.free(con,null,null);
            }
        %>
    </body>
</html>
```

使用预编译语句除了能够提高性能外，还可以提高安全性，预防 SQL 注入攻击。SQL 注入攻击是指攻击者提交特殊的表单值（类似于 SQL 语句的组成部分），如果这些提交内容被执行，攻击者可能会对数据库作出不适当的访问和修改。例如，在使用用户名和密码登录时形成的查询语句为

```
Select * from users where username="u1" and password="123456"
```

其中，用户名 u1 和密码 123456 为从表单文本框中输入的数据。假设攻击者在文本框中输入 u" or 1＝1 or "1"＝"1 和 123，最终形成的查询语句为

```
select * from users where username="u" or 1=1 or "1"="1" and password="123"
```

由于条件为真，因此攻击者可以查到所有的用户数据。

预编译语句会对输入参数中的引号作转义处理，可以使上述注入攻击方法无效。因此，为了避免 SQL 注入攻击，利用 HTML 表单接收用户输入并更新数据库时，一定要使用预编译语句或存储过程。

5.4 ResultSet 对象

结果集 ResultSet 是 JDBC 中最重要的对象，几乎所有的方法和查询都将数据作为 ResultSet 返回，可以说结果集是一个存储查询结果的对象。

5.4.1 读取数据

视频

ResultSet 对象读取数据的方法如下：

(1) 使用 getXxx()方法。其中，Xxx 为要读取列的字段类型。参数可以是整型，表示第几列（从 1 开始，而不是从 0 开始），也可以是列名，返回的是对应的 Xxx 类型的值。例如，读取字段类型为字符串型的 userName 列的内容：

```
String s=rs.getString("userName");
```

Xxx 可以代表的类型有两种：一种是基本的数据类型，如整型(int)、布尔型(Boolean)、浮点型(Float、Double)、比特型(byte)等；另一种是特殊的对象类型，如日期类型(java.sql.Date)、时间类型(java.sql.Time)、时间戳类型(java.sql.Timestamp)、大数型(BigDecimal 和 BigInteger)等。

当对应列是空值时，如果 Xxx 是对象，则返回 null；如果 Xxx 是数字类型，如 Float 等，则返回 0；如果 Xxx 是布尔型，则返回 false。

(2) 使用 getString()方法。该方法可以返回任意类型列的值，不过返回的都是字符串类型的。例如，users 表中的 testGrade 字段的类型为整型。若当前行的内容为 0，则

```
String s=rs.getString("testGrade");          //s="0"
int i=rs.getInt("testGrade");                //i=0
```

(3) 使用 getArray()方法。通过该方法获得当前行中指定列的元素组成的对象的数组。

视频

5.4.2 ResultSet 类型

ResultSet 从其使用的特点上可以分为四类,这四类 ResultSet 的特点都和 Statement 语句的创建有关。因为 ResultSet 是通过 Statement 语句执行后产生的,所以 ResultSet 具备何种特点完全决定于 Statement。

1. 基本 ResultSet

基本 ResultSet 的作用就是完成查询结果的存储功能,而且只能读取一次,不能来回地滚动读取。这种 ResultSet 的创建方式如下:

```
Statement st=conn.CreateStatement();
ResultSet rs=st.excuteQuery(sqlStr);
```

基本 ResultSet 只能使用 next()方法逐行地读取数据。

2. 可滚动的 ResultSet

可滚动的 ResultSet 类型支持前后滚动取得记录,支持的方法包括读取下一行的 next()方法、读取前一行的 previous()方法、回到第一行的 first()方法、定位到第 n 行的 absolute(int n)方法,以及移动到相对当前行的第 n 行的 relative(int n)方法。创建方法如下:

```
Statement st=conn.createStatement(int resultSetType, int resultSetConcurrency);
ResultSet rs=st.executeQuery(sqlStr);
```

ResultSet 对象的常量如表 5.3 所示。

表 5.3 ResultSet 对象的常量

常　量	功　能	分　类
ResultSet.TYPE_FORWARD_ONLY	只能向前滚动	resultSetType
ResultSet.TYPE_SCROLL_INSENSITIVE	任意地前后滚动,对于修改不敏感	resultSetType
ResultSet.TYPE_SCROLL_SENSITIVE	任意地前后滚动,对于修改敏感	resultSetType
ResultSet.CONCUR_READ_ONLY	ResultSet 只读	resultSetConcurrency
ResultSet.CONCUR_UPDATABLE	ResultSet 可修改	resultSetConcurrency
ResultSet.HOLD_CURSORS_OVER_COMMIT	修改提交时不关闭 ResultSet	resultSetHoldability
ResultSet.CLOSE_CURSORS_AT_COMMIT	修改提交时关闭 ResultSet	resultSetHoldability

例如,获取可以滚动的只读类型的 ResultSet:

```
Statement st=conn.createStatement(ResultSet.TYPE_SCROLL_INSENITIVE,ResultSet.
CONCUR_READ_ONLY);
ResultSet rs=st.excuteQuery(sqlStr);
```

3. 可更新的 ResultSet

可更新的 ResultSet 对象可以完成对数据库表的修改。但是,并不是所有的 ResultSet

只要设置了可更新就能够完成更新。能够完成更新的 ResultSet 的 SQL 语句必须具备如下特点：只引用单个表；不含有 JOIN 或 GROUP BY 子句；列中要包含主关键字。

具有上述条件的可更新的 ResultSet 可以完成对数据的修改。创建方法如下：

```
Statement st = conn. createstatement (ResultSet. TYPE _ SCROLL _ INSENSITIVE,
ResultSet.CONCUR_UPDATABLE);
ResultSet rs=st.excuteQuery(sqlStr);
```

可更新的 ResultSet 对象的更新方法如下：把 ResultSet 的游标移动到要更新的行，调用 updateXxx()。Xxx 的含义和 getXxx 是相同的。updateXxx()方法中包括两个参数：第一个是要更新的列，可以是列名或序号；第二个是要更新的数据，数据类型要和 Xxx 相同。每完成对一行的更新要调用 updateRow()方法完成对数据库的写入。在 ResultSet 的游标没有离开该修改行之前必须执行 updateRow()方法，否则修改将不会被提交。

使用 updateXxx()方法可以完成插入操作。要完成对数据库的插入，首先调用 moveToInsertRow()方法移动到插入行，然后调用 updateXxx()方法完成对各列数据的更新，最后调用 insertRow()方法将数据写入数据库。

4. 可保持的 ResultSet

正常情况下，使用 Statement 执行完一个查询，再执行另一个查询时，第一个查询的结果集就会被关闭。也就是说，所有的 Statement 的查询对应的结果集是一个。可保持性是指当 ResultSet 的结果被提交时是被关闭还是不被关闭。在 JDBC 3.0 之后，可以设置 ResultSet 是否关闭。可保持 ResultSet 对象的创建方式如下：

```
Statement st=conn.createStatement(int resultSetType, int resultSetConcurrency,
int resultsetSetHoldability);
ResultSet rs =st.excuteQuery(sqlStr);
```

resultSetHoldability 表示结果集在提交后是否打开。

5.4.3 元数据

视频

元数据是数据的数据，用于表述数据的属性。JDBC 中提供了 3 个关于元数据的接口：DatabaseMetaData、ResultSetMetaData 和 ParameterMetaData。DatabaseMetaData 用于描述数据库的整体综合信息，通过该对象，可以获得用户数据库的表名等属性。ResultSetMetaData 用于获取 ResultSet 对象中列的类型和属性信息。ParameterMetaData 用于获取预编译 PreparedStatement 对象中每个参数标记的类型和属性信息。本节只介绍 ResultSetMetaData 的应用。

可从 ResultSet 中获取 ResultSetMetaData 对象：

```
ResultSetMetaData rsmd=resultSet.getMetaData();
```

使用 getMetaData()方法获得 ResultSet 元数据对象后，可以从该元数据对象获得列的数目、类型以及每一列的名称。

ResultSetMetaData 对象的常用方法如下：

- getColumnCount()，返回 ResultSet 中的列数。

- getColumnName(int n),返回列序号为 n 的列名。
- getColumnType(int n),返回此列的 SQL 数据类型,返回值为整数。这些数据类型包括 BIT、CHAR、DATE、DECIMAL、DOUBLE、FLOAT、INTEGER、NULL、NUMERIC、OTHER、REAL、SMALLINT、TIME、TIMESTAMP、TINYINT、VARBINARY、VARCHAR 等。上述数据类型对应的整数值可以通过 java.sql.Types 常量获取,例如 java.sql.Types.DOUBLE。

代码清单 5-12 为利用元数据显示 users 表。

代码清单 5-12　利用元数据显示 users 表(userlist.jsp)

代码

```
<%@ page language="java" contentType="text/html; charset=UTF-8" pageEncoding=
"UTF-8"%>
<%@ page import="java.sql.*,com.geotest.*" %>
<!DOCTYPE html PUBLIC "-//W3C//DTD HTML 4.01 Transitional//EN" "http://www.w3.
org/TR/html4/loose.dtd">
<html>
    <head>
        <meta http-equiv="Content-Type" content="text/html; charset=UTF-8">
        <title>用户列表</title>
    </head>
    <body>
    <%
        Connection con=null;
        Statement statement=null;
        ResultSet rs=null;
        try{
            con=DBConnection.getConnection();        //DBConnection 见代码清单 5-8
            statement=con.createStatement();
            String sql="select * from users";
            rs=statement.executeQuery(sql);
            ResultSetMetaData rsma=rs.getMetaData();
            int colCount=rsma.getColumnCount();
            out.print("<table border='1' cellspacing='0' >");
            out.print("<tr>");
            for(int i=1;i<=colCount;i++){
                out.print("<td>"+rsma.getColumnName(i)+"</td>");
            }
            out.print("</tr>");
            while(rs.next()){
            out.print("<tr>");
            for(int j=1;j<=colCount;j++){
                out.print("<td>"+rs.getString(j)+"</td>");
            }
            out.print("</tr>");
        }
```

```
            out.print("</table>");
            }catch(SQLException e){
                e.printStackTrace();
            }finally{
                DBConnection.free(con,statement,rs);
            }
        %>
        </body>
    </html>
```

运行结果如图 5.8 所示。

用户列表

http://localhost:8080/GeoTest/userlist.jsp

Id	userName	passWord	realName	pId	sex	interest	testGrade	testTime	memo
1	u1	123456	丁丁	220222199610100421	male	中国地理	0	2016-10-30 00:00:00.0	null
2	u2	123456	李晓	220302199701010001	female	中国地理,世界地理	1	2016-10-29 00:00:00.0	null
4	u3	123	李想	220000199601010001	male	中国地理	1	2016-01-01 00:00:00.0	null

图 5.8　利用元数据显示 users 表

使用元数据不需要预先知道数据表的字段名及字段类型，在程序运行过程中可从 ResultSet 对象中获取列信息，因此可以使用元数据设计数据表通用操作类(如代码清单 5-13 所示)。

视频

右击 com.geotest 类包，从弹出的快捷菜单中选择 New→Class 选项，在新建 Java 类窗口的 Name 处输入 DBProcess，保持默认的超类 java.lang.Object 不变，单击 Finish 按钮完成新建类。

代码清单 5-13　数据表通用操作类(DBProcess.java)

代码

```
package com.geotest;
import java.sql.*;
import java.util.ArrayList;
public class DBProcess{
    private Connection conn=null;
    private Statement st=null;
    private PreparedStatement pst=null;
    private ResultSet rs=null;
    public boolean insertDeleteUpdate(String sql){
        boolean flag=true;
        conn=DBConnection.getConnection();
        if(conn==null) return false;
        try{
            st=conn.createStatement();
            st.executeUpdate(sql);
        }catch(SQLException e){
```

```
            e.printStackTrace();
            flag=false;
        }finally{
            DBConnection.free (conn,st,rs);
        }
        return flag;
    }
    public boolean queryReturnBoolean(String sql){
        boolean flag=true;
        conn=DBConnection.getConnection();
        try{
            st=conn.createStatement();
            rs=st.executeQuery(sql);
            if(!rs.next())flag=false;
        }catch(SQLException e){
            e.printStackTrace();
            flag=false;
        }finally{
            DBConnection. free (conn, st, rs);
        }
        return flag;
    }
    public ArrayList queryReturnList(String sql){
        ArrayList al=new ArrayList();
        String colname[];
        int columns;
        ResultSetMetaData rsmd=null;
        conn=DBConnection.getConnection();
        if(conn==null)return al;
        try{
            st=conn.createStatement();
            rs=st.executeQuery(sql);
            rsmd=rs.getMetaData();
            columns=rsmd.getColumnCount();
            colname=new String[columns];
            for(int i=1;i<=columns;i++){
                colname[i-1]=rsmd.getColumnName(i);
            }
            ArrayList al_colname=new ArrayList();
            for(int i=1;i<=columns;i++){
                al_colname.add(colname[i-1]);
            }
            al.add(al_colname);
            while(rs.next()){
                ArrayList alrow=new ArrayList();
```

```
                for(int i=1;i<=columns;i++)
                alrow.add(rs.getString(colname[i-1]));
                al.add(alrow);
            }
        }catch(SQLException e){
            e.printStackTrace();
        }finally{
            DBConnection. free (conn, st, rs);
        }
        return al;
    }
    public int rowCount(String tablename){
        int num=0;
        conn=DBConnection.getConnection();
        try{
            st=conn.createStatement();
            rs=st.executeQuery("select count(*) from " +tablename);
            rs.next();
            num=rs.getInt(1);
        }catch(SQLException e){
            e.printStackTrace();
        }finally{
            DBConnection.free(conn,st,rs);
        }
        return num;
    }
}
```

DBProcess 类提供了 4 个通用的公共方法。rowCount()方法可以求给定数据表的记录行数;queryReturnList()方法根据给定的查询语句返回 ArrayList 集合,其中集合的第一个元素为字段名数组,其后的元素为表数据;queryReturnBoolean()方法根据给定的查询语句返回布尔值;insertDeleteUpdate()方法能够执行给定的 insert、delete 或 update 操作语句。

queryReturnList()方法存在一定的局限,例如所有的数据需要按字符形式存储或者按能够转换为字符串型的类型存储、ArrayList 集合中没有字段类型信息等。

实　验　5

实验目的

- 了解 JDBC 的概念和技术特点。
- 掌握建立 MySQL 数据库的方法。
- 掌握通过 JDBC 实现数据库的增删改查功能。

实验内容

(1) 使用 MySQL-Front 创建数据库 warehouse 和表 product。

product 表的结构：proId varchar(4) NOT NULL，proName varchar(20) NOT NULL，madeDate date，pricePro FLOAT(7,2)，PRIMARY KEY('proId')。

product 表的数据如表 5.4 所示：

表 5.4 product 表的数据

产品号	名称	生产日期	价格
A001	联想笔记本	2016-3-25	6500.00
A002	戴尔计算机	2015-10-22	3850.00
A003	手机	2015-6-21	3500.00

(2) 编写页面 input.jsp 和 showInfoPro.jsp，实现查找功能。

input.jsp 页面的代码如下：

```
<%@ page language="java" contentType="text/html; charset=UTF-8" pageEncoding=
"UTF-8"%>
<!DOCTYPE html PUBLIC "-//W3C//DTD HTML 4.01 Transitional//EN" "http://www.w3.
org/TR/html4/loose.dtd">
<html>
    <head>
        <meta http-equiv="Content-Type" content="text/html; charset=UTF-8">
        <title>Insert title here</title>
    </head>
    <body>
        <form action="showInfoPro.jsp" method="post" name="condiForm">
            根据产品号进行查询<br>
            产品号:<input type="text" name="ProId" /><br>
            <input type="submit" name="send" value="提交"/>
            <input type="reset" name="cancel" value="取消"><br>
        </form>
    </body>
</html>
```

showInfoPro.jsp 页面的代码如下：

```
<%@ page language="java" contentType="text/html; charset=UTF-8" pageEncoding=
"UTF-8"%>
<%@ page import ="java.sql.* " %>
<!DOCTYPE html PUBLIC "-//W3C//DTD HTML 4.01 Transitional//EN" "http://www.w3.
org/TR/html4/loose.dtd">
<html>
    <head>
        <meta http-equiv="Content-Type" content="text/html; charset=UTF-8">
        <title>Insert title here</title>
    </head>
    <body>
```

```
        <%
            String number =request.getParameter("ProId");
            Connection con;
            Statement sql;
            ResultSet rs;
            try{
                Class.forName("com.mysql.jdbc.Driver");
            }catch (Exception e){
                out.print(e);
            }
            try{
                String uri="jdbc:mysql://127.0.0.1/warehouse";
                String user="root";
                String password="root";   //如果密码不是 root,此处修改为真正使用的密码
                con=DriverManager.getConnection(uri,user,password);
                sql=con.createStatement();
                rs= sql.executeQuery ( "Select  *  From product where proId= \"" +
               number+"\"");
                while(rs.next()){
                    for(int k=1;k<=4;k++) {
                        out.print(rs.getString(k));
                    }
                    out.print("<br>");
                }
                con.close();
            }catch(SQLException e){
                out.print(e);
            }
        %>
    </body>
</html>
```

(3) 编写代码实现增加、删除、修改功能。

习 题 5

一、选择题

1. 下面是创建 Statement 接口并执行 executeUpdate()方法的代码片段：

```
conn=DriverManager.getConnection("jdbc:odbc:book","","");
stmt=conn.createStatement();
String strsql="insert into book values('li003', 'J2EE','王','清华大学出版社',22)";
n=stmt.executeUpdate(strsql);
```

代码执行成功后 n 的值为(　　)。

A. 1　　　　B. 0　　　　C. −1　　　　D. 一个整数

2. 下面是加载 JDBC 数据库驱动的代码片段：

```
try{
Class.forName("sun.jdbc.odbc.JdbcOdbcDriver");
}
catch(ClassNotFoundException e){
out.print(e);
}
```

该程序加载的是(　　)驱动。

A. JDBC-ODBC 桥连接　　B. Java 编写的本地
C. 本地协议纯 Java　　D. 网络纯 Java

3. 假定给出了如下查询条件字符串：

```
String condition="insert book values(?,?,?,?,?)";
```

下列(　　)接口适合执行该 SQL 查询。

A. Statement　　B. PrepareStatement
C. CallableStatement　　D. 不确定

4. 在 JDBC 中，(　　)接口不能被 Connection 创建。

A. Statement　　B. PreparedStatement
C. CallableStatement　　D. RowsetStatement

5. 下列代码中 rs 为查询得到的结果集，代码运行后表格的每一行有(　　)个单元格。

```
while(rs.next()){
out.print("<tr>");
out.print("<td>"+rs.getString(1)+"</td>");
out.print("<td>"+rs.getString(2)+"</td>");
out.print("<td>"+rs.getString(3)+"</td>");
out.print("<td>"+rs.getString("publish")+"</td>");
out.print("<td>"+rs.getFloat("price")+"</td>");
out.print("</tr>");
}
```

A. 4　　B. 5　　C. 6　　D. 不确定

6. 以下能执行带参数的 SQL 语句的对象是(　　)。

A. Statement　　B. PreparedStatement
C. CallStatement　　D. Connection

7. 下列代码生成了一个结果集：

```
conn=DriverManager.getConnection(uri,user,password);
stmt=conn.createStatement(ResultSet.TYPE_SCROLL_SENSITIVE,ResultSet.CONCUR
_READ_ONLY);
rs=stmt.executeQuery("select * from book");
```

下面(　　)对该 rs 描述正确。

A. 不能用结果集中的数据更新数据库中的表

B. 能用结果集中的数据更新数据库中的表

C. 执行 update()方法能更新数据库中的表

D. 不确定

8. 下列代码生成了一个结果集：

```
conn=DriverManager.getConnection(uri,user,password);
stmt=conn.createStatement(ResultSet.TYPE_SCROLL_SENSITIVE,ResultSet.CONCUR
_READ_ONLY);
rs=stmt.executeQuery("select * from book");
```

下面(　　)对该 rs 描述正确。

A. 只能向下移动的结果集　　B. 可上下滚动的结果集

C. 只能向上移动的结果集　　D. 不确定是否可以滚动

9. 下面(　　)不是加载驱动程序的方法。

A. 通过 DriverManager.getConnection()方法加载

B. 调用方法 Class.forName()

C. 通过添加系统的 jdbc.drivers 属性

D. 通过 registerDriver()方法注册

10. 查询结果集 ResultSet 对象是以统一的行列形式组织数据的，如果执行 ResultSet rs=stmt.executeQuery("select bid,name,author,publish,price from book");语句，得到的结果集 rs 的列数为(　　)。

A. 4　　B. 5　　C. 6　　D. 不确定

11. 下面(　　)不是 JDBC 的工作任务。

A. 与数据库建立连接

B. 操作数据库，处理数据库返回的结果

C. 在网页中生成表格

D. 向数据库管理系统发送 SQL 语句

12. 下列代码生成了一个结果集：

```
conn=DriverManager.getConnection(uri,user,password);
stmt = conn. createStatement (ResultSet. TYPE _ SCROLL _ SENSITIVE, ResultSet.
CONCUR_READ_ONLY);
rs=stmt.executeQuery("select * from book");
rs.last();
rs.next();
```

下面(　　)对该 rs 描述正确。

A. rs.isFirst()为真　　B. rs.ifLast()为真

C. rs.isAfterLast()为真　　D. rs.isBeforeFirst()为真

13. 下列代码生成了一个结果集：

```
conn=DriverManager.getConnection(uri,user,password);
stmt = conn. createStatement (ResultSet. TYPE _ SCROLL _ SENSITIVE, ResultSet.
CONCUR_READ_ONLY);
```

```
rs=stmt.executeQuery("select * from book");
```

下面(　　)对该 rs 描述正确。

A. 数据库中表数据变化时结果集中数据不变

B. 数据库中表数据变化时结果集中数据同步更新

C. 执行 update()方法能与数据库中表的数据同步更新

D. 不确定

14. 下列代码生成了一个结果集:

```
conn=DriverManager.getConnection(uri,user,password);
stmt = conn. createStatement (ResultSet. TYPE _ SCROLL _ SENSITIVE, ResultSet.
CONCUR_READ_ONLY);
rs=stmt.executeQuery("select * from book");
rs.first();
```

下面(　　)对该 rs 描述正确。

A. rs.isFirst()为真　　　　B. rs.isLast()为真

C. rs.isAfterLast()为真　　　　D. rs.isBeforeFirst()为真

15. 下列代码生成了一个结果集:

```
conn=DriverManager.getConnection(uri,user,password);
stmt = conn. createStatement (ResultSet. TYPE _ SCROLL _ SENSITIVE, ResultSet.
CONCUR_READ_ONLY);
rs=stmt.executeQuery("select * from book");
rs.first();
rs.previous();
```

下面(　　)对该 rs 描述正确。

A. rs.isFirst()为真　　　　B. rs.ifLast()为真

C. rs.isAfterLast()为真　　　　D. rs.isBeforeFirst()为真

16. 假定给出了如下查询条件字符串:

```
String condition="select * from book where bookID=?";
```

下列(　　)接口适合执行该 SQL 查询。

A. Statement　　　　B. PrepareStatement

C. CallableStatement　　　　D. 不确定

二、填空题

1. 简单地说,JDBC 能够完成下列 3 件事: ________、向数据库发送 SQL 语句(Statement)、处理数据库返回的结果(ResultSet)。

2. 下面的代码建立 MySQL 数据库的连接,请填空:

```
try{ Class.forName("________");
}
```

创建连接的代码如下:

```
try{  //和数据库建立连接
    conn=DriverManager.getConnection("jdbc:mysql://localhost:3306/myWarehouse",
    "root","");
    …
    conn.close();
}
catch(Exception e){ out.println(e.toString()); }
```

3. 查询结果集ResultSet对象是以统一的行列形式组织数据的，如果执行ResultSet rs = stmt.executeQuery ("select bid,name,author,publish,price from book");语句，每一次rs只能看到________行。

4. 数据库的连接是由JDBC的________类管理的。

5. 查询结果集ResultSet对象是以统一的行列形式组织数据的，如果执行ResultSet rs = stmt.executeQuery ("select bid,name,author,publish,price from book");语句，要看到下一行，必须使用________方法移动当前行。

6. 查询结果集ResultSet对象是以统一的行列形式组织数据的，如果执行ResultSet rs = stmt.executeQuery ("select bid,name,author,publish,price from book");语句，ResultSet对象使用________方法获得当前行字段的值。

7. stmt为Statement对象，执行String sqlStatement="delete from book where bid='tp1001' ";语句后，删除数据库表的记录需要执行stmt.executeUpdate ________;语句。

8. ________的英文全称是Java DataBase Connectivity，中文意义是Java数据库连接。

9. getConnection()是DriverManager类的方法，使用过程中可能会抛出________异常。

10. JDBC主要由两部分组成：一部分是访问数据库的高层接口，即通常所说的JDBC API;另一部分是由数据库厂商提供的使Java程序能够与数据库连接通信的驱动程序，即________。

三、判断题

1. 进行分页可调用JDBC的规范中有关分页的接口。（　）

2. Connection.createStatement不带参数创建Statement对象，不能够来回地滚动读取结果集。（　）

3. JDBC加载不同数据库的驱动程序，使用相应的参数可以建立与各种数据库的连接。（　）

4. 数据库服务与Web服务器需要在同一台计算机上。（　）

5. JDBC中的URL提供了一种标识数据库的方法，使DriverManager类能够识别相应的驱动程序。（　）

6. 使用数据库连接池需要烦琐的配置，一般不宜使用。（　）

7. 应用程序分页显示记录集时，不宜在每页都重新连接和打开数据库。（　）

8. JDBC构建在ODBC基础上，为数据库应用开发人员、数据库前台工具开发人员提供了一种标准，使开发人员可以用任何语言编写完整的数据库应用程序。（　）

9. 用户发布Web应用程序时必须修改%TOMCAT_HOME%\conf\server.xml文件。（　）

10. 对 ResultSet 结果集,每一次 rs 可以看到一行,要看到下一行,必须使用 next()方法移动当前行。 ( )

11. 如果需要在结果集中前后移动或随机显示某一条记录,就必须得到一个可以滚动的结果集。 ( )

12. JDBC 的 URL 字符串是由驱动程序的编写者提供的,并非由该驱动程序的使用者指定。 ( )

13. Statement 对象提供了 int executeUpdate(String sqlStatement)方法,用于实现对数据库中数据的添加、删除和更新操作。 ( )

14. 在 Statement 对象的 executeUpdate(String sqlStatement)方法中,sqlStatement 参数是由 insert、delete 和 update 等关键字构成的 SQL 语句,函数返回值为查询所影响的行数,失败返回-1。 ( )

15. 使用 CachedRowSetImpl 对象可以节省数据库连接资源,因为这个对象可以保存 ResultSet 对象中的数据,它不依赖于 Connection 对象,并且继承了 ResultSet 的所有方法。 ( )

四、程序设计题

1. 编写一个 JSP 页面 DelRecord.jsp,要求其根据输入的产品号删除 MySQL 管理的 mystar 数据库的 product 表中的一条记录,表结构如表 5.5 所示。

表 5.5 product 表结构

字 段 名	类 型	是否允许空值	是否为主键	默 认 值
id	varchar(8)	NO	PRI	NULL
name	varchar(20)	NO		NULL
scrq	date	YES		NULL
price	float	YES		NULL

id 字段存放产品号,name 字段存放产品名称,scrq 字段存放产品的生产日期,price 字段存放产品价格。

2. 编写一个 JSP 页面 GetRecord.jsp,要求其查询 MySQL 所管理的 pubs 数据库中的 employee 表的全部记录。

3. 编写一个 JSP 页面 RenewRecord.jsp,要求其根据输入的产品号和需要更新的记录字段信息,更新 MySQL 管理的 mystar 数据库的 product 表中的一条记录,表结构同程序设计题 1。

4. 编写一个 JSP 页面 AddRecord.jsp,要求其向 MySQL 管理的 mystar 数据库的 product 表中添加一条记录,表结构同程序设计题 1。

CHAPTER 第6章 JavaBean

在 JSP 中可以使用许多不同的方式生成动态内容。这些方式中的每一种都有其合理的应用范围。选择什么样的方式取决于项目的大小和复杂程度。对于简单的应用,将少量的 Java 代码直接放到 JSP 页面中会工作得很好。如果在 JSP 页面中使用大量复杂的 Java 代码块,会完全扰乱页面的布局设计,结果必然是难以维护,难以重用,并且很难在开发团队的不同成员之间划分工作。

视频

本章介绍图 6.1 所示的动态代码策略的第三种,即使用 JavaBean 组件。

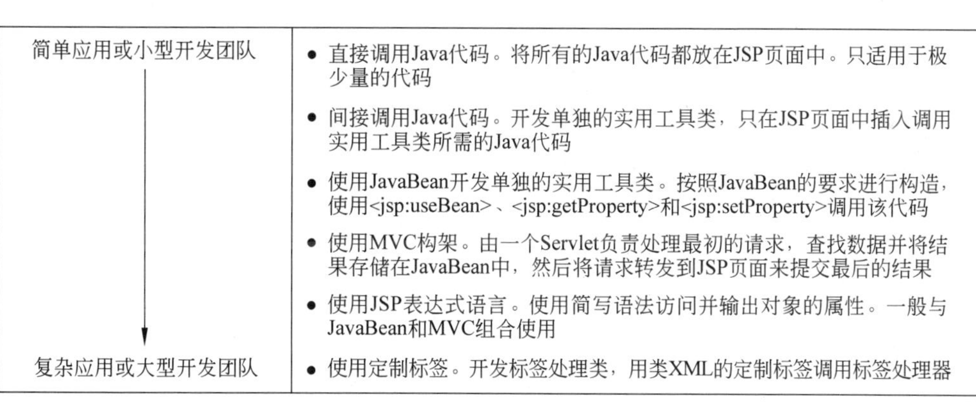

图 6.1　在 JSP 中调用动态代码的策略

6.1　JavaBean 简介

视频

从总体上讲,JavaBean 是遵循某些简单约定的常规 Java 类,这些约定由 JavaBean 规范定义。与前几章使用的 Java 类相比,JavaBean 并没有要求使用特殊的基类,不需要使用特殊的包,也没有定义特殊的接口。实际上,JavaBean 就是一个严格按照标准格式定义的 Java 类。在 JSP 页面中可以通过 JSP 动作<jsp:useBean>、<jsp:getProperty>和<jsp:setProperty>来使用 JavaBean。用户不需要写任何代码就可以创建和操作这些类。在 JSP 页面中,与使用常规的 Java 类相比,JavaBean 组件应用具有以下优点:

- 不需要使用 Java 代码。通过使用 JavaBean,页面的创建者可以只使用 XML 兼容的语法操作 Java 对象,从而促进内容与表达之间的分离,这对于拥有独立 Web 和 Java 开发人员的大型开发团队尤其有用。

- 对象的共享更为简单。与使用相同功能的 Java 代码相比,使用 JavaBean 时,对象在多个页面或请求间的共享容易很多。
- 请求参数与对象属性之间可以方便地对应起来。JavaBean 极大地简化了读取请求参数,对字符串进行适当的转换并将结果放入对象中的过程。

JavaBean 类的设计要求如下:

① 通过 getXxx()和 setXxx()方法访问成员变量。

如果类的成员变量的名称是 xxx,为了获取或设置该成员变量的值,在类中必须提供两个方法: getXxx()方法和 setXxx()方法。其中方法名中的变量名的第一个字母必须大写。此时,也称该类拥有一个名为 xxx 的属性。如果类只有一个 getXxx()方法,没有 setXxx()方法,则称 xxx 属性为只读属性。

对于 boolean 类型的成员变量,允许使用 is 代替 get。

访问 JavaBean 的标准 JSP 动作只能使用遵循 getXxx/setXxx 和 isXxx/setXxx 命名约定的方法。

② JavaBean 类必须拥有一个无参(默认)构造函数。

要满足这项要求,既可以显式地定义这样的构造函数,也可以省略所有的构造函数(这样零参数的构造函数会被自动创建)。JSP 元素创建 JavaBean 时会调用默认构造函数。

③ JavaBean 类不应该包含 public 变量。

要成为 JSP 可以访问的 JavaBean,类成员变量应该为 private 类型,使用 getter()方法去访问这些变量,而不能设置为 public 类型。

④ JavaBean 必须是 public 类。

下面在 GeoTest 项目中创建符合 JavaBean 约定的 Question 类。

(1) 在项目管理器中,展开 Java Resources→src,右击 com.geotest 类包,在弹出的快捷菜单中选择 New→Class 选项,在新建 Java 类窗口的 Name 处输入 Question,保持默认的超类 java.lang.Object 不变,单击 Finish 按钮,完成新建类。

(2) 在 Question.java 中,新增 4 个成员变量和一个参数为 0 的构造方法(如代码清单 6-1 所示)。

代码清单 6-1 Question 类中的新增代码 (Question.java)

代码

```
package com.geotest;
public class Question{
    private String questionId;
    private int questionClass;
    private String questionContent;
    private String questionAnswer;
    public Question (){
    }
}
```

(3) 在 Question.java 中,右击构造方法的后方区域,在弹出的快捷菜单中选择 Source→Generate Getters and Setters 选项。单击 Select All 按钮,为每个变量都生成 getter()与 setter()方法。添加有参数构造方法(如代码清单 6-2 所示)。

代码清单 6-2　符合 JavaBean 规范的 Question 类(Question.java)

```
package com.geotest;
public class Question{
    private String questionId;
    private int questionClass;
    private String questionContent;
    private String questionAnswer;
    public Question (){
    }
    public Question (String questionId, int questionClass, String questionContent,
    String questionAnswer){
        this.questionId =questionId;
        this.questionClass =questionClass;
        this.questionContent =questionContent;
        this.questionAnswer =questionAnswer;
    }
    public String getQuestionId() {
        return questionId;
    }
    public void setQuestionId(String questionId) {
        this.questionId =questionId;
    }
    public int getQuestionClass() {
        return questionClass;
    }
    public void setQuestionClass(int questionClass) {
        this.questionClass =questionClass;
    }
    public String getQuestionContent() {
        return questionContent;
    }
    public void setQuestionContent(String questionContent) {
        this.questionContent =questionContent;
    }
    public String getQuestionAnswer() {
        return questionAnswer;
    }
    public void setQuestionAnswer(String questionAnswer) {
        this.questionAnswer =questionAnswer;
    }
}
```

6.2　在 JSP 中使用 JavaBean

要在 JSP 页面中使用 JavaBean，必须应用<jsp:useBean>、<jsp:setProperty>、<jsp:getProperty>等 JSP 动作元素。在 JSP 页面中应用 JavaBean 的一般步骤如下。

1. 使用 page 指令导入类

在 JSP 页面中创建一个新的 JavaBean 类似于在页面中使用 Java 代码创建一个新的类对象,在使用之前需要在 page 指令中用 import 属性导入类。

```
<% page import="com.geotest.Question" %>
```

2. 使用<jsp:useBean>创建 JavaBean 实例

<jsp:useBean>动作元素最简单的使用形式是构建一个新的 JavaBean。

```
<jsp:useBean id="beanName" class="package.Class" />
```

例如:

```
<jsp:useBean id="geoQuestion" class="com.geotest.Question " />
```

<jsp:useBean>动作创建了一个用于当前 JSP 页面的 bean 对象,作用类似于

```
<% com.geotest.Question geoQuestion=new com.geotest.Question() %>
```

<jsp:useBean>动作元素的属性包括 id、class、scope、type 等。

① id 属性用来设定 JavaBean 的名称,利用该属性可以识别在同一个 JSP 页面中使用的不同的 JavaBean 组件实例。

② class 属性指定 JSP 引擎查找 JavaBean 代码的路径,一般是这个 JavaBean 所对应的 Java 类名。

③ scope 属性为可选属性,默认值为当前页面有效,用于指定 JavaBean 实例对象的有效作用范围。scope 的值可以是 page、request、session 以及 application。<jsp:useBean>动作运行时,在 scope 属性设置范围内既可以创建新的 bean 对象,也可以访问现存的 bean。

例如,Tomcat 将<jsp:useBean id="geoQuestion" class="com.geotest.Question" />翻译成如下 Java 语句:

```
com.geotest.Question geoQuestion =null;
geoQuestion=(com.geotest.Question)_jspx_page_context.getAttribute("geoQuestion",
  javax.servlet.jsp.PageContext.PAGE_SCOPE);
if (geoQuestion ==null){
  geoQuestion =new com.geotest.Question();
  _jspx_page_context.setAttribute("geoQuestion", geoQuestion, javax.servlet.
  jsp.PageContext.PAGE_SCOPE);
}
```

从上述代码中可以看出,<jsp:useBean>动作在执行时,除了创建新的 JavaBean 对象外,还会将对象存入属性中,供页面以后使用或其他页面使用。

④ type 属性为可选属性,用来声明 JavaBean 变量的类型。如果想使用已经存在的一个 JavaBean,而不是创建一个新的对象,可以将 class 属性替换成 type。

由于<jsp:useBean>使用 XML 语法,因此它的格式与 HTML 语法存在三方面的不同:

- 区分大小写,例如<jsp:useBean>与<jsp:usebean>是不同的。
- 属性值需要用单引号或双引号括起来。

• 标签的结束标记为/>，而不只是>。

当属性值中出现特殊字符时需要做转义处理。例如，属性值中出现双引号"时，需要使用\"。同样，单引号和右斜线\也需要做同样处理。另外，%>表示为%\>，<%表示为<\%。

3. 使用<jsp:setProperty>设置属性

<jsp:setProperty>动作元素用于设置 JavaBean 属性的值，该动作调用 setXxx()方法。使用方法如下：

```
<jsp:setProperty name="beanName" property="propertyName" value="propertyValue" />
```

• name 属性用来指定 JavaBean 的名称。这个 JavaBean 必须已经使用<jsp:useBean>实例化。
• property 属性用来指定 JavaBean 需要定制的属性的名称。
• value 属性的值将被赋给 JavaBean 的属性。

例如：

```
<jsp:setProperty name="geoQuestion" property="questionClass" value="0" />
```

其作用类似于

```
<% geoQuestion.setQuestionClass(0); %>
```

<jsp:setProperty>的语法格式还有其他形式，具体介绍见 6.3 节。

4. 使用<jsp:getProperty>获取属性值

<jsp:getProperty>动作元素读取或输出 JavaBean 属性的值，值将被放在输出语句中。该动作调用 getXxx()方法。使用方法如下：

```
<jsp:getProperty name="beanName" property="propertyName"  />
```

• name 属性用来指定 JavaBean 的名称。这个 JavaBean 必须已经使用<jsp:useBean>实例化。
• property 属性用来指定要读取的 JavaBean 对象的属性名称。实际上也可以在 JSP 程序段中直接调用 JavaBean 对象的 getXxx()方法来获取 JavaBean 对象的属性值。

例如：

```
<jsp:getProperty name="geoQuestion" property="questionClass" />
```

其作用类似于

```
<% out.print(geoQuestion.getQuestionClass()); %>
```

或 EL 表达式：

```
${geoQuestion.questionClass}
```

代码清单 6-3 为在 JSP 页面中使用 JavaBean。

代码清单 6-3　在 JSP 页面中使用 JavaBean（test.jsp）

代码

```
<%@ page language="java" contentType="text/html; charset=UTF-8" pageEncoding=
"UTF-8"%>
```

```
<%@ page import="com.geotest.Question" %>
<!DOCTYPE html PUBLIC "-//W3C//DTD HTML 4.01 Transitional//EN" "http://www.w3.
org/TR/html4/loose.dtd">
<html>
    <head>
        <meta http-equiv="Content-Type" content="text/html; charset=UTF-8">
        <title>地理知识</title>
    </head>
    <body>
        <jsp:useBean id="geoQuestion" class="com.geotest.Question" />
        <jsp:setProperty name="geoQuestion" property="questionId" value=
        "010001" />
        <jsp:setProperty name="geoQuestion" property="questionClass" value=
        "0" />
        <jsp:setProperty name="geoQuestion" property="questionContent" value=
        "黄山在中国的安徽省" />
        <jsp:setProperty name="geoQuestion" property="questionAnswer" value=
        "correct" />
        编号: <jsp:getProperty name="geoQuestion" property="questionId"/>
        题型: <jsp:getProperty name="geoQuestion" property="questionClass"/>
        题目: <jsp:getProperty name="geoQuestion" property="questionContent"/>
        答案: <jsp:getProperty name="geoQuestion" property="questionAnswer" />
    </body>
</html>
```

运行结果如图 6.2 所示。

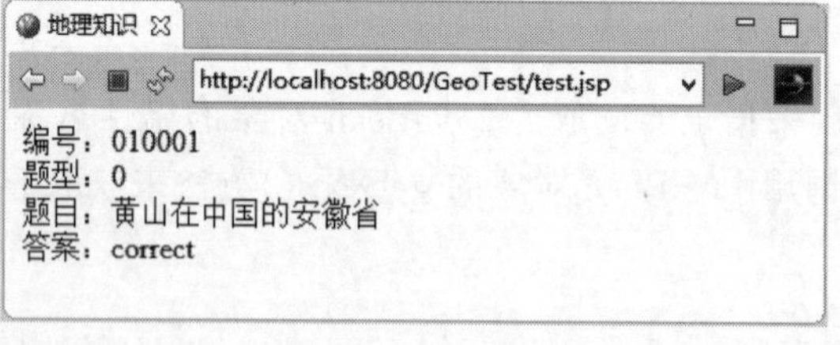

图 6.2 运行结果

将<jsp:setProperty>动作和<jsp:getProperty>动作替换为相应方法可以得到同样的结果。

```
<jsp:useBean id="geoQuestion" class="com.geotest.Question" />
<jsp:setProperty name="geoQuestion" property="questionId" value="010001" />
<jsp:setProperty name="geoQuestion" property="questionClass" value="0" />
<%geoQuestion.setQuestionClass(0); %>
```

视频

JavaBean 中的 getXxx()和 setXxx()方法可以实现任何复杂的功能,例如对数据库的操作、完成各种业务逻辑等。下面的例子将地理测试题存储在 QuestionBank 类中,通过新增一个 set()方法从存储位置取出数据并设置 JavaBean 对象的内部变量值(具体如代码清单 6-4 至代码清单 6-6 所示)。运行结果与上例相同。程序结构如图 6.3 所示。

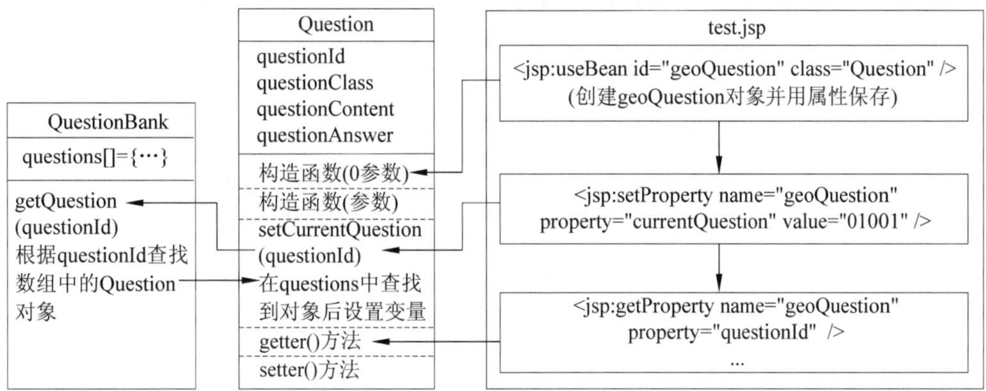

图 6.3　程序结构

代码清单 6-4　QuestionBank 类（QuestionBank.java）

代码

```
package com.geotest;
public class QuestionBank {
    private static Question[] questions={
        new Question("010001",0," 黄山在中国的安徽省。","correct"),
        new Question("010002",0,"北京是中华人民共和国首都,简称京。"," correct "),
        new Question("010003",0,"中国钢产量最多的省是湖南省。","wrong"),
        new Question("010004",0,"新疆维吾尔自治区是中国面积最大的省级行政区。",
        "correct")
    };
    public Question getQuestion(String questionId){
        for(int i=0;i<questions.length;i++){
            if(questions[i].getQuestionId().equals(questionId))
                return questions[i];
        }
        return null;
    }
}
```

代码清单 6-5　为 Question 类添加一个 setXxx()方法(Question.java)

代码

```
public class Question{
    ...
    public void setCurrentQuestion(String questionId){
        QuestionBank qb=new QuestionBank();
        Question q=qb.getQuestion(questionId);
        setQuestionId(q.getQuestionId());
        setQuestionClass(q.getQuestionClass());
        setQuestionContent(q.getQuestionContent());
        setQuestionAnswer(q.getQuestionAnswer());
    }
}
```

代码清单 6-6　在页面中使用新增属性(test.jsp)

代码

```
…
<jsp:useBean id="geoQuestion" class="com.geotest.Question" />
<jsp:setProperty name="geoQuestion" property="questionId" value="010001" />
<jsp:setProperty name="geoQuestion" property="questionClass" value="0" />
<jsp:setProperty name="geoQuestion" property="questionContent" value="黄山在中国的安徽省" />
<jsp:setProperty name="geoQuestion" property="questionAnswer" value="true" />
<jsp:setProperty name="geoQuestion" property="currentQuestion" value="010001"/>
…
```

视频

6.3　利用表单设置 JavaBean 属性

上节介绍了在页面中使用<jsp:setProperty>动作标记设置 JavaBean 属性的方法。

```
<jsp:setProperty name="beanName" property="propertyName" value="propertyValue" />
```

其中,name 属性的取值与<jsp:useBean>设置的 id 相同,property 指定要设置的属性名称,value 指定要设置属性的值。

除了上述方式外,使用 setProperty()方法设置 JavaBean 属性值还有另外一种方式,即通过 HTTP 表单的参数值设置 JavaBean 的相应属性值,Tomcat 会自动将参数的字符串值转换为 JavaBean 对应的属性值。

1. JavaBean 接收表单参数

使用 HTTP 表单的参数值来设置 JavaBean 中对应的属性值包括两种方式。

① 不指定参数名:

```
<jsp:setProperty name="beanName" property="*" />
```

这要求 JavaBean 的属性名和表单中相对应的参数名相同,不需要具体指定 JavaBean 属性值对应表单中哪个参数指定的值,Tomcat 会自动根据名称进行匹配对应。

② 指定参数名:

```
<jsp:setProperty name="beanName" property=" propertyName" param="paramName" />
```

这需要明确地把 JavaBean 的某个属性值设置为表单中对应的参数值。使用表单的参数名指定的值设置 JavaBean 的属性,不要求 JavaBean 的属性名和表单中所对应的参数名相同。

表单提交的参数为字符串类型,Tomcat 会根据 JavaBean 变量类型自动完成类型转换。例如,在前面几章中,表单提交的参数需要转换成整型数后才能赋值给整型变量。现在,使用 JavaBean 后,表单提交的参数不需要手动做类型转换了。

2. 使用表单传递参数

视频

下面利用 JavaBean 实现地理知识测试题库的数据添加功能。

(1) 在 GeoTest 项目中,在 WebContent 目录下新建 GeoQuestionAdd.jsp 页面(如代码清单 6-7 所示)。

代码清单 6-7　使用表单设置 JavaBean 属性(GeoQuestionAdd.jsp)

代码

```
<%@ page language="java" contentType="text/html; charset=UTF-8" pageEncoding=
"UTF-8"%>
<%@ page import="com.geotest.Question" %>
<!DOCTYPE html PUBLIC "-//W3C//DTD HTML 4.01 Transitional//EN" "http://www.w3.
org/TR/html4/loose.dtd">
<html>
    <head>
        <meta http-equiv="Content-Type" content="text/html; charset=UTF-8">
        <title>地理知识</title>
    </head>
    <body>
        <jsp:useBean id="geoQuestion" class="com.geotest.Question" />
        <jsp:setProperty name="geoQuestion" property="*" />
        <form action="" method="post">
            <p>编号: <input type="text" name="questionId" /></p>
            <p>题型: <select name="questionClass">
              <option value="0">判断题
            </select></p>
            <p>题目: <textarea cols="60" rows="5" name="questionContent" >
            </textarea></p>
            <p>答案: <input type="radio" name="questionAnswer" value="correct">正确
            <input type="radio" name="questionAnswer" value="wrong">错误</p>
            <p><input type="submit" value="保存" /></p>
        </form>
        编号: <jsp:getProperty name="geoQuestion" property="questionId"/><br/>
        题型: <jsp:getProperty name="geoQuestion" property="questionClass"/>
        <br/>
        题目: <jsp:getProperty name="geoQuestion" property="questionContent"/>
        <br/>
        答案: <jsp:getProperty name="geoQuestion" property="questionAnswer" />
        <br/>
    </body>
</html>
```

在 GeoQuestionAdd.jsp 页面中,由于题型种类是相对固定的,因此使用下拉列表组件可以保证输入数据格式不会出错。同样,单选按钮既方便用户输入,又能够保证提交的数据为有限的固定值。在表单提交之前,由于 Question 类中的无参构造函数未做任何初始化设置,因此新创建的 JavaBean 对象中对应字符类型变量的属性取值为 null,如图 6.4 所示。

表单向服务器提交数据,默认的数据编码格式是字节型的,即 ISO 8859-1 字符编码。由于 questionContent 变量中存储的为中文字符,因此以单字节编码格式接收并存储在 JavaBean 对象的私有变量中后,再利用属性取出并显示时,中文内容变成了乱码,如图 6.5 所示。

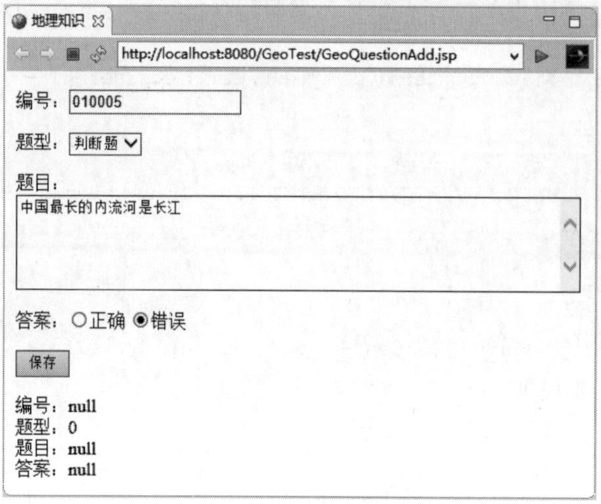

图 6.4　表单未提交前

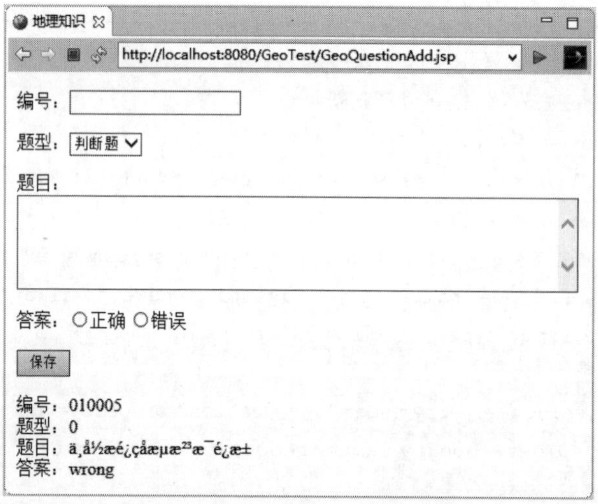

图 6.5　表单提交后(中文乱码)

解决中文乱码问题的方法与表单处理程序类似,可以使用 request.setCharacterEncoding()方法改变服务器接收参数的编码格式。另外,也可以采用由 JavaBean 将单字节的参数转换为 UTF-8 编码格式后再赋给变量的方式。

(2) 修改 GeoQuestionAdd.jsp,加入设置字符编码的语句,改变服务器接收参数的编码格式(如代码清单 6-8 所示)。

代码

代码清单 6-8　解决中文乱码(GeoQuestionAdd.jsp)

```
…
<body>
    <% request.setCharacterEncoding("UTF-8"); %>
    <jsp:useBean id="geoQuestion" class="com.geotest.Question" />
    …
```

也可以采用第二种方法，由 JavaBean 修改编码格式后再设置变量内容。在 com.geotest 类包下新建类 GeoTestTools.java。

```
package com.geotest;
public class GeoTestTools {
    public static String toUTF(String str) {
        if(str==null)
        return null;
        try{
            str=new String(str.getBytes("ISO-8859-1"),"UTF-8");
        }catch(Exception e) {
            str="";
        }
        return str;
    }
}
```

修改 Question 类 questionContent 的 set()方法，使用字符编码为 UTF-8 的字符串赋值。

```
public class Question{
    ...
    public void setQuestionContent(String questionContent) {
        this.questionContent =questionContent;
        this.questionContent =GeoTestTools.toUTF(questionContent);
    }
    ...
}
```

(3) 新建数据库表 questions。在 MySQL-Front 窗口的左侧列表框中选中数据库名 geotest，右击，在弹出的快捷菜单中选择“新建”→“表格”选项，新建数据库表 questions。

视频

questions 表的字段设置如表 6.1 所示。

表 6.1　questions 表结构

字段名称	类　型	备　注	字段名称	类　型	备　注
questionId	char(8)	主键	questionClass	int	默认值为 0
questionContent	text	默认值为 null	questionAnswer	varchar(40)	默认值为 null

(4) 在 QuestionBank 类中加入 addQuestion()方法，实现向数据库表 questions 中添加新记录。(如代码清单 6-9 所示)

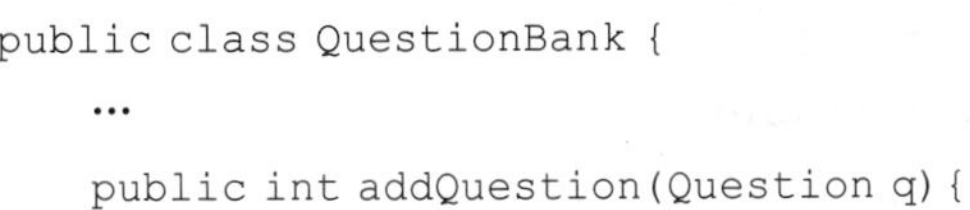

代码清单 6-9　addQuestion()方法(QuestionBank.java)

代码

```
public class QuestionBank {
    ...
    public int addQuestion(Question q) {
```

```
        int retcode=0;
        if(q==null) return 0;
        Connection con=null;
        PreparedStatement pstmt=null;
        Statement sta=null;
        ResultSet rs=null;
        try{
            con=DBConnection.getConnection(); //DBConnection 为第 5 章定义的工具类
            sta=con.createStatement();
            rs=sta.executeQuery("select * from questions where questionId=\""+
           q.getQuestionId()+"\"");
            if(rs.next()){
                retcode=2;
            }
            else{
                 String sql =" insert into questions (questionId, questionClass,
                 questionContent,questionAnswer) values (?,?,?,?)";
                 pstmt=con.prepareStatement(sql);
                 pstmt.setString(1,q.getQuestionId());
                 pstmt.setInt(2,q.getQuestionClass());
                 pstmt.setString(3,q.getQuestionContent());
                 pstmt.setString(4,q.getQuestionAnswer());
                 retcode=pstmt.executeUpdate();//返回插入记录行数
            }
        }catch(SQLException e){
            e.printStackTrace();
        }finally{
            DBConnection.free(con,sta,rs);
        }
        return retcode;
    }
    …
}
```

addQuestion()方法首先根据需要添加 Question 的编号查找数据库表,如果编号已存在,返回 2,否则继续添加。如果添加成功,返回添加成功行数 1,失败返回 0。

(5) 在 QuestionBank 类中加入 saveQuestion()方法,如代码清单 6-10 所示。

代码清单 6-10 saveQuestion()方法(QuestionBank.java)

代码

```
public class QuestionBank {
    …
    public String saveQuestion(Question q) {
        int retcode=questionBank.addQuestion(q);
        if(retcode==2)
```

```
            return "已存在同编号题目";
        else if(retcode==1)
            return "添加成功";
        else
            return "";
    }
        …
}
```

(6) 修改 GeoQuestionAdd.jsp，完成记录添加（如代码清单 6-11 所示）。

代码清单 6-11　用 JavaBean 实现的数据添加(GeoQuestionAdd.jsp)

代码

```
<%@ page language="java" contentType="text/html; charset=UTF-8" pageEncoding=
"UTF-8"%>
<%@ page import="com.geotest.*" %>
<!DOCTYPE html PUBLIC "-//W3C//DTD HTML 4.01 Transitional//EN" "http://www.w3.
org/TR/html4/loose.dtd">
<html>
    <head>
        <meta http-equiv="Content-Type" content="text/html; charset=UTF-8">
        <title>地理知识题目添加</title>
    </head>
    <body>
        <%request.setCharacterEncoding("UTF-8"); %>
        <jsp:useBean id="geoQuestion" class="com.geotest.Question" />
        <jsp:setProperty name="geoQuestion" property="*" />
        <form action="" method="post">
            <p>编号: <input type="text" name="questionId" value="${param.
                    questionId}"/>
            <p>题型: <select name="questionClass">
                <option value="0">判断题
            </select></p>
            <p>题目: <textarea cols="60" rows="5" name="questionContent" >
                    ${param.questionContent}</textarea>
            <p>答案: <input type="radio" name="questionAnswer" value="correct"
                    ${param.questionAnswer=="correct"?"checked":""} />正确
                    <input type="radio" name="questionAnswer" value="wrong"
                    ${param.questionAnswer=="wrong"?"checked":""} />错误
                    </p>
            <p><input type="submit" value="保存" /></p>
        </form>
        <%
            if(geoQuestion.getQuestionId()!=null){
                QuestionBank qb=new QuestionBank();
```

```
                out.print(qb.saveQuestion(geoQuestion));
            }
        %>
    </body>
</html>
```

运行结果如图 6.6 所示。

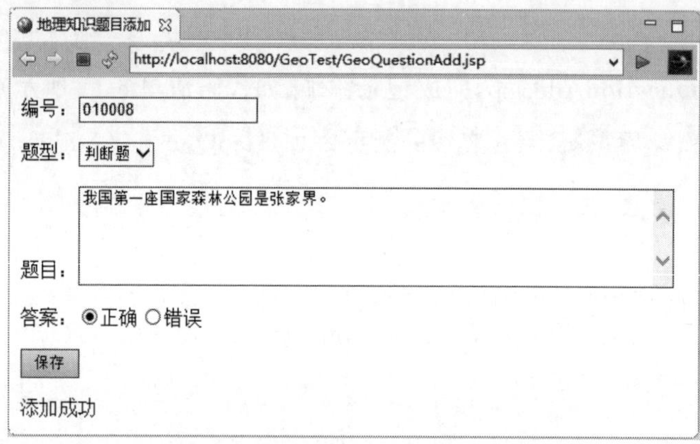

图 6.6　地理知识题目添加运行结果

视频

6.4　JavaBean 的 scope 属性

<jsp:useBean>创建的对象，通过可选属性 scope 指定，可以存储于 4 个不同的位置：page(默认)、request、session 和 application。使用 scope 时，系统首先检查指定的位置是否存在指定名称的 JavaBean。当系统找不到现有的 JavaBean 时，才会创建新的 JavaBean。

1. <jsp:useBean…scope="page"/>

page 是 scope 的默认取值，即省略 scope 属性时对应的范围。在处理当前请求期间，除了要将 JavaBean 对象绑定到局部变量外，还将它放在 PageContext 对象中。Servlet 可以通过调用预定义变量 pageContext 的 getAttribute()方法访问它。

由于每个页面和每个请求都有不同的 PageContext 对象，因此 scope="page"（或省略 scope）表示不共享 JavaBean，也就是针对每个请求都创建新的 JavaBean。

2. <jsp:useBean…scope="request"/>

在处理当前请求期间，除了要将 JavaBean 对象绑定到局部变量外，还将它放在 HttpServletRequest 对象中，从而可以通过 getAttribute()方法访问它。

在使用<jsp:include>、<jsp:forward>或者 RequestDispatcher 的 include()或 forward()方法时，两个 JSP 页面或者 JSP 页面和 Servlet 将共享 Request 对象。也就是说，当一个 JSP 页面使用<jsp:forward>操作指令定向到另一个 JSP 页面或者是使用<jsp:include>操作指令导入另外的 JSP 页面时，第一个 JSP 页面会将 Request 对象传送到下一个 JSP 页面，而属于 request 作用域的 JavaBean 对象将伴随着 Request 对象送出，被第二个 JSP 页面接收。因此，所有通过这两个操作指令连接在一起的 JSP 页面都可以共享一个 Request 对象，共享这种类型的 JavaBean 对象。

3. <jsp:useBean…scope="session"/>

除了将 JavaBean 绑定到局部变量以外，还将它存储到与当前请求关联的 HttpSession 对象中，可以使用 getAttribute()方法获取存储在 HttpSession 中的对象。

因此，通过使用这个作用域，JSP 页面可以容易地执行第 3 章中介绍的会话跟踪。简单地说，在第一个 JSP 页面中创建的 JavaBean 对象在这个用户访问的同一网站的所有 JSP 页面中都是可用的，而且这个 JavaBean 对象的状态保持唯一性。如果用户 B 与用户 A 访问同一个页面，那么 JSP 容器同样会为用户 B 创建属于用户 B 的 JavaBean 对象，这些对象互不干涉。

4. <jsp:useBean…scope="application"/>

除了将 JavaBean 绑定到局部变量以外，还将它存储在 ServletContext 中(通过预定义 application 变量或通过调用 getServletContext()方法获得)。ServletContext 由 Web 应用中的多个 Servlet 和 JSP 页面所共享。ServletContext 中的值可以用 getAttribute()方法获取。

第 2 章的登录页面所使用的 User 类并不符合 JavaBean 的命名约定，不能用于<jsp:useBean>动作元素，需要重新设计该类，才能利用 JavaBean 实现用户登录。

视频

(1) 打开 GeoTest 项目下的 User 类，对原有的私有变量以及对应的 set()方法和 get()方法进行相应修改，使其符合 JavaBean 命名约定。新增 checkResult 变量，保存登录结果信息(如代码清单 6-12 所示)。

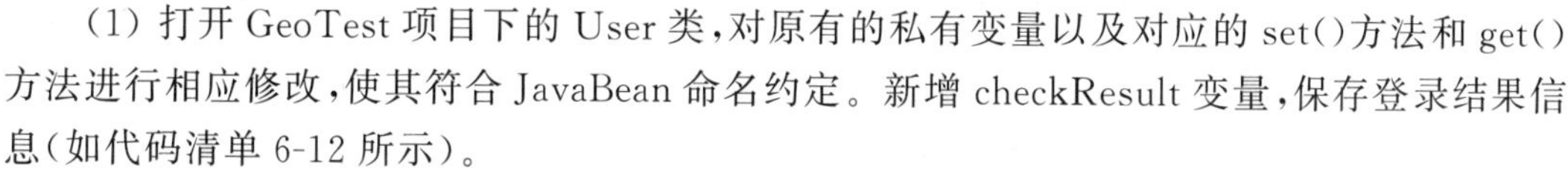

代码清单 6-12 符合 JavaBean 命名约定的 User 类(User.java)

代码

```
package com.geotest;
public class User {
    private String userName;
    private String passWord;
    private String checkResult;
    public User(){
    }
    public User(String userName,String passWord){
        this.userName=userName;
        this.passWord=passWord;
    }
    Public String getUserName() {
        Return userName;
    }
    public void setUserName(String userName) {
        this.userName =userName;
    }
    public String getPassWord() {
        return passWord;
    }
    public void setPassWord(String passWord) {
```

```
        this.passWord =passWord;
    }
    public String getCheckResult() {
        checkResult=UserBank.check(this);
        return checkResult;
    }
}
```

在新增的变量 checkResult 对应的 get()方法中，调用模拟数据库类的 check()方法，检查当前 User 对象在已有的用户表中是否存在并且密码一致，如果符合条件，则返回 success，否则返回出错提示(如代码清单 6-13 所示)。

代码

代码清单 6-13　模拟用户库 UserBank 类(UserBank.java)

```
package com.geotest;
public class UserBank {
    private static User[] users={ new User("u1","u1"),new User("u2","u2"),new
    User("u3","u3")};
    public static String check(User u){
        if(u==null||u!=null&&u.getUserName()==null&&u.getPassWord()==null)
          //未输入时不显示提示
          return "";
        for(int i=0;i<users.length;i++){
            if(users[i].getUserName().equals(u.getUserName())&&users[i].
            getPassWord().equals(u.getPassWord()))
                return "success";
        }
        return "用户名或密码不对!";
    }
}
```

(2) 修改用户登录页面 login.jsp，使用<jsp:useBean>和<jsp:setProperty>完成用户身份验证(如代码清单 6-14 所示)。

代码

代码清单 6-14　用户登录页面(login.jsp)

```
<%@ page language="java" contentType="text/html; charset=UTF-8" pageEncoding=
"UTF-8"%>
<%@ page import="com.geotest.*" %>
<!DOCTYPE html PUBLIC "-//W3C//DTD HTML 4.01 Transitional//EN" "http://www.w3.
org/TR/html4/loose.dtd">
<html>
    <head>
        <meta http-equiv="Content-Type" content="text/html; charset=UTF-8">
        <title>用户登录</title>
    </head>
    <body>
        <div align="center">
```

```
        <form action=" " method="post" >
            用户: <input type="text" name="userName" value="${param.userName}" />
            <br/><br/>
            密 码: < input type =" password" name =" passWord" value =" ${param.
            passWord}" /><br/><br/>
            <input type="submit" value="登录" />
        </form><br/>
        <jsp:useBean id="user" class="com.geotest.User" scope="request"/>
        <jsp:setProperty name="user" property="*" />
        <jsp:getProperty name="user" property="checkResult" />
        <%
            User u=(User)request.getAttribute("user");
            if(u!=null&& u.getCheckResult().equals("success")){
        %>
        <jsp:forward page="geotest.jsp" />
        <%
          }
        %>
        </div>
    </body>
</html>
```

运行结果如图 6.7 所示。

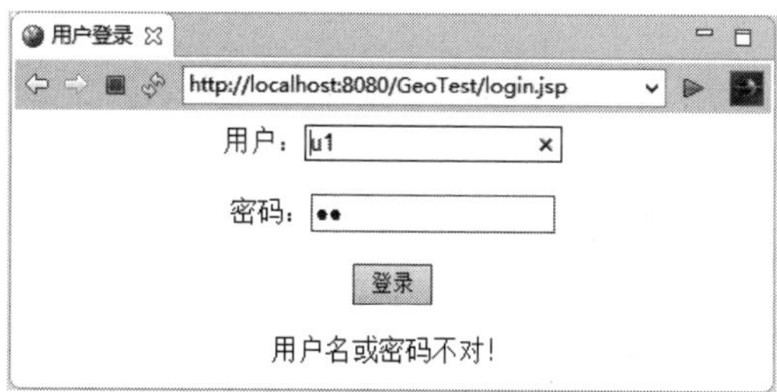

图 6.7 JavaBean 实现登录运行结果

由于在 login.jsp 页面中使用<jsp:forward>动作转向 geotest.jsp 页面，login.jsp 会将 Request 对象传送给 geotest.jsp，因此 JavaBean 使用 request 范围即可实现在两个页面间共享用户对象。由于在<jsp:useBean>执行中会将 JavaBean 对象生成后同时放入 request 属性中，因此可以通过 getAttribute()方法获取 bean 对象。

(3) 在 geotest.jsp 页面中，使用<jsp:useBean>和<jsp:getProperty>获取用户信息，如代码清单 6-15 所示。

代码清单 6-15 获取用户信息（geotest.jsp）

代码

```
<%@ page language="java" contentType="text/html; charset=UTF-8" pageEncoding=
"UTF-8"%>
<%@ page import="com.geotest.*,java.util.*" %>
<!DOCTYPE html PUBLIC "-//W3C//DTD HTML 4.01 Transitional//EN" "http://www.w3.
org/TR/html4/loose.dtd">
```

```
<html>
    <head>
        <meta http-equiv="Content-Type" content="text/html; charset=UTF-8">
        <title>地理知识</title>
    </head>
    <body>
        <%Date date=new Date(); %>
        当前时间为<%=date.toLocaleString() %>
        用户名:
        <jsp:useBean id="user" type="com.geotest.User" scope="request"/>
        <jsp:getProperty property="userName" name="user"/>
        <hr>
    </body>
</html>
```

运行结果如图 6.8 所示。

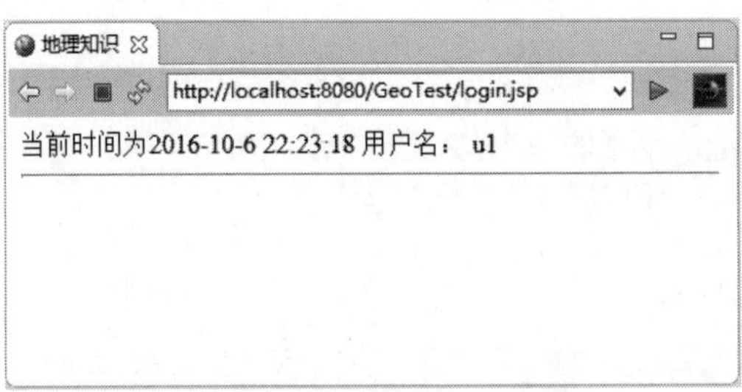

图 6.8　forward 跳转到 geotest.jsp

使用<jsp:forward>动作跳转到 geotest.jsp 页面只在服务器端进行,并不是由客户端发起的,图 6.7 中浏览器地址栏中的地址并未发生变化。如果使用 response.sendRedirect()方法产生跳转,login.jsp 不会将 Request 对象传送给 geotest.jsp,此时两个页面间只能通过 session 共享 JavaBean 对象(如代码清单 6-16 所示)。

代码清单 6-16　通过 session 共享 JavaBean (login.jsp)

代码

```
...
<jsp:useBean id="user" class="com.geotest.User" scope="session"/>
<jsp:setProperty name="user" property="*" />
<jsp:getProperty name="user" property="checkResult" />
<%
    User u=(User)session.getAttribute("user");
    if(u!=null&& u.getCheckResult().equals("success")){
        response.sendRedirect("geotest.jsp");
    }
%>
...
```

在 geotest.jsp 页面中,JavaBean 对象的作用范围也需要做相应修改(如代码清单 6-17 所示)。

代码清单 6-17　通过 session 共享 JavaBean(geotest.jsp)

代码

```
…
用户名: <jsp:useBean id="user" type="com.geotest.User" scope="session"/>
<jsp:getProperty property="userName" name="user"/><%
…
```

6.5　JavaBean 应用实例

视频

在 questions 表中，由于记录数多，在浏览时难以在一屏显示所有的测试题。通常情况下，浏览大量数据时使用分页的方式将数据表记录划分成多个部分，即分成多个页，每次只显示其中的一页。每页包含固定数量(pageSize)的记录数，在显示第 n 页时，应该从$(n-1)\times$ pageSize 位置开始，取出接下来的 pageSize 条记录进行显示。

MySQL 提供了 limit 子句限定选择记录的位置和数量，例如：

```
select * from questions limit 20,10
```

视频

加上限定子句后，选择的结果为从第 20 条记录开始的 10 条记录。

(1) 在 GeoTest 项目中选中 com.geotest 包，添加新类 RecordList.java(如代码清单 6-18 所示)。

代码清单 6-18　分页显示记录类 (RecordList.java)

代码

```
package com.geotest;
import java.sql.*;
public class RecordList {
    private int currentPage=1;                      //当前页
    private int pageCount=1;                        //总页数
    private int pageSize=10;                        //每页记录个数
    private int rowCount=0;                         //记录数
    public String getRecordListPage(){              //根据 currentPage 和 pageSize 取
                                                    //出记录并生成 table
        StringBuffer strb=new StringBuffer();       //字符串操作类
        Connection con=null;
        Statement sta=null;
        ResultSet rs=null;
        try{
            String sql =" select * from questions limit " + String.valueOf
            (currentPage * pageSize)+","+String.valueOf(pageSize);
            con=DBConnection.getConnection();    //DBConnection 为第 5 章定义的工具类
            sta=con.createStatement();
            rs=sta.executeQuery(sql);
            strb.append("<table width='90%' border=\"1\" cellpadding=\"2\"
            cellspacing=\"0\">");
            strb.append("<tr><td><b>Id</b></td><td><b>Class</b></td><td>
```

```
            <b>Content</b></td><td><b>Answer</b></td></tr>");
            while(rs.next()){
                strb.append("<tr>");
                strb.append("<td>"+rs.getString("questionId")+"</td>");
                strb.append("<td>"+rs.getInt("questionClass")+"</td>");
                strb.append("<td>"+rs.getString("questionContent")+"</td>");
                strb.append("<td>"+rs.getString("questionAnswer")+"</td>");
                strb.append("</tr>");
            }
            strb.append("</table>");
        }catch(SQLException e){
            e.printStackTrace();
        }finally{
            DBConnection.free(con, sta, rs);
        }
        return strb.toString();
    }
    public void setCurrentPage(int n){
        currentPage=n-1;
    }
    public void setPageSize(int n){
        pageSize=n;
    }
    public void getRowCount(){                          //获取表中的总记录个数
        String sql="select count(*) as cnt from questions";
        Connection con=null;
        Statement sta=null;
        ResultSet rs=null;
        try{
            con=DBConnection.getConnection();
            sta=con.createStatement();
            rs=sta.executeQuery(sql);
            if(rs.next()){
                rowCount=rs.getInt("cnt");
            }
        }catch(SQLException e){
            e.printStackTrace();
        }finally{
            DBConnection.free(con, sta, rs);
        }
    }
    public String getPageButton(){
        StringBuffer sb=new StringBuffer();
        if(rowCount==0)
            getRowCount();
```

```
        pageCount=(int)Math.ceil(rowCount/(double)pageSize);
        sb.append("<form action=\"\" method=\"post\">");
        sb.append("Total Page:"+String.valueOf(pageCount)+" ");
        for(int i=1;i<=pageCount;i++){
            if(i==currentPage+1)
                sb.append("<input type=\"submit\" name=\"currentPage\" value=\""
                +String.valueOf(i)+"\"
                    style='color:red;margin:5px;' />");
            else
                sb.append("<input type=\"submit\" name=\"currentPage\" value=\""
                +String.valueOf(i)+"\"
                    style='margin:5px;' />");
        }
        sb.append("</form>");
        return sb.toString();
    }
}
```

getPageButton()方法根据当前总记录个数和每页记录个数计算出总页数。在表单中为每页生成一个类型为 submit 的 input，名称为 currentPage，值为页号。其中 currentPage 是 JavaBean 的属性名，表单提交后，将 input 的值传递给变量 currentPage。

(2) 在 GeoTest 项目中选中 WebContent 目录，新建页面 GeoQuestionList.jsp(如代码清单 6-19 所示)。

代码清单 6-19　分页显示页面 (GeoQuestionList.jsp)

代码

```
<%@ page language="java" contentType="text/html; charset=UTF-8" pageEncoding=
"UTF-8"%>
<%@ page import="com.geotest.* " %>
<!DOCTYPE html PUBLIC "-//W3C//DTD HTML 4.01 Transitional//EN" "http://www.w3.
org/TR/html4/loose.dtd">
<html>
    <head>
        <meta http-equiv="Content-Type" content="text/html; charset=UTF-8">
        <title>地理知识列表</title>
    </head>
    <body>
        <%request.setCharacterEncoding("UTF-8"); %>
        <jsp:useBean id="geoQuestionList" class="com.geotest.RecordList" />
        <jsp:setProperty name="geoQuestionList" property="pageSize" value="2" />
        <jsp:setProperty name="geoQuestionList" property=" * " />
        <jsp:getProperty name="geoQuestionList" property="recordListPage" />
        <jsp:getProperty name="geoQuestionList" property="pageButton"/>
    </body>
</html>
```

运行结果如图 6.9 所示。

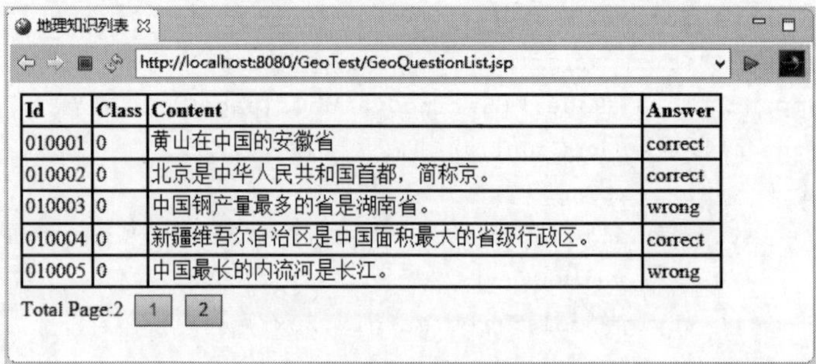

Id	Class	Content	Answer
010001	0	黄山在中国的安徽省	correct
010002	0	北京是中华人民共和国首都，简称京。	correct
010003	0	中国钢产量最多的省是湖南省。	wrong
010004	0	新疆维吾尔自治区是中国面积最大的省级行政区。	correct
010005	0	中国最长的内流河是长江。	wrong

图 6.9 分页显示

RecordList 类并不完善,会将所有的页数罗列出来,在页数较多时页码占用空间大。另外,RecordList 通用性较差,只针对 questions 表适用。

实 验 6

实验目的

- 掌握 JavaBean 组件技术的概念和作用。
- 掌握 JavaBean 的使用场合和创建方法。
- 学会运用 JavaBean 开发 Web 应用程序。

实验内容

(1) 设计 JavaBean Circle 类,通过页面 inputRadius.jsp 输入圆半径,利用 JavaBean 显示圆面积信息。

Circle.java 类如下:

```
package com.geotest;
public class Circle {
    private double radius;
    public Circle (){
    }
    public Circle (double r){
        this.radius=r;
    }
    public double getRadius() {
        return radius;
    }
    public void setRadius(double radius) {
        this.radius =radius;
    }
    public double getArea(){
        return 3.14159 * radius * radius;
    }
```

```
}
```

inputRadius.jsp 代码如下：

```
<%@ page language="java" contentType="text/html; charset=UTF-8" pageEncoding=
"UTF-8"%>
<%@ page import="com.geotest.*" %>
<!DOCTYPE html PUBLIC "-//W3C//DTD HTML 4.01 Transitional//EN" "http://www.w3.
org/TR/html4/loose.dtd">
<html>
    <head>
    <meta http-equiv="Content-Type" content="text/html; charset=UTF-8">
    <title>Insert title here</title>
    </head>
    <body>
    <jsp:useBean id="circle" class="com.geotest.Circle" />
        <form action="" Method="post" name="getInfoForm">
            <p>输入半径:<input type="text" name="radius" ></p>
            <input type="submit" value="提交"/>
        </form>
        <jsp:setProperty name="circle" property="*"/>
        <p>面积是: <jsp:getProperty name="circle" property="area"/>
    </body>
</html>
```

（2）调试代码清单 6-8 至代码清单 6-10。

（3）编写分页 JavaBean 类并测试。

习　题　6

一、选择题

1. test.jsp 文件中有如下一行代码：

```
<jsp:useBean id="user" scope="________" type="com.UserBean"/>
```

要使 user 对象一直存在于会话中，直至其终止或被删除，下画线中应填入（　　）。

A. page　　B. request　　C. session　　D. application

2. JavaBean 的作用范围可以是 page、request、session 和（　　）之一。

A. application　　B. local　　C. global　　D. class

3. JavaBean 可以通过相关 JSP 动作指令进行调用。下面（　　）不是 JavaBean 可以使用的 JSP 动作指令。

A. <jsp:useBean>　　B. <jsp:setProperty>

C. <jsp:getProperty>　　D. <jsp:setParameter>

4. JSP 页面通过（　　）来识别 JavaBean 对象，可以在程序片段中通过 xx.method 形式来调用 JavaBean 中的 set()和 get()方法。

A. name　　B. class　　C. id　　D. classname

5. 当客户离开JSP页面时,JSP引擎取消为客户在该页面分配的(　　)作用范围的JavaBean,释放其所占的内存空间。

A. application　　B. request　　C. page　　D. session

6. 工具Java类也称为工具Bean。下面(　　)属于工具Bean的用途。

A. 完成一定运算和操作,包含一些特定或通用的方法所进行的计算和事务处理

B. 负责数据的存取

C. 接收客户端的请求,将处理结果返回给客户端

D. 在多台机器上跨几个地址空间运行

7. 下面关于<jsp:useBean>的说法错误的是(　　)。

A. id属性在你所定义的范围中确认JavaBean的变量名

B. scope属性定义JavaBean存在的范围以及id变量名的有效范围

C. type="package.class"中package和class的名称不区分大小写

D. beanName属性使用java.beans.Beans.instantiate方法从一个类中实例化一个JavaBean,同时指定JavaBean的类型

8. 关于JavaBean,下列叙述中(　　)是不正确的。

A. JavaBean的类必须是具体的和公共的,并且具有无参数的构造器

B. JavaBean的类属性是私有的,要通过公共方法进行访问

C. JavaBean和Servlet一样,使用之前必须在项目的web.xml中注册

D. JavaBean属性和表单控件名称能很好地耦合,得到表单提交的参数

9. 在JSP页面中,如果使用<jsp:setProperty name="JavaBean的名称" property="*" />格式,用表单参数为JavaBean的属性赋值,那么property="*"格式要求JavaBean的属性名称(　　)。

A. 必须和表单参数类型一致　　B. 必须和表单参数名称一一对应

C. 必须和表单参数数量一致　　D. 与表单参数名称不一定对应

10. 使用<jsp:getProperty>动作标记可以在JSP页面中得到JavaBean实例的属性值并将其转换为(　　)类型的数据,发送到客户端。

A. String　　B. Double　　C. Object　　D. Class

11. 下面关于<jsp:setProperty>的说法不正确的是(　　)。

A. <jsp:setProperty>用来设置已经实例化的JavaBean对象的属性

B. name属性表示要设置属性的是哪个JavaBean

C. property属性表示要设置哪个属性

D. value属性用来指定JavaBean属性的值,且该属性必须存在

12. 使用格式<jsp:setProperty name="beanid" property="JavaBean的属性" value="<%= expression %>" />给JavaBean的属性赋值,expression的数据类型和JavaBean的属性类型(　　)。

A. 必须一致　　B. 可以不一致　　C. 必须不同　　D. 无要求

13. 下列(　　)作用范围的JavaBean被Web服务目录下的所有用户共享,任何用户对JavaBean属性的修改都会影响到其他用户。

A. application　　B. request　　C. page　　D. session

14. 一旦请求响应完成，则下列(　　)作用范围的 JavaBean 即被释放，不同用户的 JavaBean 互不相同。

A. application　　B. request　　C. page　　D. session

15. JavaBean 的属性必须声明为 private，方法必须声明为(　　)访问类型。

A. private　　B. static　　C. protect　　D. public

16. 下列关于<jsp:useBean>的说法错误的是(　　)。

A. <jsp:useBean>用于定位或实例化一个 JavaBean 组件

B. <jsp:useBean>首先会试图定位一个 JavaBean 实例，如果这个 JavaBean 不存在，那么它会从一个类或模板中进行实例化

C. <jsp:useBean>元素的主体通常包含<jsp:setProperty>元素，用于设置 JavaBean 的属性值

D. 以上说法全不对

17. 使用<jsp:setProperty>动作标记可以在 JSP 页面中设置 JavaBean 的属性，但必须保证 JavaBean 有对应的(　　)方法。

A. SetXxx　　B. setXxx　　C. getXxx　　D. GetXxx

18. 在 JSP 页面中使用<jsp:setProperty name="beanid" property="JavaBean 的属性" value="字符串" />格式给 Long 类型的 JavaBean 属性赋值，会调用(　　)数据类型转换方法。

A. Long.parseLong(String s)　　B. Integer.parseInt(Stirng s)

C. Double.parseDouble(String s)　　D. 不确定

19. 在 JSP 页面中如果使用<jsp:setPropety name="JavaBean 的名称" property="JavaBean 属性名" param="表单参数名"/>格式，用表单参数为 JavaBean 属性赋值，要求 JavaBean 的属性名称(　　)。

A. 必须和表单参数类型一致　　B. 必须和表单参数名称一一对应

C. 必须和表单参数数量一致　　D. 与表单参数名称不一定对应

20. 如果在 JSP 中使用 user 包中的 User 类，则写法正确的是(　　)。

A. <jsp:useBean id="user" class="user.User" scope="page" />

B. <jsp:useBean class="user.Use.class"/>

C. <jsp:useBean name="user" class="user.User"/>

D. <jsp:useBeam id="user" class="user" import="user.* " />

21. <jsp:useBean id="JavaBean 的名称" scope="JavaBean 的有效范围" class="包名.类名"/>动作标记中，scope 的值不可以是(　　)。

A. page　　B. request　　C. session　　D. response

22. 在 JSP 中，对<jsp:setProperty>标记描述正确的是(　　)。

A. <jsp:setProperty>和<jsp:getProperty>必须在一个 JSP 文件中成对出现

B. 如同 session.setAttribute()方法一样设计属性/值对

C. 和<jsp:useBean>动作一起使用来设置 JavaBean 的属性值

D. 如同 request.setAttribute()方法一样设置属性/值对

23. 调用下列(　　)数据类型转换方法会发生 NumberFormatException 异常。

A. Long.parseLong("1234")　　B. Integer.parseInt("1234")

C. Double.parseDouble("123.45")　　D. Integer.parseInt("123a")

24. 下列关于 JavaBean 的说法正确的是(　　)。

A. Java 文件与 JavaBean 所定义的类名可以不同,但一定要注意区分字母的大小写

B. 在 JSP 文件中引用 JavaBean,其实就是使用<jsp:useBean>语句

C. 被引用的 JavaBean 文件的文件名后缀为.java

D. JavaBean 文件放在任何目录下都可以被引用

25. 给定 TheBean 类,假设还没有创建 TheBean 类的实例,以下(　　)JSP 标准动作语句能创建这个 JavaBean 的一个新实例并把它存储在请求作用域中。

A. <jsp:useBean name="myBean" type="com.example.TheBean"/>

B. <jsp:takeBean name="myBean" type="com.example.TheBean"/>

C. <jsp:useBean id="myBean" class="com.example.TheBean" scope="request" />

D. <jsp:takeBean id="myBean" class="com.example.TheBean" scope="request" />

26. 下面对 useBean 动作描述正确的是(　　)。

A. 在页面被请求时引入一个文件

B. 寻找或实例化一个 JavaBean

C. 把请求转到一个新的页面

D. 输出某个 JavaBean 的属性

27. 以下关于 JavaBean 的说法错误的是(　　)。

A. JavaBean 是基于 Java 语言的

B. JavaBean 是 JSP 的内置对象之一

C. JavaBean 是一种 Java 类

D. JavaBean 是一个可重复使用的软件组件

28. 假设在 helloapp 应用中有一个 JavaBean 文件 HelloServlet,它位于 org.javathinker 包下,那么这个 JavaBean 的类文件应该放在(　　)目录下。

A. helloapp/HelloServlet.class

B. helloapp/WEB-INF/HelloServlet.class

C. helloapp/WEB-INF/classes/HelloServlet.class

D. helloapp/WEB-INF/classes/org/javathinker/HelloServlet.class

二、填空题

1. 在实际 Web 应用开发中,用户编写 JavaBean 时除了要使用________语句引入 Java 的标准类,可能还需要自己编写的其他类。

2. scope 属性代表了 JavaBean 的作用范围,它可以是 page、________、session 和 application 中的一种。

3. JavaBean 中用一组 set()方法设置 JavaBean 的私有属性值,用 get()方法获得 JavaBean 的私有属性值。set()和 get()方法名称与属性名称之间必须对应,也就是:如果属性名称为 Xxx,那么 get()方法的名称必须为________。

4. 在 Web 服务器端使用 JavaBean，将原来页面中程序片段完成的功能封装到 JavaBean 中，这样能很好地实现________层与视图层的分离。

5. 要想在 JSP 页面中使用 JavaBean，必须首先使用________动作标记在页面中定义一个 JavaBean 的实例。

6. 使用 JavaBean 时首先要在 JSP 页面中使用________指令将 JavaBean 引入。

7. JavaBean 中用一组 set( )方法设置 JavaBean 的私有属性值，用 get 方法获得 JavaBean 的私有属性值。set()和 get()方法名称与属性名称之间必须对应，也就是：如果属性名称为 Xxx，那么 set()方法的名称必须为________。

8. JavaBean 是一个 Java 类，它必须有一个________的构造方法。

9. JSP 的内部对象可以直接使用，它是由________创建的。

10. 布置 JavaBean 时要在 Web 服务目录的 WEB-INF\classes 文件夹中建立与________对应的子目录，用户要注意目录名称的大小写。

11. 创建 JavaBean 的过程和编写 Java 类的过程基本相似，可以在任何 Java 的编程环境下完成编写、________和发布。

12. 在 JSP 中，页面间对象传递的方法包括 request、________、application、cookie 等。

13. 在 JSP 中使用 JavaBean 的标签是<jsp: useBean class = JavaBean 名称 id = JavaBean 实例>，其中________的用途是实例化一个 JavaBean 对象。

14. 在 JSP 页面中，可以用 request 对象的________方法来获取其他页面传递参数值的数组。

三、判断题

1. JavaBean 也是 Java 类，因此必须有主函数。（　　）

2. 在 JavaBean 中，对于 boolean 类型的属性，可以使用 is 代替方法名称中的 set 和 get 前缀，创建 JavaBean 时必须带有包名。（　　）

3. 在 JSP 页面中使用 JavaBean 首先要使用 import 指令将 JavaBean 引入。（　　）

4. 创建 JavaBean 时要经过编写代码、编译源文件、配置 JavaBean 这样一个过程。（　　）

5. Sun 公司把 JavaBean 定义为一个可重复使用的软件组件，类似于计算机 CPU、硬盘等组件。（　　）

6. JavaBean 的属性可读写，编写时 set()方法和 get()方法必须配对。（　　）

7. JavaBean 可以只提供一个带参数的构造器。（　　）

8. 布置 JavaBean 需要在 Web 服务目录的 WEB-INF\classes 子目录下建立与包名对应的子目录，并且将字节文件复制到该目录。（　　）

9. JSP 页面中调用的 JavaBean 类中如果有构造方法，则必须是 public 类型且必有参数。（　　）

10. JavaBean 组件是 Java 开发中的一个类，通过封装属性和方法成为具有某种功能和接口的类，所以具有 Java 程序的特点。（　　）

11. JavaBean 文件放在任何目录下都可以被引用。（　　）

12. JavaBean 的属性必须声明为 private，方法必须声明为 public 访问类型。（　　）

13. 使用<jsp:setProperty>动作标记时可以使用表达式或字符串为 JavaBean 的属性赋值。 ( )

14. 用户在某个页面修改一个作用范围为 session 的 JavaBean 的属性,在其他页面,该 JavaBean 的属性会发生同样的变化,不同用户之间的 JavaBean 也发生变化。 ( )

15. 如果使用格式<jsp:setProperty name="beanid" property="JavaBean 的属性"value="字符串" />给 JavaBean 的属性赋值,那么这个字符串会自动转换为属性的数据类型。 ( )

16. 在表单提交后,<jsp:setProperty>动作指令才会执行。 ( )

17. JSP 中可以声明基本类型和结构类型变量,但不能声明类,类必须放在 JavaBean 中。 ( )

18. 修改了 JavaBean 的字节码后,要将新的字节码复制到对应的 WEB-INF\classes 目录中,这样重新启动 Tomcat 服务器才能生效。 ( )

19. JavaBean 的具体类可以不是 public 的。 ( )

20. JSP 的 forward 动作组件和 Servlet 的 RequestDispatcher 的 forward()方法的主要区别是,前者使用 HTML 实现,在客户端完成跳转,而后者使用 Java 实现在服务器端完成跳转。 ( )

21. <jsp:getProperty>中的 name 及 property 区分大小写。 ( )

四、程序设计题

1. 创建一个名为 worker.java 的 JavaBean,用来描述工人的信息,分别是姓名、工号、身高、体重。在一个名为 work.jsp 的页面中使用这个 JavaBean,通过<jsp:setProperty>动作设置 JavaBean 的各个属性,通过<jsp:getProperty>动作显示出 JavaBean 的各个属性的值。

2. 编写一个 JSP 页面 computer.jsp,用户通过表单输入两个数和四则运算符号提交给该页面,然后 JSP 页面将计算任务交给一个 JavaBean 去完成。运行界面如图 6.10 所示。

图 6.10 运行界面

编写 JSP 页面 computer.jsp 和 ComputerBean.java 这两个文件。

3. 编写两个 JSP 页面 a.jsp 和 b.jsp。a.jsp 页面提供一个表单,用户可以通过表单输入矩形的两个边长提交给 b.jsp 页面,b.jsp 调用一个 JavaBean 完成计算矩形面积的任务。b.jsp 页面使用 getProperty 动作标记显示矩形的面积。

4. 编写一个三角形 JavaBean 类,它含有 3 条边属性,同时提供周长和面积只读属性。编写测试页面进行测试。

CHAPTER 第7章 Servlet

Servlet 是运行在 Web 服务器端的小程序，是 JSP 出现前 Java 中用于构建 Web 应用的一项很重要的技术。实际上，JSP 页面运行前会由 JSP 容器将其翻译成 Servlet，真正在服务器端运行的是 Servlet。

7.1 什么是 Servlet

Servlet 接收来自 Web 浏览器或其他 HTTP 客户程序的请求并为其生成响应。Servlet 的主要功能如下：

① 读取客户提交的数据。

客户提交的数据一般是在页面的 HTML 表单中输入的，其中既包括用户输入的数据，这些对用户是可见的，也包括不可见的数据，如 hidden 类型的 input 标签提交的数据。

② 读取由浏览器发送的隐式请求数据。

如第 3 章所述，客户端传送到 Web 服务器的数据有两种，分别是用户在表单中输入的显式数据，以及由浏览器程序生成的 HTTP 报文头。HTTP 信息包括 Cookie、浏览器所能识别的媒体类型和压缩模式等。

③ 生成结果。

这个过程可能需要访问数据库、调用 Web 服务或者直接计算得出对应的响应。

④ 向客户发送显式数据。

显式数据是显示在客户浏览器中的数据，最常见的是 HTML 格式的文本，也可能是 XML 数据或二进制图像。因此，Servlet 和 JSP 的主要任务是将结果以 HTML 格式返回给客户端。

⑤ 发送隐式的 HTTP 响应数据。

服务器端传送到客户端的数据也有两种：文档本身以及服务器生成的 HTTP 报文头。HTTP 响应头部数据通知浏览器返回的文档类型、设置 Cookie 和缓存参数等。

7.1.1 编写第一个 Servlet

编写一个 Servlet 的完整过程包括类的编写、编译、配置、部署和调用。在 Eclipse 中，通过向导可完成大部分基础工作。

视频

1. 编写 Servlet 类

(1) 在项目管理器中，右击 com.geotest 类包，在弹出的快捷菜单中选择 New→Servlet 选项,弹出 Create Servlet 对话框,如图 7.1 所示。在 Class name 处输入 QuestionEditServlet,Superclass 栏选择默认的 javax.servlet.http.HttpServlet,单击 Next 按钮。

(2) 在 Servlet 部署描述指定信息对话框中保持默认设置不变,单击 Next 按钮。客户端通过某个 URL 访问此 Servlet 类,该 URL 称为此 Servlet 的映射。此 URL 必须以"/"开始,表示网站的根目录。图 7.2 所示的设置表示可以通过网站根目录下的 QuestionEditServlet 访问此 Servlet。

图 7.1 创建 Servlet

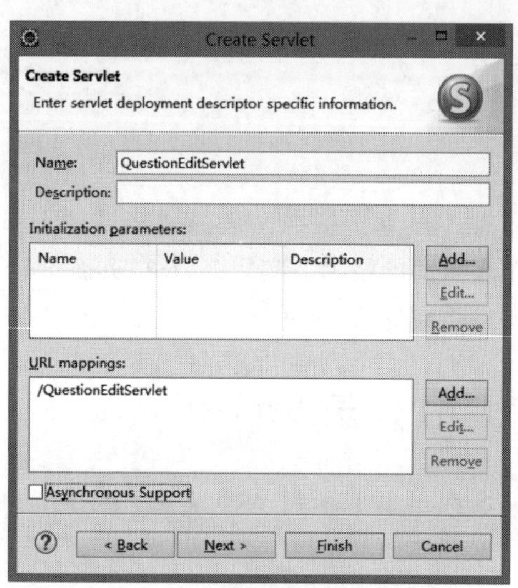

图 7.2 创建 URL 映射

(3) 在指定 Servlet 模板方法对话框中取默认设置,选择从超类生成构造方法以及生成 doGet()和 doPost()方法,如图 7.3 所示。单击 Finish 按钮,利用 Servlet 模板生成 QuestionEditServlet.java 类(如代码清单 7-1 所示)。

(4) 启动服务器,在浏览器地址栏中输入 http://localhost:8080/GeoTest/QuestionEditServlet,访问 QuestionEditServlet 类,结果如图 7.4 所示。

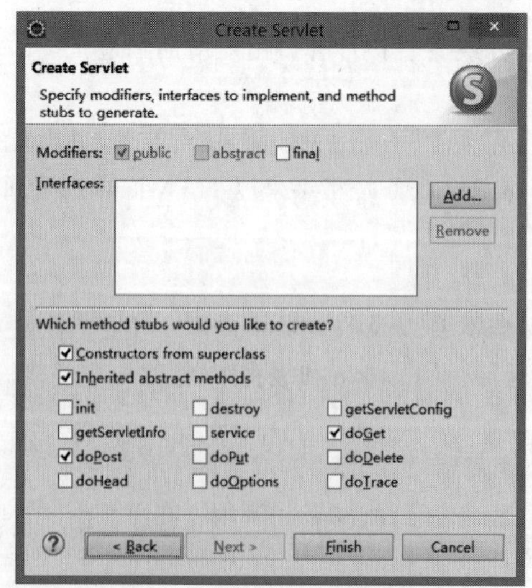

图 7.3 指定 Servlet 继承方法

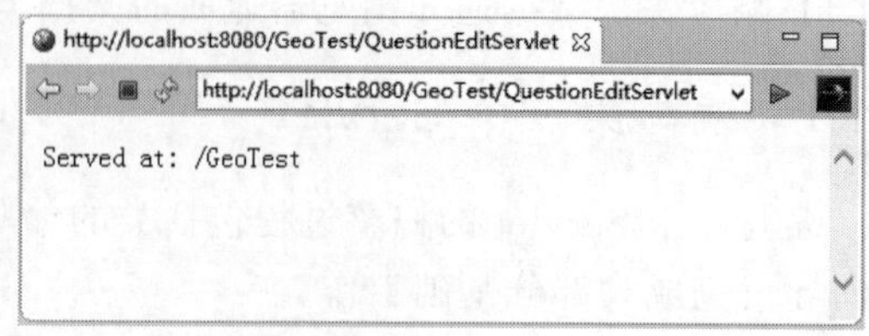

图 7.4 利用模板创建 Servlet 的运行结果

代码清单 7-1　利用 Servlet 模板生成类(QuestionEditServlet.java)

```
package com.geotest;
import java.io.IOException;
import javax.servlet.ServletException;
import javax.servlet.annotation.WebServlet;
import javax.servlet.http.HttpServlet;
import javax.servlet.http.HttpServletRequest;
import javax.servlet.http.HttpServletResponse;
@ WebServlet("/QuestionEditServlet ")
public class QuestionEditServlet extends HttpServlet {
    private static final long serialVersionUID =1L;
    public QuestionEditServlet() {
        super();
    }
    protected void doGet(HttpServletRequest request, HttpServletResponse
    response) throws ServletException, IOException {
        response.getWriter().append("Served at: ").append(request.getContextPath());
    }
    protected void doPost(HttpServletRequest request, HttpServletResponse
    response) throws ServletException, IOException {
        doGet(request, response);
    }
}
```

上述代码对应的 Servlet 类可以用来处理 GET 请求。GET 请求是浏览器请求的常见类型,用来请求 Web 页面。用户在地址栏中输入 URL、单击 Web 页面内的链接、提交没有指定 method 或指定 method="get"的 HTML 表单时,浏览器都会生成 GET 请求。Servlet 也可以很容易地处理 POST 请求(提交 method="post"的 HTML 表单时,浏览器都会生成 POST 请求)。

Servlet 类继承自 HttpServlet,依数据发送方式的不同(GET 或 POST),覆盖 doGet()或 doPost()方法。如果 Servlet 对 GET 和 POST 请求采用同样的处理方式,可以只写一种方法,而在另一种方法中对其进行调用。

doGet()和 doPost()都接受两个参数。通过 httpServletRequest(对应 request 内置对象),可以得到所有的输入数据;request 提供的方法可以找出表单数据、HTTP 请求报头和客户的主机名等信息。通过 httpServletResponse(对应 response 内置对象)可以指定输出信息,如 HTTP 状态代码(200、404 等)和响应报头(Content-Type、Set-Cookie 等)。最重要的是,通过 httpServletResponse 可以获得 PrintWriter(对应 out 内置对象),用它可以将文档内容发送给客户。

由于 doGet()和 doPost()可能会抛出两种异常(ServletException 和 IOException),因此必须在方法声明中包括它们。Servlet 类需要导入 javax.servlet(HttpServlet 等)和 javax.servlet.http(HttpServletRequest 和 HttpServletResponse)中的类。

2. 配置 Servlet

配置 Servlet 可以使用两种方式。

① 在 Servlet 3.0 以前,调用 Servlet 需要在 web.xml 文件中将其映射为 URL。Tomcat 7 及更高版本支持 Servlet 3.0,Servlet 3.0 可以不写 web.xml 文件,直接在 Java 类中注解。语法格式为

```
@WebServlet("/QuestionEditServlet")
```

其中,"/QuestionEditServlet"中的/表示网站根目录,QuestionEditServlet 为访问该 Servlet 的 URL。

② 编写 web.xml,如代码清单 7-2 所示。

web.xml(部署描述文件)总是放置在 Web 应用的 WEB-INF 目录中。文件的开头是 XML 标头,并且含有一个 web-app 根元素。web.xml 文件使用 servlet 和 servlet-mapping 元素来指定 URL。

web.xml 文件中包含若干个 <servlet> 标记,<servlet> 标记包含两个子标记 <servlet-name> 和 <servlet-class>。其中 <servlet-name> 用来为 Servlet 命名,<servlet-class>用来指定该 Servlet 名称所对应的 Servlet 类。通常,需要为每个 Servlet 类设定一个或多个<servlet>标记。

要将 URL 赋予已命名的 Servlet,可使用<servlet-mapping>元素的<servlet-name>和<url-pattern>子元素。其中,<servlet-name>的内容对应已命名的 Servlet,<url-pattern>用来指定用户调用 Servlet 所用的 URL。

代码

代码清单 7-2　利用 Servlet 模板进行配置(web.xml)

```
<?xml version="1.0" encoding="UTF-8"?>
<web-app >
    <servlet>
        <description></description>
        <display-name>QuestionEditServlet </display-name>
        <servlet-name>QuestionEditServlet </servlet-name>
        <servlet-class>com.geotest. QuestionEditServlet</servlet-class>
    </servlet>
    <servlet-mapping>
        <servlet-name>QuestionEditServlet </servlet-name>
        <url-pattern>/QuestionEditServlet </url-pattern>
    </servlet-mapping>
</web-app>
```

视频

7.1.2 Servlet 工作原理

Servlet 工作原理如图 7.5 所示。

(1) Web 服务器(Servlet 容器)接收到客户端请求,容器创建"请求和响应"对象并判断请求的 Servlet 对象是否存在。

(2) 如果存在,则直接调用此 Servlet 对象的 service()方法(间接调用 doPost()或

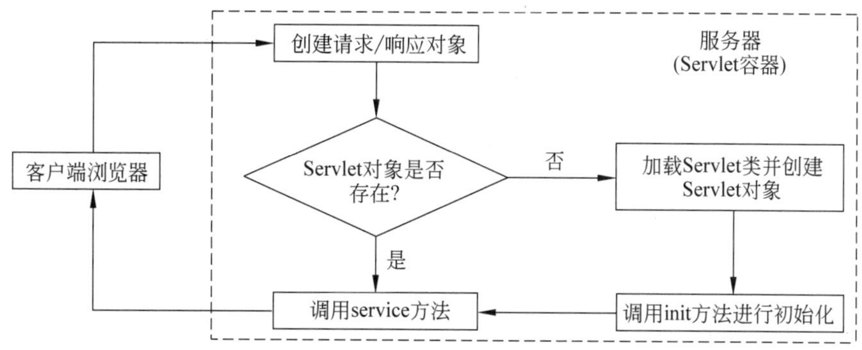

图 7.5 Servlet 工作原理

doGet()方法)，并且将“请求和响应”对象作为参数传递。

(3) 如果不存在，容器负责加载 Servlet 类，创建 Servlet 对象并实例化，然后调用 Servlet 的 init()方法进行初始化，之后调用 service()方法。

(4) 在 service()方法中，通过请求对象获取客户端提交的数据并处理，然后通过响应对象将处理结果返回给客户端。

7.1.3 Servlet 生命周期

Servlet 不是独立的应用程序，它不能由用户或程序员直接调用，它的产生与销毁完全由容器(Web 容器)管理。Servlet 有良好的生存期的定义，包括如何加载、实例化、初始化、处理客户端请求以及如何被移除。这个生存期由 javax.servlet.servlet 接口的 init()、service()和 destroy()方法表达。Servlet 生命周期分为 3 个阶段。

(1) 初始化阶段：调用 init()方法。Servlet 对象被创建时，由容器调用此方法对该对象进行初始化。

(2) 响应客户请求阶段：调用 service()方法。当客户请求到达时，容器调用此方法完成对请求阶段的处理和响应。要注意的是，在 service()方法被调用之前，必须确保 init 方法被正确调用。每一个请求由 ServletRequest 类型的对象代表，而 Servlet 使用 ServletResponse 回应该请求。这些对象被作为 service()方法的参数传递给 Servlet。在 HTTP 请求时，容器必须提供代表请求和回应的 HttpServletRequest 和 HttpServletResponse 的具体实现。

(3) 终止阶段：调用 destroy()方法。当容器检测到一个 Servlet 对象应该从服务器中移除时，会调用此方法完成 Servlet 对象被销毁前的收尾工作。

在 com.geotest 包中新建 Servlet 类 TestLife.java，测试 Servlet 运行过程中各方法的执行顺序(如代码清单 7-3 所示)。在图 7.3 所示步骤中另选择 init()、service()和 destroy()方法。

代码清单 7-3 测试 Servlet 生命周期(TestLife.java)

代码

```
package com.geotest;
import java.io.IOException;
import javax.servlet.ServletConfig;
import javax.servlet.ServletException;
```

```
import javax.servlet.annotation.WebServlet;
import javax.servlet.http.HttpServlet;
import javax.servlet.http.HttpServletRequest;
import javax.servlet.http.HttpServletResponse;
@WebServlet("/TestLife")
public class TestLife extends HttpServlet {
    private static final long serialVersionUID = 1L;
    public TestLife() {
        super();
        System.out.println("创建 Servlet");
    }
    public void init(ServletConfig config) throws ServletException {
        System.out.println("初始化 Servlet");
    }
    public void destroy() {
        System.out.println("调用 destroy 方法");
    }
    protected void service(HttpServletRequest request, HttpServletResponse
    response) throws ServletException, IOException {
        System.out.println("调用 service 方法");
    }
    protected void doGet(HttpServletRequest request, HttpServletResponse
    response) throws ServletException, IOException {
        response.getWriter().append("Served at: ").append(request.getContextPath());
    }
    protected void doPost(HttpServletRequest request, HttpServletResponse
    response) throws ServletException, IOException {
        doGet(request, response);
    }
}
```

启动服务器,在浏览器地址栏中输入 http://localhost:8080/GeoTest/TestLife,测试 Servlet 运行过程中各方法的调用顺序。在 Eclipse 环境下多次刷新页面或使用操作系统浏览器访问同一地址,模拟多用户访问。结果如图 7.6 所示,在控制台窗口中可以看到 Servlet 运行周期中各方法的调用顺序。

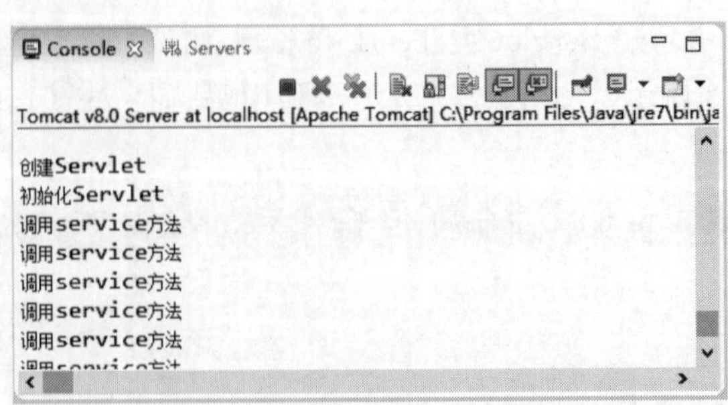

图 7.6　Servlet 调用方法的顺序

TestLife 类中虽然包含 doGet()方法，但在运行时并没有调用该方法，浏览器窗口是空白的。与代码清单 7-1 不同，TestLife 类中包含 service()方法，该方法只在控制台窗口输出一行信息，未做其他处理。如果 TestLife 类中未包含 service()方法，Servlet 在执行时也会默认调用它。service()方法默认根据 HTTP 报文头部信息决定调用 doGet()、doPost()或其他方法。对 service()方法做如代码清单 7-4 所示的修改，使其调用 doGet()方法。

代码清单 7-4　修改 service()方法(TestLife.java)

代码

```
protected void service(HttpServletRequest request,HttpServletResponse
response) throws ServletException,IOException{
    System.out.println("调用 service 方法");
    super.service(request, response);
}
```

7.2　Servlet 与客户端的通信

视频

Servlet 与客户端的交互主要通过 doGet()、doPost()方法或 service()方法中传入的两个参数 request 对象和 response 对象来实现。

```
protected void service(HttpServletRequest request,HttpServletResponse response){}
```

通过 request 对象可以获取客户端提交的信息，如表单数据、HTTP 请求报头和客户的主机名等信息。通过 response 对象可以完成对客户端的响应，如输出文档内容、HTTP 状态代码(200、404 等)和响应报头(Content-Type、Set-Cookie 等)。

7.2.1　Servlet 生成纯文本

JSP 和 Servlet 中都通过 response 对象对客户端作出响应，但是 Servlet 中没有传入输出流对象 out。若要向客户端输出消息，首先要通过 response 对象获得输出流对象：

```
PrintWriter out=response.getWriter();
```

PrintWriter 类在 java.io 包内，PrintWriter 对象 out 等效于 JSP 页面的内置对象 out。代码清单 7-5 为利用 PrintWriter 对象向客户端输出消息。

代码清单 7-5　利用 PrintWriter 对象向客户端输出消息(QuestionEditServlet.java)

代码

```
package com.geotest;
import java.io.*;
import java.io.PrintWriter;
import javax.servlet.*;
import javax.servlet.annotation.WebServlet;
import javax.servlet.http.*;
@WebServlet("/QuestionEditServlet ")
Public class QuestionEditServlet extends HttpServlet {
    protected void doGet(HttpServletRequest request, HttpServletResponse
    response)
```

```
    throws ServletException, IOException {
        PrintWriter out=response.getWriter();
        out.println("hello world");
    }
    protected void doPost(HttpServletRequest request, HttpServletResponse
    response)
    throws ServletException, IOException {
        doGet(request, response);
    }
}
```

7.2.2 Servlet 生成 HTML

大多数 Servlet 需要生成 HTML,才能在浏览器窗口中显示带有格式的内容。

HTTP 响应由状态、HTTP 报头和实际的文档构成。例如:

```
HTTP/1.1 200 OK
Server: Apache-Coyote/1.1
Content-Type: text/html;charset=UTF-8
Content-Length: 447
Date: Thu, 11 Aug 2016 21:55:40 GMT

<!DOCTYPE html PUBLIC "-//W3C//DTD HTML 4.01 Transitional//EN" "http://www.w3.
org/TR/html4/loose.dtd">
<html>
…
```

要生成 HTML,Servlet 需要在实际返回任何文档内容之前设置响应报头。如果不进行设置,服务器将按默认值生成各项设置。响应报文头的内容设置可以通过 HttpServletResponse 类提供的方法完成,参见表 3.2。下面以常用的内容类型设置为例说明设置方式。

Servlet 向客户端发送实际文档之前需要通知浏览器,即将向它发送 ContentType(内容类型)。HttpServletResponse 类的 setContentType()方法用于指明数据内容是哪种类型,如果是 HTML 形式文档,可设置如下:

```
response.setContentType("text/html;charset=UTF-8");
```

如果使用 Servlet 生成 Excel 表格(内容类型为 application/vnd.ms-excel)、JPEG 图像(内容类型为 image/jpeg)和 XML 文档(内容类型为 text/xml)等,则可以将内容类型作相应替换。

代码清单 7-6 为向客户端输出 HTML。

代码清单 7-6 向客户端输出 HTML(QuestionEditServlet.java)

代码

```
…
protected void doGet(HttpServletRequest request, HttpServletResponse response)
throws ServletException, IOException {
    PrintWriter out=response.getWriter();
```

```
    response.setContentType("text/html;charset=UTF-8");
    out.println("<!DOCTYPE html PUBLIC \"-//W3C//DTD HTML 4.01 Transitional//EN\"
        \"http://www.w3.org/TR/html4/loose.dtd\">");
    out.println("<html>");
    out.println("<head>");
    out.println("<title>Serlet 示例</title>");
    out.println("</head>");
    out.println("<body>");
    out.println("<h1>hello world</h1>");
    out.println("</body>");
    out.println("</html>");
}
...
```

在上述代码中，response.setContentType("text/html;charset=UTF-8")通知浏览器接收的文档为 HTML，字符编码为 UTF-8。运行结果如图 7.7 所示。在浏览器窗口空白处右击，选择“查看源”选项，如图 7.8 所示。title 标题显示为乱码，显然 Servlet 产生响应的字符编码与 UTF-8 不一致。在 out 对象创建之前添加如下语句，设置响应的字符编码格式也为 UTF-8，消除中文乱码（如代码清单 7-7 所示）。

图 7.7　Servlet 运行结果

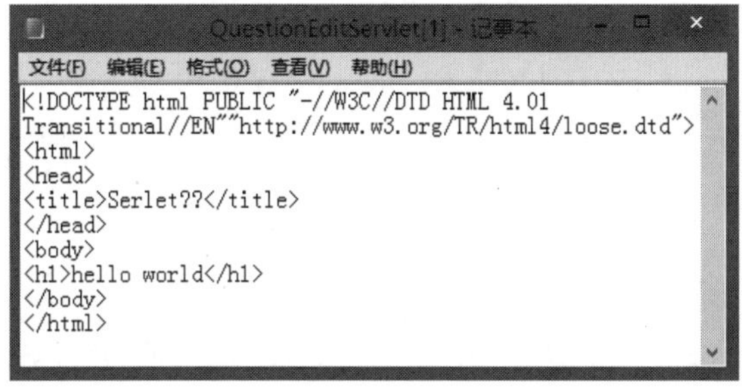

图 7.8　查看源（HTML 代码）

代码清单 7-7　消除中文乱码（QuestionEditServlet.java）

```
...
response.setCharacterEncoding("UTF-8");
PrintWriter out=response.getWriter();
...
```

视频

7.2.3 接收客户提交的参数

与 JSP 页面接收客户提交参数的处理一样,Servlet 利用 HttpServletRequest 对象的 getParameter()方法接收单个值参数,利用 getParameterValues 接收成组参数。

在 GeoTest 项目根目录下新建 QuestionEdit.jsp,表单处理程序设为 QuestionEditServlet(如代码清单 7-8 所示)。

代码

代码清单 7-8 将表单处理程序设为 Servlet(QuestionEdit.jsp)

```
<%@ page language="java" contentType="text/html; charset=UTF-8" pageEncoding=
"UTF-8"%>
<%@ page import="com.geotest.*" %>
<!DOCTYPE html PUBLIC "-//W3C//DTD HTML 4.01 Transitional//EN" "http://www.w3.
org/TR/html4/loose.dtd">
<html>
    <head>
        <meta http-equiv="Content-Type" content="text/html; charset=UTF-8">
        <title>地理知识编辑</title>
    </head>
    <body>
        <form action="QuestionEditServlet" method="post">
            <p>编号: <input type="text" name="questionId" /></p>
            <p>题型:
            <select name="questionClass">
                <option value="0">判断题
            </select></p>
            <p>题目: <textarea cols="60" rows="5" name="questionContent" >
            </textarea></p>
            <p>答案: <input type="radio" name="questionAnswer" value="correct" />
            正确
            <input type="radio" name="questionAnswer" value="wrong" />错误</p>
            <p><input type="submit" value="保存" /></p>
        </form>
    </body>
</html>
```

运行结果如图 7.9 所示。

表单利用 post()方法提交,QuestionEditServlet 在运行中将调用 doPost()方法。在 Servlet 的 doPost()方法中使用了如下语句:

```
protected void doPost(HttpServletRequest request, HttpServletResponse response)
    throws ServletException, IOException {
    doGet(request, response);
}
```

由于 doGet()方法和 doPost()方法采用了相同的处理,因此可以在 doGet()方法中接收表单提交的参数(如代码清单 7-9 所示)。

图 7.9 运行结果

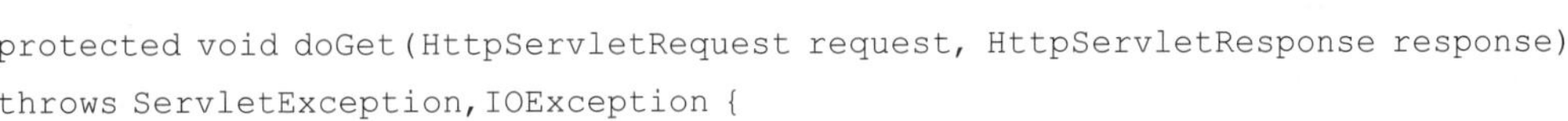
代码清单 7-9 接收表单提交的参数(QuestionEditServlet.java)

代码

```
protected void doGet(HttpServletRequest request, HttpServletResponse response)
throws ServletException,IOException {
    request.setCharacterEncoding("UTF-8");
    String questionId=request.getParameter("questionId");
    String questionClass=request.getParameter("questionClass");
    String questionContent=request.getParameter("questionContent");
    String questionAnswer=request.getParameter("questionAnswer");
    int resultCode=-1;
    if(questionId!=null&&questionClass!=null&&questionContent!=null&&ques-
    tionAnswer!=null){
        int qc=Integer.parseInt(questionClass);
        Question q=new Question(questionId,qc,questionContent,questionAnswer);
        QuestionBank questionBank=new QuestionBank();
                                  //Question、QuestionBank 类定义参见第 6 章
        resultCode=questionBank.addQuestion(q);
    }
    response.setCharacterEncoding("UTF-8");
    PrintWriter out=response.getWriter();
    response.setContentType("text/html;charset=UTF-8");
    out.println("<!DOCTYPE html PUBLIC \"-//W3C//DTD HTML 4.01 Transitional//EN\"
        \"http://www.w3.org/TR/html4/loose.dtd\">");
    out.println("<html>");
    out.println("<head>");
    out.println("<title>Serlet 示例</title>");
    out.println("</head>");
    out.println("<body>");
    if(resultCode==1)
        out.println("<h1>试题添加成功</h1>");
    out.println("</body>");
```

```
    out.println("</html>");
}
```

运行结果如图 7.10 所示。

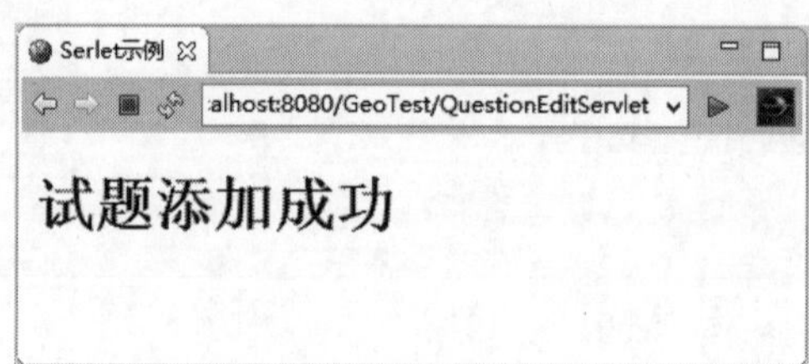

图 7.10 QuestionEditServlet 显示的内容

7.2.4 session 对象

在之前的程序中,Servlet 的 doGet、doPost 等方法都会接收 request 和 response 对象两个参数,通过 response 对象可以取得 out 对象。实际上,在 Servlet 中也可以取得 session 和 application 内置对象。

session 内置对象的工作机制是使用 Cookie,在每次客户端发送请求时将 JSESSIONID 值加在 HTTP 头部发送给服务器,所以 session 是通过 HttpServletRequest 获取的。

```
HttpSession session=request.getSession();
```

session 可以在不同页面间共享数据。将表单提交的数据保存后,如果由 Servlet 跳回到数据输入页面,则可以将处理结果存储在 session 属性中,在输入页面从 session 中取回处理结果。

代码清单 7-10 为接收表单提交的参数。

代码

代码清单 7-10 接收表单提交的参数(QuestionEditServlet.java)

```
protected void doGet(HttpServletRequest request, HttpServletResponse response)
throws ServletException, IOException {
    request.setCharacterEncoding("UTF-8");
    String questionId=request.getParameter("questionId");
    String questionClass=request.getParameter("questionClass");
    String questionContent=request.getParameter("questionContent");
    String questionAnswer=request.getParameter("questionAnswer");
    int resultCode=-1;
    if (questionId! = null&&questionClass! = null&&questionContent! = null&&que-
    stionAnswer!=null){
        int qc=Integer.parseInt(questionClass);
        Question q=new Question(questionId,qc,questionContent,questionAnswer);
        QuestionBank questionBank=new QuestionBank();
        resultCode=questionBank.addQuestion(q);
    }
    HttpSession session=request.getSession();
```

```
    String mess="";
    if(resultCode==1)
        mess="<script>alert('试题添加成功')</script>";
    session.setAttribute("message", mess);
    response.sendRedirect("QuestionEdit.jsp");
}
```

当表单提交的数据保存后，如果保存成功，则向 session 属性中写入一条 JavaScript 提示信息，否则写入空串，然后跳转回 QuestionEdit.jsp。在 QuestionEdit.jsp 中利用 EL 读取 session 属性，如果不为空，则显示保存成功提示信息（如代码清单 7-11 所示）。由于不需要由 Servlet 向浏览器输出内容，因此原来的所有 out.print 语句都可以删除。QuestionEditServlet 对用户完全是不可见的。

代码清单 7-11　表单利用 EL 读取 session 属性（QuestionEdit.jsp）

代码

```
        ...
        </form>
        ${message}
        ${message=""}          //提示信息只显示一次,显示后清空,Tomcat 7.0 不支持
    </body>
</html>
```

运行结果如图 7.11 所示。

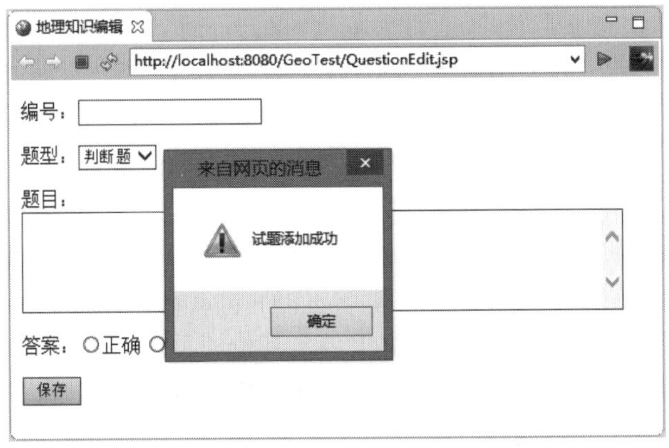

图 7.11　表单提交数据并保存成功后的提示信息

7.2.5　Servlet 上下文

视频

application 内置对象是 ServletContext 接口的实例，表示的是 Servlet 上下文，即 Web 应用环境。Web 应用的基本信息都存储在这个 ServletContext 对象中。所有的 JSP 页面和 Servlet 都可以访问 ServletContext 对象，取得 Web 应用的基本信息。如果要在一个 Servlet 中使用此对象，可以直接通过 Servlet 类提供的 getServletContext()方法实现。

```
ServletContext context=getServletContext();
```

取得 Web 应用环境对象后，可以使用 ServletContext 对象提供的方法取得有关 Web

应用的信息和数据,如 Web 容器的名称、端口和绝对路径等。

7.2.6 Servlet 的请求转发

在 Servlet 中要想实现 JSP 中的 include 动作和 forward 动作,需要使用 RequestDispatcher 对象。RequestDispatcher 对象被称为请求转发对象。在 Servlet 中,利用 RequestDispatcher 对象可以将请求转发给另外一个 Servlet 或 JSP 页面,甚至是 HTML 页面,来处理对请求的响应。

RequestDispatcher 可以通过 HttpServletRequest 的 getRequestDispatcher()方法获得。例如:

```
RequestDispatcher dispatcher = request. getRequestDispatcher ( " QuestionEdit.
jsp");
```

生成的 dispatcher 对象即是目的为 QuestionEdit.jsp 的请求转发对象。其中,QuestionEdit.jsp 不包含任何路径,表示与当前 Servlet 映射的 URL 在同一路径下。

HttpServletRequest 接口中的参数路径可以相对于当前 Servlet 上下文的根,也可以相对于当前 Servlet 路径。如果参数路径是相对网站根目录表示的,则根用/表示。例如:

```
RequestDispatcher dispatcher=request.getRequestDispatcher("/QuestionEdit.jsp");
```

RequestDispatcher 接口中定义了两种方法用于请求转发。

① void forward(ServletRequest request,ServletResponse response)。

JSP 的 forward 动作实际上就是调用 RequestDispatcher 的 forward()方法进行转发的。forward()方法将请求转发给服务器上另外一个 Servlet、JSP 页面或 HTML 文件,这个方法必须在响应被提交给客户端之前调用,否则抛出异常。forward()方法调用后在 Servlet 的响应缓存中没有提交的内容被自动消除,即原 Servlet 的输出不会被返回给客户端。

② void include(ServletRequest request,ServletResponse response)。

JSP 的 include 动作实际上就是调用 RequestDispatcher 的 include()方法将请求传递给被包含的资源。include()方法用于在响应中包含其他资源(Servlet、JSP 页面或 HTML 文件)的内容;即请求转发后,原先的 Servlet 还可以继续输出响应信息,被包含的资源作出的响应将并入原先 Servlet 的响应对象中。

利用请求转发可以替换前面使用的 response.sendRedirect()方法,如代码清单 7-12 所示。

代码

代码清单 7-12 接收表单提交的参数(QuestionEditServlet.java)

```
protected void doGet(HttpServletRequest request, HttpServletResponse response)
throws ServletException, IOException {
    …
    response.sendRedirect("QuestionEdit.jsp");
    RequestDispatcher dispatcher=request.getRequestDispatcher("/QuestionEdit.jsp");
    dispatcher.forward(request,response);
}
```

在 GeoTest 动态 Web 项目中，WEB-INF 目录是一个安全的目录。对于放在 WEB-INF 目录下的 JSP 页面，在浏览器地址栏中输入 URL 无法访问。但是，通过 RequestDispatcher 的 forward()方法，可以访问到该目录下的 JSP 页面，因为从 forward()方法跳转后的地址栏内容并不发生变化。

除了利用 ServletRequest 接口中的 getRequestDispatcher(String path)方法获得请求转发对象外，还可以使用 ServletContext 接口中的 getRequestDispatcher(String path)方法获得 RequestDispatcher 对象。例如：

```
ServletContext sc =getServletContext();
RequestDispatcher rd=sc.getRequestDispatcher("/QuestionEdit.jsp");
rd.forward(request, response);
```

虽然参数都是资源路径名，但 ServletContext 接口中的参数路径必须以根路径“/”开始，而 ServletRequest 接口中的参数路径可以从根路径“/”开始，也可以是相对于当前 Servlet 的路径。

7.3　Servlet 过滤器

Web 开发中经常遇到的任务是登录验证，如果用户没有登录，当请求目标是需要登录才能访问的 JSP 页面或 Servlet 时，则要求跳转到登录页面。任何一个 Web 应用都会有很多页面和 Servlet，如果每个页面和 Servlet 中都编写登录验证处理代码，会造成大量的代码冗余。同样的问题也出现在对中文乱码的处理上。如何才能将这些公共代码从每个 Web 组件中抽取出来，放在一个公共的地方，供所有需要这些公共功能代码的 Web 组件调用？本节介绍的过滤器将提供这些公共服务。

过滤器是在服务器上运行的一个 Web 组件，它可以与一个或者多个 Servlet 或 JSP 页面绑定。在与过滤器相关联的 Servlet 或 JSP 运行之前，过滤器可以检查访问这些资源的请求信息，并且能够对请求进行预处理，同时它也能对服务器的响应进行处理。过滤器可以完成以下动作：

- 正常调用请求的资源(即 Servlet 或 JSP 页面)。
- 用修改后的请求信息调用请求的资源。
- 调用请求的资源，修改请求响应，再将响应发送到客户端。
- 禁止调用该资源，将请求重定向到其他的资源，或者返回一个特定的状态码。

7.3.1　创建简单的过滤器

视频

首先编写一个字符编码过滤器，设置请求对象和响应对象的字符编码。以前的 JSP 页面为了不出现中文乱码，在每个页面中都需要设置 request 和 response 的字符编码为 UTF-8。现在将这些功能由过滤器来实现。

编写一个 Filter 的过程与编写 Servlet 类似，在 Eclipse 中，通过向导可完成大部分基础工作。

1. 编写 Filter 类

(1) 在项目管理器中，右击 com.geotest 类包，在弹出的快捷菜单中选择 New→Filter

选项,弹出 Create Filter 对话框,如图 7.12 所示。在 Class name 栏中输入 EncodeFilter,单击 Next 按钮。

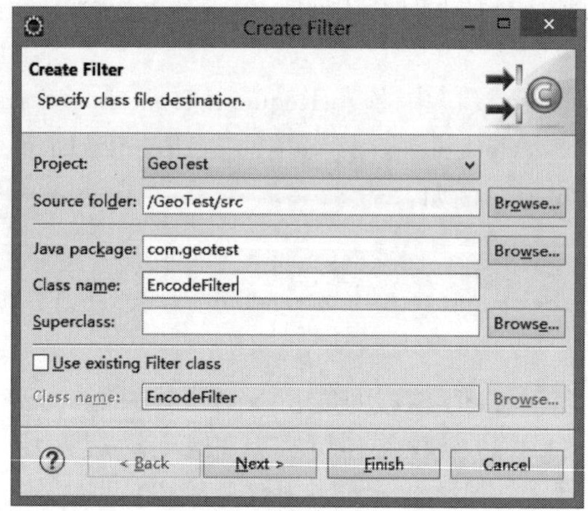

图 7.12　创建 Filter

(2) 在 Filter 部署描述指定信息对话框中选择 Filter mappings 中的/EncodeFilter,单击 Edit 按钮,如图 7.13 所示。在 Edit Filter Mapping 窗口中修改映射模式。在 Pattern 文本框中输入/ *,表示对网站根目录下的所有资源都进行过滤。选择 dispatcher,对 REQUEST、FORWARD、INCLUDE 和 ERROR 请求做过滤处理,如图 7.14 所示。dispatcher 用于指定过滤器可应用的请求类型。如果不指定,则过滤器只应用于 REQUEST 类型的请求。单击 OK 按钮返回 Filter 部署描述指定信息对话框,单击 Next 按钮。

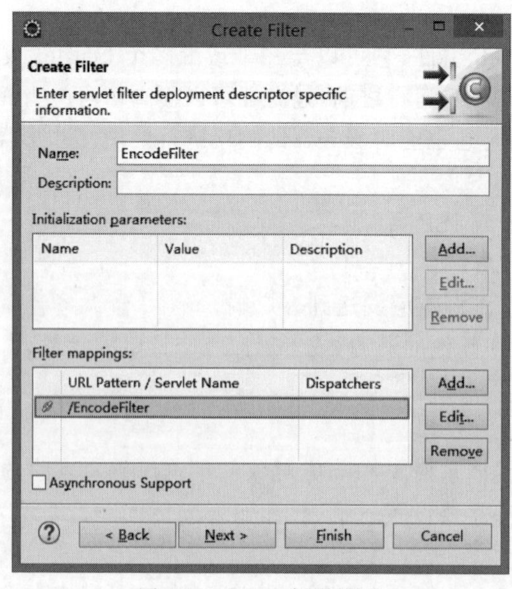

图 7.13　Filter 部署描述

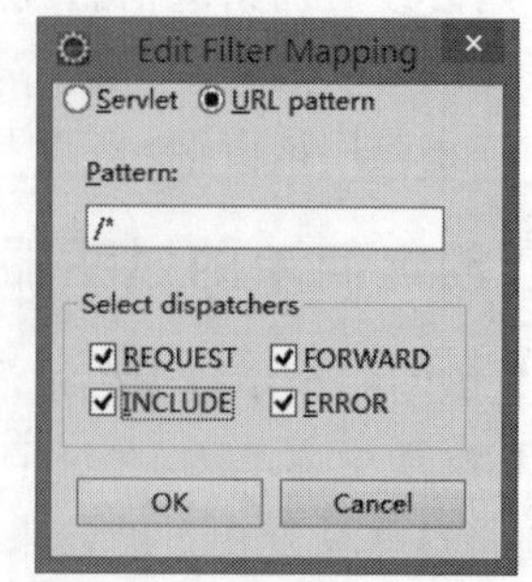

图 7.14　创建 URL 映射

(3) 在指定 Filter 模板方法对话框中取默认设置,生成 init()、destroy()和 doFilter()方法,单击 Finish 按钮,利用 Filter 模板生成 EncodeFilter.java 类,如图 7.15 所示。

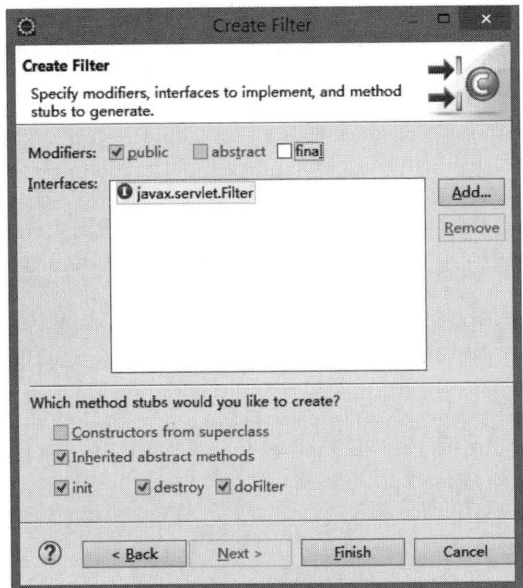

图 7.15 创建 Filter 接口与方法

(4) 在 EncodeFilter.java 类的 doFilter()方法中输入编码设置语句，如代码清单 7-13 所示。

代码清单 7-13 利用模板生成的 Filter(EncodeFilter.java)

```
package com.geotest;
import java.io.IOException;
import javax.servlet.*;
import javax.servlet.annotation.WebFilter;
@WebFilter(dispatcherTypes = {DispatcherType.REQUEST, DispatcherType.FORWARD,
DispatcherType.INCLUDE, DispatcherType.ERROR}, urlPatterns ={ "/*" })
public class EncodeFilter implements Filter {
    public EncodeFilter() {
    }
    public void destroy() {
    }
    public void doFilter(ServletRequest request, ServletResponse response,
    FilterChain chain) throws IOException, ServletException {
        request.setCharacterEncoding("UTF-8");
        response.setCharacterEncoding("UTF-8");
        response.setContentType("text/html;charset=UTF-8");
        chain.doFilter(request, response);
    }
    public void init(FilterConfig fConfig) throws ServletException {
    }
}
```

每次过滤器执行时(如与该过滤器相关联的 Servlet 或 JSP 被请求时)，都会执行 doFilter()方法。这个方法包含过滤逻辑。

第一个参数是与请求相关的ServletRequest对象。对于简单的过滤器,几乎所有过滤逻辑都是基于ServletRequest对象的。如果是HTTP请求,可以将这个对象转换为HttpServletRequest。这样便可以访问ServletRequest没有提供的一些方法,如getHeaders()或getCookies()方法。

第二个参数是ServletResponse对象。在简单的过滤器中,可以忽略此参数。但是,以下两种情况不能忽略ServletResponse对象。第一,如果想完全阻止对相关联的Servlet或JSP页面的访问,可以调用Response.getWriter()方法并直接向客户端发送响应。第二,如果想修改相关联的Servlet或JSP页面的响应,可以将响应包装在一个对象中。调用Servlet或JSP之后,过滤器可以检查所产生的输出,如果需要,修改后才将它发送到客户端。

doFilter()方法的最后一个参数是一个FilterChain对象。调用这个对象的doFilter()方法来调用与请求的Servlet或JSP相关联的下一个过滤器。如果没有其他相关联的过滤器,则调用Servlet或JSP页面本身。

(5) 将QuestionEditServlet.java类及其他JSP页面中的设置字符编码语句去掉,运行这些页面,可以看到不会再出现中文乱码问题。

2. 配置Filter

与配置Servlet一样,配置Filter可以使用两种方式。

① 在Servlet 3.0以前,调用Filter需要在web.xml文件中将其映射为URL。Tomcat 7及更高版本支持Servlet 3.0,Servlet 3.0可以不写web.xml文件,直接在Java类中注解。语法格式如下:

```
@WebFilter(dispatcherTypes = {DispatcherType.REQUEST, DispatcherType.FORWARD,
DispatcherType.INCLUDE, DispatcherType.ERROR}, urlPatterns = { "/*" })
```

其中,"/*"中的/表示网站根目录,表示对网站根目录下的所有资源做过滤。

② 编写web.xml,如代码清单7-14所示。

web.xml(部署描述文件)总是放置在Web应用的WEB-INF目录中。文件的开头是XML标头,并且含有一个web-app根元素。web.xml文件使用filter和filter-mapping元素来指定过滤器。

web.xml文件中包含若干个<filter>标记,<filter>标记包含两个子标记<filter-name>和<filter-class>。其中,<filter-name>用来为Filter命名,<filter-class>用来指定该Filter名称所对应的Filter类。通常,需要为每个Filter类设定一个<filter>标记。

要为已命名的Filter设定过滤关联的URL,可使用<filter-mapping>元素的<filter-name>和<url-pattern>子元素。其中,<filter-name>的内容对应已命名的Filter,<url-pattern>用来指定与Filter相关联的资源所用的URL。

<url-pattern>元素声明了一个以/或*开始的匹配模式。这个模式指定了过滤器所应用的URL。filter-mapping的<url-pattern>子元素的映射规则和servlet-mapping的<url-pattern>是一样的。必须在所有的filter-mapping元素中提供<url-pattern>和filter-name,但不能给一个filter-mapping元素提供多个<url-pattern>。如果希望过滤器应用于多个匹配模式,就应该提供多个filter-mapping元素。dispatcher元素指定过滤器可应用的请求类型。请求类型可能是REQUEST、FORWARD、INCLUDE和ERROR。如果没有

dispatcher 元素，便假定请求类型是 REQUEST。要让一个过滤器应用于不同的请求类型，可以提供多个 dispatcher 元素。

代码清单 7-14 利用模板 Filter 配置(web.xml)

代码

```
<?xml version="1.0" encoding="UTF-8"?>
<web-app >
    <filter>
        <filter-name>EncodeFilter</filter-name>
        <filte -class>com.geotest.EncodeFilter</filter-class>
    </filter>
    <filter-mapping>
        <filter -name>EncodeFilter </ filter -name>
        <url-pattern>/* </url-pattern>
        <dispatcher>REQUEST</dispatcher>
        <dispatcher>FORWARD</dispatcher>
    </filter-mapping>
</web-app>
```

7.3.2 Filter 接口

视频

所有的过滤器都必须实现 javax.servlet.Filter 接口。这个接口有 3 个方法(init()、doFilter()和 destroy())，如表 7.1 所示。

表 7.1 javax.servlet.Filter 接口的常用方法

方 法 名	功 能
init(FilterConfig)	过滤器的初始化方法。Servlet 容器创建 Servlet 过滤器实例后将调用这个方法。在这个方法中可以读取 web.xml 文件中 Servlet 过滤器的初始化参数
doFilter (ServletRequest, ServletResponse, FilterChain)	完成实际的过滤操作，当客户请求访问与过滤器关联的 URL 时，Servlet 容器将先调用过滤器的 doFilter()方法。FilterChain 参数用于访问后续过滤器
destroy()	Servlet 容器在销毁过滤器实例前调用该方法，这个方法可以释放 Servlet 过滤器占用的资源

1. Filter 接口的主要方法

下面介绍 Filter 接口的几个主要方法。

1) init()方法

```
public void init(FilterConfig fConfig) throws ServletException
```

init()方法仅在初始化过滤器时执行，并不是每次过滤器被调用时都执行。对于简单的过滤器，可以给这个方法提供一个空的方法体。通常可以使用 init()方法将 FilterConfig 对象存储在对象变量中，这样 doFilter()方法就可以访问 Servlet 上下文或过滤器的名称。FilterConfig 对象提供了 getInitParameter()方法，可以访问过滤器的初始化参数。这些初始化参数在 web.xml 中设定。

2) doFilter()方法

```
public void doFilter(ServletRequest request,ServletResponse response,
FilterChain chain) throws ServletException, IOException
```

过滤器的 doFilter()方法是过滤器的核心方法,在满足过滤器过滤目标 URL 的请求和响应时被调用。doFilter()方法是过滤器最主要的组成部分,每次调用过滤器都会执行它。对于大多数过滤器,doFilter()方法的行为都是基于请求信息的。所以,通常会使用 ServletRequest 对象,也就是 doFilter()方法的第一个参数。这个对象一般会被转换为 HttpServletRequest 对象,以便调用 HttpServletRequest 对象提供的一些更加具体的方法。

为了提高代码的可重用性,一般一个过滤器只完成一个单一的功能。当在一个复杂的应用中对一个请求需要多次处理才能访问目标资源时,则需要多个过滤器一起工作,这就是过滤器链。过滤器链是在 web.xml 中按需要的顺序部署的多个过滤器。过滤器调用时会按照部署文件中的配置顺序调用过滤器。

Filter 接口的 doFilter()方法的第三个参数是一个 FilterChain 对象。调用 FilterChain 对象的 doFilter()方法时,下一个关联的过滤器会被调用。这个过程一般会一直持续下去,直到过滤器链中的最后一个过滤器被调用。最后一个过滤器调用 FilterChain 对象的 doFilter()方法时,会调用 Servlet 或 JSP 页面本身。

3) destroy()方法

服务器要彻底终止过滤器时(例如服务器正在关闭)才会调用这个方法。大多数的过滤器只是给 destroy()方法提供一个空的方法体,但该方法可以用于一些清理工作,如关闭文件或过滤器使用的数据库连接池。

2. 创建过滤器的主要步骤

创建一个过滤器涉及 4 个基本步骤。

(1) 创建实现 Filter 接口的类。该类有 3 个方法:doFilter()、init()和 destroy()。doFilter()方法包含主要的过滤代码,init()方法执行初始化操作,而 destroy()方法执行清理工作。

(2) 将过滤行为放入 doFilter()方法。该方法的第一个参数是一个 ServletRequest 对象。通过这个对象,过滤器可以访问各种请求信息,包括表单数据、Cookie 和 HTTP 请求头。第二个参数是一个 ServletResponse 对象。简单的过滤器经常忽略这个参数。最后一个参数是一个 FilterChain 对象。使用 FilterChain 对象来调用 Servlet、JSP 页面或过滤器链中的下一个过滤器。

(3) 调用 FilerChain 对象的 doFilter()方法。FilterChain 对象是过滤器接口的 doFilter()方法的一个参数。

(4) 将过滤器与特定的 servlet 或 JSP 页面关联,这要用到 web.xml 中的 filter 元素和 filter-mapping 元素。

7.3.3 Filter 生命周期

每个 Filter 对象都要经历其生命周期中的 4 个阶段。

（1）创建阶段：当 Web 应用部署完或 Web 服务器启动后，Web 容器会自动在 web.xml 配置文件或注解中找到过滤器配置声明，根据声明标记定义过滤器类，将类定义加载到服务器内存，调用此类的默认构造方法，创建过滤器对象。

（2）初始化阶段：调用 init()方法。传入 FilterConfig 对象，完成过滤器的初始化工作。init()方法只执行一次，以后每次执行过滤方法时，init()方法不再执行。

（3）过滤服务阶段。浏览器向 Web 服务器发出 HTTP 请求，当请求的 URL 地址符合过滤器地址映射时，首个声明的过滤器的过滤方法 doFilter 被 Web 容器调用，完成过滤处理工作。过滤处理完成后执行 FilterChain 对象的 doFilter()方法，将请求传递到下一个过滤器，如果已经到过滤器链末端，则传递到请求的 Web 文档，一般是 JSP 页面或 Servlet。每次请求符合过滤器配置的 URL 时，过滤方法都将被执行一次。

（4）终止阶段：调用 destroy()方法。当容器检测到一个 Filter 对象应该从服务器中移除时，会调用此方法完成 Filter 对象被销毁前的收尾工作。

7.3.4 应用过滤器进行身份验证

视频

GeoTest 应用中与地理知识题库管理相关的 JSP 页面有很多个，这些页面的访问都需要进行登录或权限验证，只有已经登录的用户才能访问这些 JSP 或 Servlet。使用过滤器可以使权限验证不用再嵌入每个页面中，而是作为一个公共功能提供给每个页面。

在设计登录验证过滤器时，对需要加权限验证的请求进行过滤。在登录处理 Servlet 中，如果验证账号和密码合法，则将账号保存到会话对象 HttpSession 中，没有登录则会话对象中不会包含用户账号。

在过滤器中检查会话对象中是否含有登录账号可以判断用户是否登录。如果用户已经登录，则调用 FilterChain 的 doFilter()方法传递到过滤器的下一个目标，允许通过此过滤器的检查；否则阻断此次请求，不执行 doFilter()方法，跳转到登录页面，完成过滤器要求的功能。

按前面介绍的编写过滤器类的方法，利用向导生成过滤器类 LoginCheckFilter.java，在 doFilter()方法中添加代码，实现权限过滤（如代码清单 7-15 所示）。

代码清单 7-15 用户登录和权限验证过滤器（LoginCheckFilter.java）

代码

```
package com.geotest;
import java.io.IOException;
import javax.servlet.*;
import javax.servlet.annotation.WebFilter;
import javax.servlet.http.*;
@WebFilter(dispatcherTypes = {DispatcherType.REQUEST, DispatcherType.FORWARD,
DispatcherType.INCLUDE},urlPatterns ={ "/QuestionEdit.jsp","/GeoQuestionList.jsp"})
public class LoginCheckFilter implements Filter {
    private FilterConfig config=null;
    private String webRoot=null;
    public LoginCheckFilter() {
    }
    public void destroy() {
    }
```

```
    public void doFilter (ServletRequest request, ServletResponse response,
    FilterChain chain) throws IOException, ServletException {
        HttpServletRequest req = (HttpServletRequest) request;
                                        //ServletRequest 不支持 getSession 方法
        HttpServletResponse res = (HttpServletResponse) response;
        HttpSession session =req.getSession();
        if (session.getAttribute("userName") !=null) {
            chain.doFilter(request, response);
        } else {
            res.sendRedirect(webRoot+"/LoginServlet");
        }
    }
    public void init(FilterConfig fConfig) throws ServletException {
        this.config=fConfig;                //init 方法只执行一次
        ServletContext ctx=config.getServletContext();
                                            //获取 Servlet 上下文(Web 应用环境)
        webRoot=ctx.getContextPath();       //读取网站路径(/GeoTest)
    }
}
```

视频

7.4 Servlet 应用实例

GeoTest 应用的用户有两类,管理后台数据库的用户可以编辑地理知识。按前面介绍的过滤器类 LoginCheckFilter.java,对某些后台操作的页面实现权限过滤,未登录的用户将转向登录页面,登录成功后才能访问这些页面。

在 Web 应用中,为了有效防止有人对某一特定注册用户用特定程序暴力破解的方式进行不断的登录尝试,现在很多网站都采用验证码进行登录验证。首先使用 Servlet 生成 4 位随机数的验证码并保存在会话对象中,同时生成带干扰的验证码图片。登录页面使用此 Servlet 生成的验证码,提示用户输入,提交到登录处理 Servlet,将用户输入的验证码与 Session 对象中保存的验证码进行比较,如果相同则验证通过(具体如代码清单 7-16 至代码清单 7-19 所示)。

代码

代码清单 7-16　验证码生成(AuthCode.java)

```
package com.geotest;
import java.awt.Color;
import java.awt.Font;
import java.awt.Graphics;
import java.awt.image.BufferedImage;
import java.io.File;
import java.io.FileNotFoundException;
import java.io.FileOutputStream;
import java.io.IOException;
import java.io.OutputStream;
```

```
import java.util.Random;
import com.sun.image.codec.jpeg.*;
public class AuthCode {
    public static final int AUTHCODE_LENGTH =4;     //验证码长度
    public static final int SINGLECODE_WIDTH =15;   //单个验证码宽度
    public static final int SINGLECODE_HEIGHT =30;  //单个验证码高度
    public static final int SINGLECODE_GAP =4;      //单个验证码之间的间隔
    public static final int IMG_WIDTH =AUTHCODE_LENGTH * (SINGLECODE_WIDTH +
    SINGLECODE_GAP);
    public static final int IMG_HEIGHT =SINGLECODE_HEIGHT;
    public static String getAuthCode() {            //产生随机验证数字
        String authCode ="";
        for(int i =0; i <AUTHCODE_LENGTH; i++) {
            authCode +=(new Random()).nextInt(10);
        }
        return authCode;
    }
    public static BufferedImage getAuthImg(String authCode) {
        //设置图片的高、宽、类型和 RGB 编码(red、green、blue)
        BufferedImage img =new BufferedImage(IMG_WIDTH, IMG_HEIGHT, BufferedImage.
        TYPE_INT_BGR);
        Graphics g =img.getGraphics();              //得到图片上的一支画笔
        g.setColor(Color.YELLOW);                   //设置画笔的颜色,用来作为背景色
        g.fillRect(0, 0, IMG_WIDTH, IMG_HEIGHT);    //用画笔来填充一个矩形
                                                    //矩形的左上角坐标、宽、高
        g.setColor(Color.BLACK);                    //将画笔颜色设置为黑色,用来写字
        g.setFont(new Font("宋体", Font.PLAIN, SINGLECODE_HEIGHT +5));
                                                    //设置宋体、不带格式、字号
        char c;                                     //输出数字
        for(int i =0; i <authCode.toCharArray().length; i++) {
            c =authCode.charAt(i);                  //取到对应位置的字符
            g.drawString(c +"", i * (SINGLECODE_WIDTH +SINGLECODE_GAP) +
            SINGLECODE_GAP / 2, IMG_HEIGHT);
                                        //画出一个字符串:要画的内容、开始的位置、高度
        }
        Random random =new Random();
        //干扰数
        for(int i =0; i <20; i++) {
            int x =random.nextInt(IMG_WIDTH);
            int y =random.nextInt(IMG_HEIGHT);
            int x2 =random.nextInt(IMG_WIDTH);
            int y2 =random.nextInt(IMG_HEIGHT);
        g.drawLine(x, y, x +x2, y +y2);
        }
        return img;
    }
    public void getImg() {
```

```
            String code ="";
            int intCode =(new Random()).nextInt(9999);
            if(intCode <1000) {
                intCode +=1000;
            }
            code +=intCode;
            //设置图片的高、宽、类型和 RGB 编码(red、green、blue)
            BufferedImage image = new BufferedImage(35, 14, BufferedImage.TYPE_INT_
            BGR);
            Graphics g =image.getGraphics();                //得到图片上的一支画笔
            g.setColor(Color.YELLOW);                       //设置画笔的颜色,用来作为背景色
            g.fillRect(1, 1, 33, 12);       //用画笔填充一个矩形,矩形的左上角坐标为(1,1)
                                            //宽为 33,高为 12
            g.setColor(Color.BLACK);                        //将画笔颜色设置为黑色,用来写字
            g.setFont(new Font("宋体", Font.PLAIN, 12));     //设置字体: 宋体,不带格式,字号 12
            char c;
            for(int i =0; i <code.toCharArray().length; i++) {
                c =code.charAt(i);                          //取到对应位置的字符
                //画出一个字符串: 要画的内容、开始的位置、高度
                g.drawString(c +"", i * 7+4,11);            //7 为每个字的宽度,4 为间隔
            }
            //显示或保存
            OutputStream out =null;
            try {
                out =new FileOutputStream(new File("c:\\" +code +".jpg"));
            }catch(FileNotFoundException e) {
                e.printStackTrace();
            }
            JPEGImageEncoder encoder =JPEGCodec.createJPEGEncoder(out);     //JPG 编码器
            try {
                encoder.encode(image);                      //输送内容
            }catch(ImageFormatException e) {
                e.printStackTrace();
            }catch(IOException e) {
                e.printStackTrace();
            }
        }
    }
```

在验证码生成的过程中使用的和图像处理相关的类包含在 com.sun.image.codec.jpeg 包中,位于 Java 安装目录下的 jre\lib\rt.jar 文件中。由于 rt.jar 属于未公开类包,默认时并不加载到 Eclipse 环境,因此需要设置编译路径。在调试程序之前,首先需要在项目管理器中选中项目,右击,在弹出的快捷菜单中选择 Build Path→Config Build Path 选项。在 Libraries 选项卡中,单击 Add External JARS 按钮,选择 Java 安装目录下的 jre\lib\rt.jar 文件,将其添加到编译路径中。

代码清单 7-17　验证码生成 Servlet(GetAuthCodeServlet.java)

```
package com.geotest;
import java.io.IOException;
import javax.imageio.ImageIO;
import javax.servlet.ServletException;
import javax.servlet.annotation.WebServlet;
import javax.servlet.*;
@WebServlet("/GetAuthCodeServlet")
public class GetAuthCodeServlet extends HttpServlet {
    private static final long serialVersionUID =1L;
    public GetAuthCodeServlet() {
        super();
    }
    protected void doGet(HttpServletRequest request, HttpServletResponse
    response) throws ServletException, IOException {
        String authCode =AuthCode.getAuthCode();
        request.getSession().setAttribute("authCode", authCode);
                                                //将验证码保存到 session 中,便于以后验证
        try {
            ImageIO.write(AuthCode.getAuthImg(authCode), "JPEG", response.
            getOutputStream());                 //发送图片
        } catch (IOException e){
            e.printStackTrace();
        }
    }
    protected void doPost(HttpServletRequest request, HttpServletResponse
    response) throws ServletException, IOException {
        doGet(request, response);
    }
}
```

代码清单 7-18　带验证码的登录页面(adminlogin.jsp)

代码

```
<%@ page language="java" contentType="text/html; charset=UTF-8" pageEncoding=
"UTF-8"%>
<%@ page import="com.geotest.*" %>
<!DOCTYPE html PUBLIC "-//W3C//DTD HTML 4.01 Transitional//EN" "http://www.w3.
org/TR/html4/loose.dtd">
<html>
    <head>
        <meta http-equiv="Content-Type" content="text/html; charset=UTF-8">
        <title>用户登录</title>
        <style>
            tr,td{height:30px;vertical-align:center;text-align:left}
```

```
            .normalInput{width:200px;}
            .shortInput{width:100px;padding-right:10px;}
        </style>
    </head>
    <body>
        <div align="center">
            <form action="LoginServlet" method="post">
                <table>
                    <tr>
                        <td>用户</td>
                        <td colspan="2"><input type="text" name="userName" class
                        ="normalInput"/></td>
                    </tr>
                    <tr>
                        <td >密码：</td>
                        <td colspan="2"><input type="password" name="passWord"
                        class="normalInput" /></td>
                    </tr>
                    <tr>
                        <td>验证码：</td>
                        < td > < input  type =" text "  name =" inputCode "  class ="
                        shortInput"></td>
                        <td><img src="GetAuthCodeServlet" id="authImg"/></td>
                    </tr>
                    <tr>
                        <td></td><td><input type="submit" value="登录" /></td>
                        <td><input type="reset" value="重置"/></td>
                    </tr>
                </table>
            </form>
        </div>
    </body>
</html>
```

运行结果如图 7.16 所示。

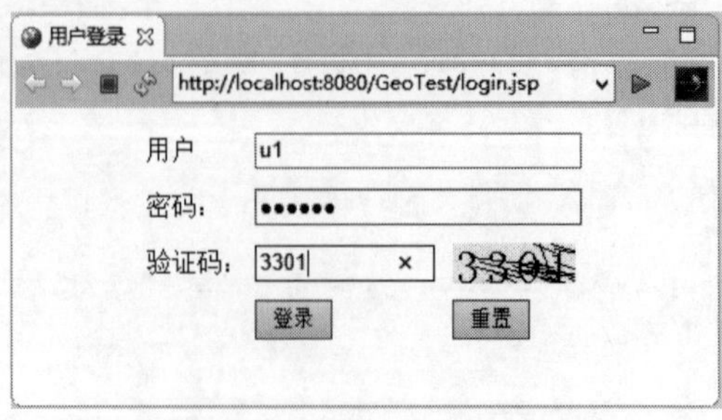

图 7.16　带验证码的登录页面

代码清单 7-19　登录处理 Servlet(LoginServlet.java)

```
package com.geotest;
import java.io.IOException;
import java.sql.*;
import javax.servlet.RequestDispatcher;
import javax.servlet.ServletException;
import javax.servlet.annotation.WebServlet;
import javax.servlet.http.*;
@WebServlet("/LoginServlet")
public class LoginServlet extends HttpServlet {
    private static final long serialVersionUID =1L;
    public LoginServlet() {
        super();
    }
    protected void doGet(HttpServletRequest request, HttpServletResponse
    response) throws ServletException, IOException {
        String userName=request.getParameter("userName");
        String passWord=request.getParameter("passWord");
        String inputCode=request.getParameter("inputCode");
        HttpSession session=request.getSession();
        String code=(String)session.getAttribute("authCode");
        if(userName==null||userName.trim().length()==0|| passWord==null||
        passWord.trim().length()==0||
            inputCode==null||inputCode.trim().length()==0 ||code==null||code.
            trim().length()==0){
            response.sendRedirect("adminlogin.jsp");
        }else if(!code.equals(inputCode)){
            response.sendRedirect("adminlogin.jsp");
        }else{
            Connection con=null;
            PreparedStatement pstmt=null;
            ResultSet rs=null;
            try{
                con=DBConnection.getConnection();
                String sql="select * from users where userName=? and passWord=?";
                pstmt=con.prepareStatement(sql);
                pstmt.setString(1,userName);
                pstmt.setString(2,passWord);
                rs=pstmt.executeQuery();
                if(rs.next()){
                    session.setAttribute("userName", userName);
                    RequestDispatcher dispatcher=request.getRequestDispatcher("
                    admin.jsp");
                    dispatcher.forward(request, response);
```

```
                }
                else{
                    response.sendRedirect("adminlogin.jsp");
                }
            }catch(SQLException e){
                e.printStackTrace();
            }finally{
                DBConnection.free(con, null, rs);
            }
        }
    }
    protected void doPost(HttpServletRequest request, HttpServletResponse response)
    throws ServletException, IOException {
        doGet(request, response);
    }
}
```

实 验 7

实验目的

- 掌握 Servlet 的工作原理、生命周期和在 Web 应用中的作用。
- 掌握 Filter 的工作原理及在 Web 应用中所起的作用。
- 掌握 Servlet 的创建方法和参数设置方法。
- 运用 Servlet 和 Filter 进行 Web 程序设计。

实验内容

(1) 编写一个 Servlet 类计算圆面积。

inputRadius.jsp 代码如下:

```
<%@ page language="java" contentType="text/html; charset=UTF-8" pageEncoding=
"UTF-8"%>
<!DOCTYPE html PUBLIC "-//W3C//DTD HTML 4.01 Transitional//EN" "http://www.w3.
org/TR/html4/loose.dtd">
<html>
    <head>
    <meta http-equiv="Content-Type" content="text/html; charset=UTF-8">
    <title>Insert title here</title>
    </head>
    <body>
        <form action="CalCircle" method="post">
            <p>输入半径:<input type="text" name="radius" ></p>
            <input type="submit" value="提交"/>
        </form>
```

```
    </body>
</html>
```

利用向导创建一个 Servlet 类 CalCircle.java，读取输入的半径，计算圆面积。

CalCircle.java 代码如下：

```
package com.geotest;
import java.io.*;
import javax.servlet.*;
import javax.servlet.annotation.WebServlet;
import javax.servlet.http.*;
@WebServlet("/CalCircle ")
public class CalCircle extends HttpServlet {
    public CalCircle() {
        super();
    }
    protected void doPost(HttpServletRequest request, HttpServletResponse
    response) throws ServletException, IOException {
        String strRadius=request.getParameter("radius");
        double r=0;
        if(strRadius==null){
            strRadius="0";
        }
        try{
            r=Double.parseDouble(strRadius);
        }catch(NumberFormatException e){
            e.printStackTrace();
        }
        response.setCharacterEncoding("UTF-8");
        PrintWriter out=response.getWriter();
        out.print("<html><head></head><body>");
        out.print("面积是: "+3.14159*r*r);
        out.print("</body></html>");
    }
}
```

（2）调试代码清单 7-8 和代码清单 7-9。

（3）调试代码清单 7-13 和代码清单 7-15。

习　题　7

一、选择题

1. 下面对 Servlet 和 JSP 的描述错误的是（　　）。

   A. Servlet 可以同其他资源交互，例如文件、数据库

   B. Servlet 可以调用另一个或一系列 Servlet

C. 服务器将动态内容发送至客户端

D. Servlet 在表示层的实现上存在优势

2. 当访问一个 Servlet 时,Servlet 中的(　　)方法先被执行。

A. destroy　　B. doGet　　C. service　　D. init

3. Servlet 的(　　)方法在载入时执行,且只执行一次,负责对 Servlet 进行初始化。

A. service　　B. init　　C. doPost　　D. destroy

4. 下面对 Servlet 的描述错误的是(　　)。

A. Servlet 是一个特殊的 Java 类,它必须直接或间接实现 Servlet 接口

B. Servlet 接口定义了 Servlet 的生命周期方法

C. 当多个客户请求一个 Servlet 时,服务器为每一个客户启动一个进程

D. Servlet 客户线程调用 service()方法响应客户的请求

5. 假设在 myServlet 应用中有一个 MyServlet 类,在 web.xml 文件中对其进行如下配置:

```
<servlet>
    <servlet-name>myservlet1 </servlet-name>
    <servlet-class>MyServlet </servlet-class>
</servlet>
<servlet-mapping>
    <servlet-name>myservlet1 </servlet-name>
    <url-pattern>/welcome </url-pattern>
</servlet-mapping>
```

则以下选项中可以访问到 myServlet1 的是(　　)。

A. http://localhost:8080/myServlet1

B. http://localhost:8080/welcome

C. http://localhost:8080/myServlet1/myServlet1

D. http://localhost:8080/myservlet1/welcome

6. 下面对部署 Servlet 的描述错误的是(　　)。

A. 必须为 Tomcat 编写一个部署文件

B. 部署文件名为 web.xml

C. 部署文件在 Web 服务目录的 WEB-INF 子目录中

D. 部署文件名为 server.xml

7. 下面是一个 Servlet 部署文件的片段:

```
<servlet>
    <servlet-name>Hello</servlet-name>
    <servlet-class>myservlet.example.FirstServlet</servlet-class>
</servlet>
<servlet-mapping>
    <servlet-name>Hello</servlet-name>
    <url-pattern>/helpHello</url-pattern>
</servlet-mapping>
```

Servlet 的类名是(　　)。

A. FirstServlet　　B. Hello　　C. helpHello　　D. /helpHello

8. 下面(　　)不在 Servlet 的工作过程中。

A. 服务器将请求信息发送至 Servlet

B. 客户端运行 Applet

C. Servlet 生成响应内容并将其传给服务器

D. 服务器将动态内容发送至客户端

9. 下面(　　)方法当服务器关闭时被调用,用来释放 Servlet 所占用的资源。

A. service　　B. init　　C. doPost　　D. destroy

10. Servlet 的(　　)方法用来为请求服务,在 Servlet 生命周期中,Servlet 每被请求一次,该方法就会被调用一次。

A. service　　B. init　　C. doPost　　D. destroy

11. 下面对于 ServletRequest 接口获取请求参数的方法的描述中,(　　)是正确的。

A. getParameter()方法只用于接收 POST 请求参数,接收 GET 请求参数需要使用 getQueryString()方法

B. 如果一个参数 key 有多个值,那么 getParameter(key)方法会返回空

C. 如果一个参数 key 有多个值,那么 getParameterValues(key)方法会返回一个包含所有值的字符串数组

D. getParameter()方法返回 Object 对象,使用前要强制类型转换,如 String str=(String) request.getParameter(key)

12. 下列(　　)不是 Servlet 中使用的方法。

A. doGet　　B. doPost　　C. service　　D. close

13. Servlet 获得初始化参数的对象是(　　)。

A. Request　　B. Response　　C. ServletConfig　　D. ServletContext

14. 在 Java Web 中,Servlet 从实例化到消亡是一个生命周期。下列描述正确的是(　　)。

A. init 方法是包容器调用的 Servlet 实例的第一个方法

B. 在典型的 Servlet 生命周期模型中,每次 Web 请求都会创建一个 Servlet 实例,请求结束时 Servlet 就会消亡

C. 在包容器把请求传送给 Servlet 之后,和在调用 Servlet 实例的 doGet()或 doPost()方法之前,它不会调用 Servlet 实例的其他方法

D. 在 Servlet 实例消亡之前,容器调用 Servlet 实例的 close()方法

15. 下面对 Servlet 和 JSP 的描述错误的是(　　)。

A. HTML、Java 和脚本语言混合在一起的程序可读性较差,维护起来较困难

B. JSP 技术是在 Servlet 之后产生的,它以 Servlet 为核心技术,是 Servlet 技术的一个成功应用

C. 当 JSP 页面被请求时,它会被 JSP 引擎翻译成 Servlet 字节码执行

D. 一般用 JSP 来处理业务逻辑,用 Servlet 来实现页面显示

16. 包含 Servlet 发回到客户端的信息的 ServletResponse 对象是由(　　)创建的。

A. 客户端的浏览器　　B. Web 服务器的 HTTP 引擎

C. Web服务器的Servlet容器　　　　D. Servlet对象

17. 给定某Servlet的代码如下：

```
Public class Servlet1 extends HttpServlet{
    Public void init() throws ServletException{
    }
    Public void service (HttpServletRequest request, HttpServletResponse
    response)
            Throws ServletException,IOException{
        PrintWriter out =response.getWriter();
        out.println("hello!");
    }
}
```

编译运行该文件,以下陈述中正确的是(　　)。

A. 编译该文件时会提示缺少doGet()或doPost()方法,编译不能成功通过

B. 编译后,把Servlet1.class放在正确位置,运行该Servlet,在浏览器中会看到输出文字“hello!”

C. 编译后,把Servlet1.class放在正确位置,运行该Servlet,在浏览器中看不到任何输出的文字

D. 编译后,把Servlet1.class放在正确位置,运行该Servlet,在浏览器中会看到运行期错误信息

18. 在Servlet中,能正确获取session的语句是(　　)。

A. HttpSession session = request.getSession(true);

B. HttpSession session = request.getHttpSession(true);

C. HttpSession session = response.getSession(true);

D. HttpSession session = response. getHttpSession (true);

19. 给定一个Servlet的代码片段如下：

```
Public void doGet(HttpServletRequest request, HttpServletResponse response)
throws ServletException, IOException{
    ________//横线处需要填写代码
    out.println("hi kitty!");
    out.close();
}
```

运行此Servlet时输出如下：

```
hi kitty!
```

则应在此Servlet代码中的画横线处填入(　　)。

A. PrintWriter out = response.getWriter();

B. PrintWriter out = request.getWriter();

C. OutputStream out = response.getOutputStream();

D. OutputStream out = request.getWriter();

二、填空题

1. javax.servlet.Servlet 接口定义了 3 个用于 Servlet 生命周期的方法，它们是 init()、________、destroy()。

2. 用户可以有多种方式请求 Servlet，如________直接调用、页面表单中提交调用、超级连接调用、Servlet 调用等。

3. Servlet 中使用 session 对象的步骤为：调用________得到 session 对象，查看 session 对象，在会话中保存数据。

4. 一般编写一个 Servlet 就是编写一个________的子类，该类实现响应用户的 POST、GET、PUT 等请求的方法，这些方法是 doPost()、doGet()和 doPut()等 doXxx()方法。

5. Servlet 运行于________端，与处于客户端的 Applet 相对应。

6. 当 Server 关闭时，Servlet 就被________。

7. Serlvet 接口只定义了一个服务方法，就是________。

8. JSP 页面经过编译之后，将创建一个________。

三、判断题

1. Servlet 的部署文件是一个 xml 文件，文件名为 web.xml，它保存在 Web 服务目录的 WEB-INF 子目录中。 ( )

2. 不能给一个 Servlet 映射多个访问路径。 ( )

3. 一个 Servlet 实例只能被初始化一次。 ( )

4. Servlet 与普通 Java 应用程序一样，要有 main()方法。 ( )

5. doGet()和 doPost()方法分别处理客户端 GET 和 POST 方法发送的请求。 ( )

6. 用户开发一个 Servlet 时，必须直接或间接实现 Servlet 接口所定义的方法。 ( )

7. 如果一个 Sevlet 有多个 Filter，则优先级最高的 Filter 先执行。 ( )

8. 当多个客户请求一个 Servlet 时，服务器为每一个客户启动一个进程而不是启动一个线程。 ( )

9. JSP 能够实现的功能均可由 Servlet 实现。 ( )

10. JSP 技术是在 Servlet 之后产生的，它以 Servlet 为核心技术，是 Servlet 技术的一个成功应用。 ( )

11. Servlet 程序的入口点是 service()方法。 ( )

12. HttpSession API 是一个基于 Cookie 或 URL 重写机制的高级会话管理接口。如果浏览器支持 Cookie，则使用 Cookie；如果不支持 Cookie，则自动采用 URL 重写。 ( )

13. 在 Servlet 中读取 HTTP 头信息非常容易，只需要调用 HttpServletRequest 的 getHeader()等方法即可。 ( )

14. 客户机与 Servlet 间可以直接交互。 ( )

15. 当用户请求一个 Servlet 时，服务器都会创建 Servlet 实例响应用户请求。 ( )

16. Servlet 是使用 Java Servlet API 所定义的相关类和方法的 Java 程序，它运行在启用 Java 的 Web 服务器或应用服务器端，用于扩展该服务器的能力。 ( )

四、程序设计题

1. 创建一个 Servlet，要求通过在浏览器地址栏中访问该 Servlet 后，输出一个 1 行 1 列的表格，表格内容为"Hello World!"。要求写出相应的 Servlet 类文件。

2. 编写一个简单的 Servlet 程序,通过 Servlet 向浏览器输出文本信息"Servlet 简单应用"。要求写出相应的 Servlet 类及配置文件。其中,该 Servlet 的类名为 print,对象名为 MyServlet,urlpatterns 值为/textServlet。

3. 编写一个 Servlet 类 VerificationCode.java,实现生成验证码功能。

要求:

(1) 验证码只使用 0～9 这 10 个数字。

(2) 验证码以 4 位数字构成的字符串方式输出到浏览器页面。

(3) 对 GET 和 POST 请求都可以响应。

(4) Servlet 置于 pkg 包中。

说明:

(1) 不需要写出 Servlet 的配置信息。

(2) Math.random 方法可以生成 0～1 之间的随机实数。

CHAPTER 第 8 章 MVC 架构

Servlet 擅长数据处理,如读取并检查数据、访问数据库、完成业务逻辑等。JSP 擅长表示,即构建 HTML 来表示请求的结果。本章阐述如何组合使用 Servlet 和 JSP 页面来解决问题,充分利用每项技术的优点。

8.1 什么是 MVC

视频

Servlet 非常适合需要大量编程的任务。它能够操作 HTTP 状态代码和报头,使用 Cookie,跟踪会话,访问数据库,实时生成 JPEG 图像,以及完成许多其他灵活高效的任务。但是,用 Servlet 生成 HTML 的代码十分冗长,且难以修改。

JSP 可以将大部分的表示内容从动态内容中分离出来。通过 JSP,可以编写 HTML,Web 内容的开发人员可以直接处理 JSP 文档。通过 JSP 表达式、脚本和声明,可以向 JSP 页面中插入简单的 Java 代码。通过 JSP 指令,可以控制页面的总体布局。对于更复杂的需求,可以将 Java 代码封装在 bean 中,甚至定义自己的 JSP 标签。

完全使用 JSP 开发或使用 JSP+JavaBean 开发称为模型 1(Model 1)。总的来说,模型 1 适合于小型程序或复杂程度低的程序的开发。模型 1 最大的优点是开发速度快,然而,由于脚本和 HTML 标记混合在一起,因此后期维护成本大。

虽然脚本表达式、JavaBean 和自定义标签极为灵活,但是仍然无法改变 JSP 页面只能定义相对固定的高级页面外观这个局限。另外,JSP 在处理业务逻辑方面功能比较薄弱。解决这些问题的方案是既使用 Servlet,也使用 JSP 页面,这样可使每项技术都充分发挥各自的长处。

这种方式称为模型-视图-控制器(Model-View-Controller,MVC)或模型 2(Model 2)架构。“架构”含有“系统总体设计”之意。

MVC 不是一种程序语言,严格来说也不算是一种技术,而是一种开发架构(框架),一种开发观念或一种存在已久的设计样式。开发软件时,经常变化的需求对软件质量和可维护性具有很强的冲击。MVC 是一种能够有效降低变化所带来的冲击的解决方案。MVC 最早在 1979 年由 Trygve Reenskaug 提出,主要目的就在于简化软件开发的复杂度。

MVC 将软件开发过程大致分成 3 个主要单元,分别为模型、视图和控制器(参见图 8.1)。

- 模型负责定义数据格式与数据访问的接口,包括业务逻辑和数据验证,一般是以 JavaBean 定义的。

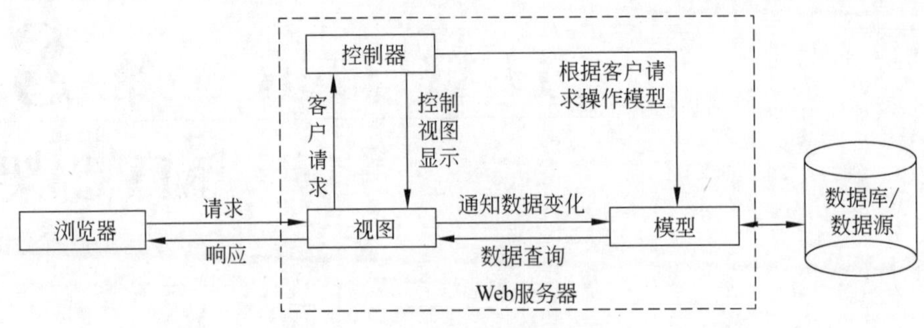

图 8.1 MVC 模型组件间的关系

- 视图负责用户接口的相关设计,包括输入和输出。
- 控制器负责控制系统运行的流程、操作逻辑、错误处理等。

初始的请求由 Servlet 来处理。Servlet 调用业务逻辑和数据处理代码并创建 JavaBean 来表示相应的结果(即模型)。然后,Servlet 确定哪个 JSP 页面适合表达这些特定的结果,并将请求转发到相应的页面(JSP 页面称为视图)。由 Servlet 确定哪个业务逻辑适用,应该用哪个 JSP 页面表达结果(Servlet 就是控制器)。

使用 MVC 方案可以将创建和操作数据的代码与表达数据的代码相分离。Servlet API 中提供了表示层分离的标准方法。在十分复杂的应用中,使用一些流行的框架(如 Apache Struts、Spring)有时会更有利。对于简单和中等复杂的应用,使用 RequestDispatcher 从零开始实现 MVC 更为直观和灵活。即使以后使用其他 MVC 框架,大部分工作也适用。

视频

8.2 用 RequestDispatcher 实现 MVC

实现 MVC 的步骤如下:

(1) 定义 JavaBean 来表示数据。

JavaBean 是遵循几项简单约定的 Java 对象。第一步是定义 JavaBean 来表示需要显示给用户的结果。

(2) 使用 Servlet 处理请求。

大多数情况下,由 Servlet 读取请求参数,如第 7 章所述。

(3) 填写 JavaBean。

Servlet 调用商业逻辑(与应用相关的代码)或数据访问代码获得最后的结果,然后将结果放置在第(1)步定义的 JavaBean 中。

(4) 将 JavaBean 存储到请求、会话或 Servlet 的上下文中。

Servlet 调用请求、会话或 Servlet 上下文对象的 setAtrribute()方法,存储表示请求结果的 JavaBean 的引用。

(5) 将请求转发到 JSP 页面。

Servlet 确定哪个 JSP 页面适用于当前的情形,并使用 RequestDispatcher 的 forward()方法将控制转移到那个页面。

(6) 从 JavaBean 中提取数据。

JSP 页面使用<jsp:useBean>以及与第(4)步中的位置相匹配的作用域访问 JavaBean。之后,JSP 页面使用<jsp:getProperty>输出 JavaBean 的属性。JSP 页面并不创建或修改 JavaBean,而只是提取和显示由 Servlet 创建的数据。

8.2.1 定义 JavaBean 来表示数据

JavaBean 是遵循简单约定的 Java 对象。在 MVC 模式中,由于是 Servlet 或其他 Java 例程(不会是 JSP 页面)创建 JavaBean,因此不再需要空(零参数)构造方法。所以,对象只需要遵循正常的推荐准则:实例变量私有,使用遵循 get 和 set 命名约定的访问方法。

由于 JSP 页面只访问 JavaBean,不需要创建或修改,因此通常只在 JavaBean 中定义变量来表示结果,只有很少甚至根本没有任何其他功能,例如第 6 章定义的 Question 类。

代码清单 8-1 定义了一个 JavaBean 类。

代码清单 8-1 JavaBean 类(Question.java)

代码

```
package com.geotest;
public class QuestionClass {
    private String questionId;
    private int questionClass;
    private String questionContent;
    private String questionAnswer;
    public Question(){
    }
    public Question(String questionId,int questionClass,String questionContent,
        String questionAnswer){
        this.questionId =questionId;
        this.questionClass =questionClass;
        this.questionContent =questionContent;
        this.questionAnswer =questionAnswer;
    }
    …                   //set()方法和 get()方法略
}
```

8.2.2 编写 Servlet 处理请求

由于在 MVC 模式中由 Servlet 负责处理初始的请求,因此可以使用前面介绍的正常方法接收用户提交的请求数据。Servlet 并不创建任何输出,输出由 JSP 页面来完成。因此,Servlet 中不会出现 response.setContentType、response.getWriter 或 out.println。

代码清单 8-2 为一个 Servlet 类。

代码清单 8-2 Servlet 类(QuestionControllerServlet.java)

代码

```
String uri =request.getRequestURI();
int lastIndex =uri.lastIndexOf("/");
String action =uri.substring(lastIndex+1);
```

```
String questionId=request.getParameter("questionId");
```

除了在 Servlet 中使用 request.getParameter()方法接收客户端用户提交的数据外，Servlet 负责处理的初始请求还可以包括用户在地址栏中输入的地址，例如：

http://localhost:8080/GeoTest/QuestionEdit

http://localhost:8080/GeoTest/QuestionList

像 Filter 一样，Servlet 也可以使用多个 url-pattern 将一个 Servlet 映射成多个地址，或者使用注解列出多个地址列表。上述代码能够识别出具体由哪一个地址(是 QuestionEdit 还是 QuestionList)调用了 Servlet。

8.2.3 填写 JavaBean

读取了表单参数之后，根据它们来确定请求的结果。结果完全与具体的应用相关。可以调用某种业务逻辑代码、调用其他 JavaBean 组件或者查询数据库。不管对数据进行怎样的处理，都需要用这些数据来填写只包含变量的 JavaBean 对象，如代码清单 8-3 所示。

代码

代码清单 8-3 Servlet 类(QuestionControllerServlet.java)

```
Question question=new Question();
question.setQuestionId(request.getParameter("questionId"));
try{
    question.setQuestionClass(Integer.parseInt(request.getParameter
        ("questionClass")));
}catch(Exception e){
}
question.setQuestionContent(request.getParameter("questionContent"));
question.setQuestionAnswer(request.getParameter("questionAnswer"));
QuestionBank qb=new QuestionBank();
int resultCode=qb.addQuestion(question);
```

8.2.4 结果的存储

Servlet 可以在 3 个位置存储 JSP 页面所需的数据，分别是 HttpServletRequest、HttpSession 和 ServletContext。这些存储位置对应<jsp:useBean>的 scope 属性的 3 种非默认值，即 request、session 和 application。

- 存储仅由 JSP 页面在当前请求中使用的数据。

```
request.setAttribute("key",value);
```

- 存储当前请求及同一客户的后续请求中由 JSP 页面使用的数据。

```
HttpSession session=request.getSession() ;
session.setAttribute("key",value);
```

- 存储当前请求及任一客户的后续请求中由 JSP 页面使用的数据。

```
getServletContext().setAttribu te("key",value);
```

8.2.5　转发请求到 JSP 页面

转发请求使用 RequestDispatcher 的 forward()方法。RequestDispatcher 的获取需要调用 ServletRequest 的 getRequestDispatcher()方法并提供相对地址。可以指定 WEB-INF 目录中的地址；虽然 WEB-INF 中的文件不允许客户直接访问，但服务器可以将控制转移到那里。使用 WEB-INF 中的位置可以阻止客户无意中直接访问 JSP 页面(没有经过可以创建 JSP 所需数据的 Servlet)。

如果 JSP 页面只在由 Servlet 生成的数据的上下文中才有意义，则可以将页面放在 WEB-INF 目录中。这样，Servlet 可以将请求转发到该页面，但客户不能直接访问它们。

8.2.6　从 JavaBean 中提取数据

请求到达 JSP 页面之后，JSP 页面使用<jsp:useBean>和<jsp:getProperty>或 EL 表达式提取数据。一般来说，这种方式与前面章节描述的方式完全相同，但有两处差异。

① JSP 页面从不创建对象。由 Servlet 而非 JSP 页面创建所有的数据对象。因而，为了保证 JSP 页面不会创建对象，应该使用

```
<jsp:useBean type="package.class" />
```

代替

```
<jsp:useBean class="package.class" />
```

② JSP 页面不应该修改对象。因此，只应该使用<jsp:getProperty>，不应该用到<jsp:setProperty>。

所指定的 scope 应该与 Servlet 使用的存储位置相匹配，例如下面 3 种形式分别用于基于请求、基于会话和基于应用的共享。

```
<jsp:useBean id="key" type="package.class" scope="request" />
<jsp:useBean id="key" type="package.class" scope="session" />
<jsp:useBean id="key" type=" package.class" scope="application" />
```

8.2.7　目的页面中相对 URL 的解释

Servlet 可以将请求转发给同一服务器上的任意位置，但其过程与使用 HttpServletResponse 的 sendRedirect()方法有以下几点不同：

- sendRedirect()需要客户连接到新的资源，由客户端发起新的请求，而 RequestDispatcher 的 forward()方法完全在服务器上进行处理。
- sendRedirect()不保留所有的请求数据，而 forward()保留。
- sendRedirect()产生不同的最终 URL，而使用 forward()时最初 Servlet 的 URL 保持不变。

如果目的页面使用图像和样式表的相对 URL，那么这些 URL 应该相对于 Servlet 的 URL 或服务器的根目录，不能相对于目的页面的实际位置。以下面的样式表项为例：

```
<link ref="stylesheet" href="my-styles.css" type="text/css" />
```

如果通过转发请求访问含有这个项目的 JSP 页面,那么,my-styles.css 将会按照相对于初始 Servlet 的 URL 进行解释,而不是相对于 JSP 页面自身的 URL,这将会导致错误。针对这个问题,最简单的解决方案是给出样式表文件在服务器上的完整路径,如下所示:

```
<link ref="stylesheet" href="/path/my-styles.css" type="text/css" />
```

另外,<img src=…/>和<a href=…/>中使用的地址也需要用相同的方式来处理。

视频

8.2.8 控制器示例

根据 MVC 模式,编写控制器 QuestionControllerServlet,完成对不同输入请求的控制。在前几章中,JSP 页面都放在网站根目录 WebContent 下。由于 WEB-INF 为安全目录,不能通过浏览器地址栏访问,因此为了安全起见,在 WebContent 目录下新建 jsp 目录,将 GeoQuestionList.jsp(重命名为 QuestionList.jsp)、QuestionEdit.jsp 移到该目录下。

1. 控制器程序

(1) 在项目管理器中,右击 com.geotest 类包,在弹出的快捷菜单中选择 New→Servlet 选项,弹出 Create Servlet 对话框,如图 8.2 所示。在 Class name 处输入 QuestionControllerServlet,超类选择默认的 javax.servlet.http.HttpServlet,单击 Next 按钮。

(2) 在 Servlet 部署描述指定信息对话框中单击 Edit 按钮,在 URL Mappings 对话框中将原来默认的 Pattern 地址修改为"/QuestionEdit",如图 8.3 所示,单击 OK 按钮。返回 Servlet 部署描述指定信息对话框后单击 Add 按钮,添加新的 URL 映射。在 URL Mappings 对话框的 Pattern 文本框中填写"/QuestionList",单击 OK 按钮,返回描述信息对话框后单击 Next 按钮。

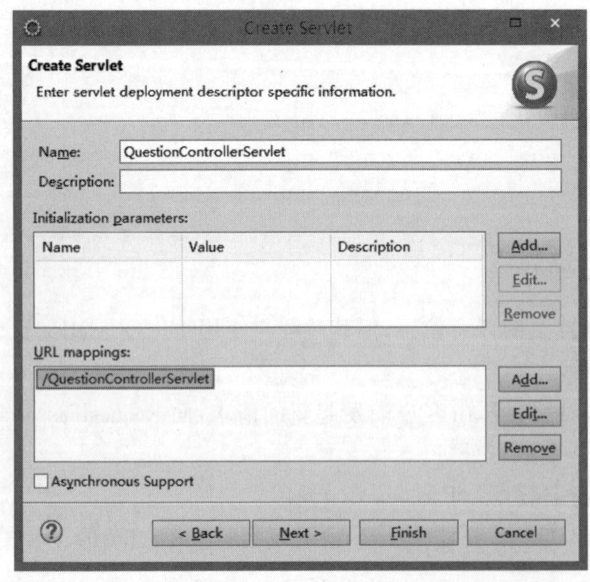

图 8.2 创建 Servlet

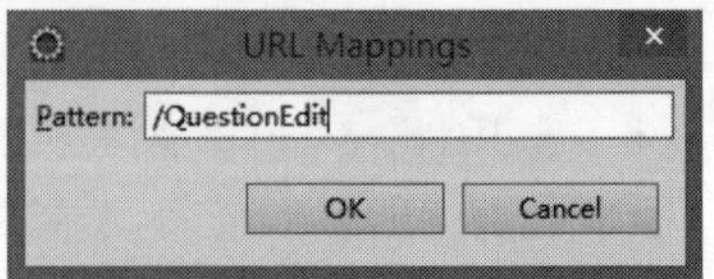

图 8.3 修改 URL 匹配模式

(3) 在指定 Servlet 模板方法对话框中取默认设置,选择从超类生成构造方法以及生成 doGet()和 doPost()方法,单击 Finish 按钮,利用 Servlet 模板生成 QuestionControllerServlet.

java 类(如代码清单 8-4 所示)。

(4) 在 doGet 方法中添加代码,实现控制功能。

代码清单 8-4　Servlet 类(QuestionControllerServlet.java)

代码

```
package com.geotest;
import java.io.IOException;
import javax.servlet.*;
import javax.servlet.annotation.WebServlet;
import javax.servlet.http.*;
@WebServlet({ "/QuestionList", "/QuestionEdit","/QuestionSearch" })
public class QuestionControllerServlet extends HttpServlet {
    public QuestionControllerServlet() {
    super();
    }
    protected void doGet(HttpServletRequest request, HttpServletResponse
    response) throws ServletException, IOException {
        String uri =request.getRequestURI();
        int lastIndex =uri.lastIndexOf("/");
        String action =uri.substring(lastIndex +1);
        String dispatchUrl =null;
        if ("QuestionList".equals(action)) {
            dispatchUrl ="/WEB-INF/jsp/QuestionList.jsp";  //没有具体处理内
                                                            //容,仅转发
        } else if ("QuestionEdit".equals(action)) {
            String questionId=request.getParameter("questionId");
            if(questionId!=null){
                Question question=new Question();
                question.setQuestionId(questionId);
                try{
                    question.setQuestionClass(Integer.parseInt(request.getParameter
                    ("questionClass")));
                }catch(Exception e){
                }
                question.setQuestionContent(request.getParameter("questionContent"));
                question.setQuestionAnswer(request.getParameter("questionAnswer"));
                QuestionBank qb=new QuestionBank();   //参见第 6 章中 QuestionBank
                                                      //的定义
                int resultCode=qb.addQuestion(question);
                String message="<script>alert('插入记录成功')</script>";
                if(resultCode<1)
                message="<script>alert('插入记录失败')</script>";
                request.setAttribute("message", message);
            }
            dispatchUrl ="/WEB-INF/jsp/QuestionEdit.jsp";
        }else if ("QuestionSearch".equals(action)) {
            String questionId=request.getParameter("questionId");
```

```
            if(questionId!=null){
                QuestionBank qb=new QuestionBank();
                Question question=qb.getQuestion(questionId);
                request.setAttribute("question", question);
            }
            dispatchUrl ="/WEB-INF/jsp/QuestionSearch.jsp";
        }
        if (dispatchUrl !=null) {
            RequestDispatcher rd =request.getRequestDispatcher(dispatchUrl);
            rd.forward(request, response);
        }
    }
    protected void doPost(HttpServletRequest request, HttpServletResponse
    response) throws ServletException, IOException {
        doGet(request, response);
    }
}
```

其中,QuestionList.jsp 和 QuestionEdit.jsp 为前面设计的页面。Servlet 实现的控制器 QuestionControllerServlet 映射为两个不同的 URL 地址,当输入不同地址时,控制器根据不同输入请求跳转到不同页面。结果如图 8.4 和图 8.5 所示,地址栏中的地址并不是实际 JSP 页面文件的地址。

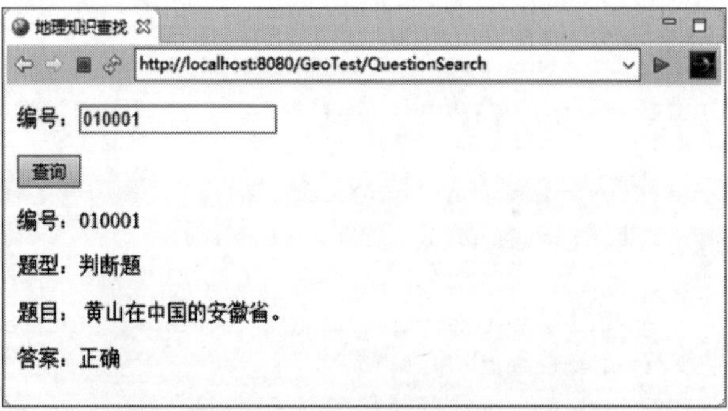

图 8.4　查找页面(通过 QuestionList 访问)

图 8.5　编辑页面(通过 QuestionEdit 访问)

2. 按 MVC 思想修改 JSP 页面

视频

前面章节设计的 GeoQuestionList.jsp 并不符合 MVC 的设计思想。页面显示的表格是由 JavaBean 生成的，而不是在页面中定义的。按照 MVC 的设计思想，显示功能应该由 JSP 页面完成，Servlet 调用 JavaBean 提供的方法后，需要将数据存储起来供 JSP 页面调用。下面对分页列表页面相关类做符合 MVC 模式的相应修改(如代码清单 8-5 所示)。

代码清单 8-5 分页列表类(RecordList.java)

代码

```
package com.geotest;
import java.sql.*;
public class RecordList {
    private int currentPage=1;                //当前页
    private int pageCount=1;                  //总页数
    private int pageSize=10;                  //每页记录个数
    private int rowCount=0;                   //记录数
    public ArrayList<Question>getRecordListPage(){
        ArrayList<Question>arrayQuestion=new ArrayList<Question>();
        Connection con=null;
        Statement sta=null;
        ResultSet rs=null;
        try{
            String sql =" select  *  from questions limit " + String.valueOf
            (currentPage * pageSize)+","+String.valueOf(pageSize);
            con=DBConnection.getConnection();
            sta=con.createStatement();
            rs=sta.executeQuery(sql);
            while(rs.next()){
                Question question=new Question();
                question.setQuestionId(rs.getString("questionId"));
                question.setQuestionClass(rs.getInt("questionClass"));
                question.setQuestionContent(rs.getString("questionContent"));
                question.setQuestionAnswer(rs.getString("questionAnswer"));
                arrayQuestion.add(question);
            }
        }catch(SQLException e){
            e.printStackTrace();
        }finally{
            DBConnection.free(con, sta, rs);
        }
        return arrayQuestion;
    }
    public void setCurrentPage(int n){
        currentPage=n-1;
    }
    public void setPageSize(int n){
```

```
        pageSize=n;
    }
    public void getRowCount(){                    //获取表中的总记录个数
        String sql="select count(*) as cnt from questions";
        Connection con=null;
        Statement sta=null;
        ResultSet rs=null;
        try{
            con=DBConnection.getConnection();
            sta=con.createStatement();
            rs=sta.executeQuery(sql);
            if(rs.next()){
                rowCount=rs.getInt("cnt");
            }
        }catch(SQLException e){
            e.printStackTrace();
        }finally{
            DBConnection.free(con, sta, rs);
        }
    }
    public String getPageButton(){                //生成分页导航按钮
        StringBuffer sb=new StringBuffer();
        if(rowCount==0)
            getRowCount();
        pageCount=(int)Math.ceil(rowCount/(double)pageSize);
        int maxPageNumber=5;                      //最大显示页码按钮数量
        if(pageCount<maxPageNumber)
            maxPageNumber=pageCount;
        int pstart=1;
        if(currentPage>2&& currentPage<pageCount)
            pstart=currentPage-2;                 //动态修改起始页码
        if(pstart>pageCount-maxPageNumber+1)
            pstart=pageCount-maxPageNumber+1;
        sb.append("<form action=\"\" method=\"post\">");
        sb.append("总页数:"+String.valueOf(pageCount)+" ");
        for(int i=pstart;i<pstart+maxPageNumber;i++){
            if(i==currentPage+1)
                sb.append("<input type=\"submit\" name=\"currentPage\" value=\""
                +String.valueOf(i)+"\" style='color:red;margin:5px;' />");
            else
                sb.append("<input type=\"submit\" name=\"currentPage\" value=\""
                +String.valueOf(i)+"\" style='margin:5px;' />");
        }
        sb.append("当前页: <input type='text' name='currentPage' value=\""+
        (currentPage+1)+"\" style='width: 32px' />  / "+String.valueOf
```

```
        (pageCount)+" <input type='submit' value='跳转'/>");
        sb.append("</form>");
        return sb.toString();
    }
}
```

由 Servlet 生成分页显示数据并存储，如代码清单 8-6 所示。

代码清单 8-6 Servlet 类(QuestionControllerServlet.java)

代码

```
...
if ("QuestionList".equals(action)) {
    dispatchUrl ="/WEB-INF/jsp/QuestionList.jsp";
    String currentPage=request.getParameter("currentPage");
    if(currentPage==null)
        currentPage="1";
    RecordList recordList=new RecordList();
    recordList.setCurrentPage(Integer.parseInt(currentPage));
    recordList.setPageSize(5);
    ArrayList<Question>array=recordList.getRecordListPage();
    request.setAttribute("geoQuestionList", recordList);
                                                //生成可供页面调用的 JavaBean
    request.setAttribute("questions", array);      //存储可供页面提取的数据
    dispatchUrl ="/WEB-INF/jsp/QuestionList.jsp";
} else if ("QuestionEdit".equals(action)) {
...
```

生成列表页面的代码如代码清单 8-7 所示。

代码清单 8-7 列表页面(QuestionList.jsp)

代码

```
<%@ page language="java" contentType="text/html; charset=UTF-8" pageEncoding=
"UTF-8"%>
<%@ page import="com.geotest.*,java.util.*" %>
<!DOCTYPE html PUBLIC "-//W3C//DTD HTML 4.01 Transitional//EN" "http://www.w3.
org/TR/html4/loose.dtd">
<html>
    <head>
        <meta http-equiv="Content-Type" content="text/html; charset=UTF-8">
        <title>地理知识列表</title>
    </head>
    <body>
        <table border="1" cellpadding="2" cellspacing="0">
            <tr><td>编号</td><td>题型</td><td>内容</td><td>答案</td></tr>
            <%
                ArrayList<Question>  questions=(ArrayList)request.getAttribute
                ("questions");
                for(int i=0;i<questions.size();i++){
                Question question=questions.get(i);
```

```
            %>
            <tr>
                <td><%=question.getQuestionId() %></td>
                <td><%=question.getQuestionClass() %></td>
                <td><%=question.getQuestionContent() %></td>
                <td><%=question.getQuestionAnswer() %></td>
            </tr>
            <%
            }
            %>
        </table>
        <jsp:useBean id="geoQuestionList" type="com.geotest.RecordList" scope=
        "request"/>
        <jsp:getProperty name="geoQuestionList" property="pageButton"/>
    </body>
</html>
```

运行结果如图 8.6 所示。

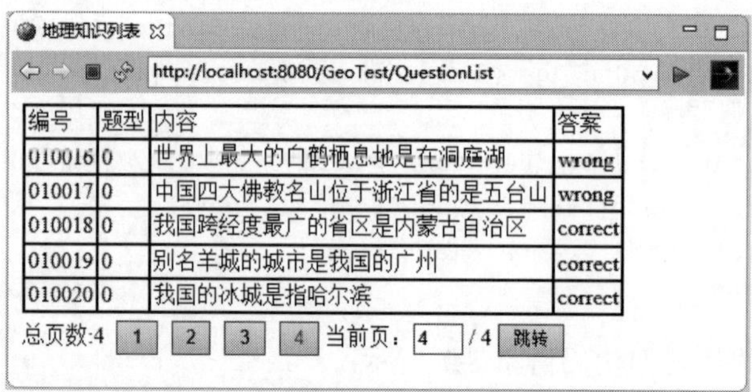

图 8.6　MVC 模式的分页列表

QuestionList.jsp 中仍然包括了一部分 Java 代码，可以使用第 9 章介绍的 JSTL 标签替换这些代码。

本章使用的示例中没有设置字符编码语句，字符编码处理统一由第 8 章设计的字符编码过滤器 EncodeFilter.java 完成。

代码清单 8-8 的功能是查找页面。

代码

代码清单 8-8　查找页面(QuestionSearch.jsp)

```
<%@page language="java" contentType="text/html; charset=UTF-8" pageEncoding=
"UTF-8"%>
<%@page import="com.geotest.*" %>
<!DOCTYPE html PUBLIC "-//W3C//DTD HTML 4.01 Transitional//EN" "http://www.w3.
org/TR/html4/loose.dtd">
<html>
    <head>
        <meta http-equiv="Content-Type" content="text/html; charset=UTF-8">
        <title>地理知识查找</title>
```

```
    </head>
    <body>
        <form action="QuestionSearch" method="post">
            <p>编号:<input type="text" name="questionId" value="${param
.questionId}"/></p>
            <p><input type="submit" value="查询" /></p>
        </form>
        <%if(request.getAttribute("question")!=null) {%>
        <p>编号:${question.questionId}</p>
        <p>题型:${question.questionClass=="0"? "判断题":"" }
        <p>题目:${question.questionContent}</p>
        <p>答案:${question.questionAnswer=="correct"? "正确":"错误"}</p>
        <%} %>
    </body>
</html>
```

查找页面使用 EL 表达式显示存储在 request 属性中的 Question 对象。

响应客户查找请求时的控制器(QuestionControllerServlet.java)、视图(QuestionSearch.jsp)、模型(Question.java)关系图如图 8.7 所示。

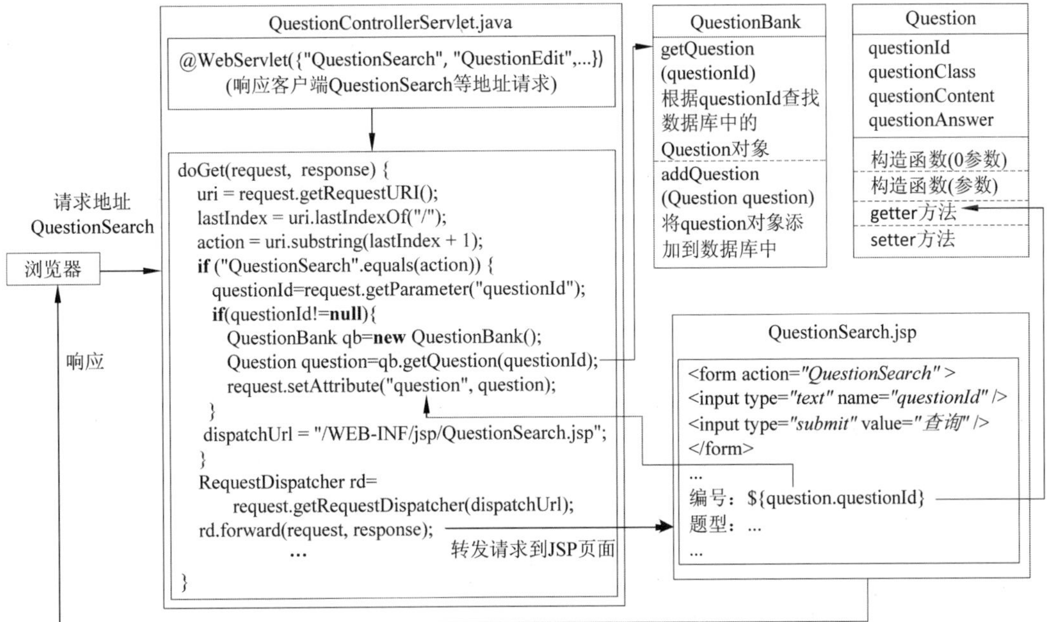

图 8.7 查找功能 MVC 的关系图

实 验 8

实验目的

- 掌握 JSP+JavaBean+Servlet 技术中每种方法的作用和相互关系。

- 掌握 MVC 的基本原理。
- 学会运用 MVC 模式进行 Web 应用程序设计。

实验内容

(1) 利用 MVC 模式设计页面求三角形面积。

① 模型(Model):Triangle.java 的代码如下。

```
package com.geotest;
public class Triangle {
    private double edgeA;
    private double edgeB;
    private double edgeC;
    public Triangle(double edgeA,double edgeB,double edgeC){
        this.edgeA=edgeA;
        this.edgeB=edgeB;
        this.edgeC=edgeC;
    }
    public double getEdgeA() {
        return edgeA;
    }
    public void setEdgeA(double edgeA) {
        this.edgeA =edgeA;
    }
    public double getEdgeB() {
        return edgeB;
    }
    public void setEdgeB(double edgeB) {
        this.edgeB =edgeB;
    }
    public double getEdgeC() {
        return edgeC;
    }
    public void setEdgeC(double edgeC) {
        this.edgeC =edgeC;
    }
    public boolean isTriangle(){
        if(edgeA+edgeB>edgeC&&edgeA+edgeC>edgeB&&edgeB+edgeC>edgeA)
            return true;
        else
            return false;
    }
    public double getArea(){
        double p=(edgeA+edgeB+edgeC)/2;
        return Math.sqrt(p*(p-edgeA)*(p-edgeB)*(p-edgeC));
    }
```

```
}
```

② 视图(View)：inputTriangle.jsp 的代码如下。

```
<%@ page language="java" contentType="text/html; charset=UTF-8" pageEncoding=
"UTF-8"%>
<!DOCTYPE html PUBLIC "-//W3C//DTD HTML 4.01 Transitional//EN" "http://www.w3.
org/TR/html4/loose.dtd">
<html>
    <head>
        <meta http-equiv="Content-Type" content="text/html; charset=UTF-8">
        <title>求三角形面积</title>
    </head>
    <body>
        <form action="CalTriangle" method="post" >
            <p>输入第一条边:<input type="text" name="edgeA" ></p>
            <p>输入第一条边:<input type="text" name="edgeB" ></p>
            <p>输入第一条边:<input type="text" name="edgeC" ></p>
            <p><input type="submit" value="计算"/></p>
        </form>
        ${message}
    </body>
</html>
```

③ 控制器(Controll)：CalTriangle.java 的代码如下。

```
package com.geotest;
import java.io.IOException;
import javax.servlet.ServletException;
import javax.servlet.annotation.WebServlet;
import javax.servlet.http.*;
@WebServlet("/CalTriangle")
public class CalTriangle extends HttpServlet {
    public CalTriangle() {
        super();
    }
    protected void doGet(HttpServletRequest request, HttpServletResponse
    response) throws ServletException, IOException {
        String edgeA=request.getParameter("edgeA");
        String edgeB=request.getParameter("edgeB");
        String edgeC=request.getParameter("edgeC");
        if(edgeA==null)edgeA="0";
        if(edgeB==null)edgeB="0";
        if(edgeC==null)edgeC="0";
        double d1=0,d2=0,d3=0;
        try{
            d1=Double.parseDouble(edgeA);
```

```
            d2=Double.parseDouble(edgeB);
            d3=Double.parseDouble(edgeC);
        }catch(NumberFormatException e){
            e.printStackTrace();
        }
        Triangle tri=new Triangle(d1,d2,d3);
        HttpSession session=request.getSession();
        if(!tri.isTriangle())
        session.setAttribute("message", "不构成三角形");
        else{
            session.setAttribute("message","面积为: "+tri.getArea());
        }
        response.sendRedirect("inputTriangle.jsp");
    }
    protected void doPost(HttpServletRequest request, HttpServletResponse
    response) throws ServletException, IOException {
        doGet(request, response);
    }
}
```

(2) 设计一个控制器,实现客户端请求由控制器处理(参考代码清单 8-4)。

(3) 调试代码清单 8-5 至代码清单 8-7。

习 题 8

一、选择题

1. 关于 MVC 架构的缺点,下列叙述中(　　)是不正确的。
   A. 提高了对开发人员的要求　　B. 代码复用率低
   C. 增加了文件管理的难度　　D. 产生较多的文件
2. 关于 JSP MVC 设计模式的优点,下列叙述中(　　)是不正确的。
   A. 模型具有较高的通用性　　B. Servlet 对象擅长控制
   C. 分离了视图层和业务层　　D. M、V、C 之间具有较低的耦合性
3. 关于 JSP+JavaBean 设计模式的缺点,下列叙述中(　　)是不正确的。
   A. 应用是基于过程的　　B. 业务逻辑和表示逻辑混合
   C. 软件维护和扩展困难　　D. 产生较多的文件
4. 阅读下面的代码片段:

```
JavaBeanClass bean=new JavaBeanClass(parameter);
HttpSession session=request.getSession(true);
session.setAttribute("keyword",bean);
```

   下列叙述中(　　)是正确的。
   A. 该段代码创建的是 request 周期的 JavaBean
   B. 该段代码创建的是 application 周期的 JavaBean

C. 该段代码创建的是 session 周期的 JavaBean

D. 该段代码创建的是 page 周期的 JavaBean

5. 在 JSP 网站开发的 MVC 模式中，模型层对象被编写为(　　)。

A. Applet　　B. JSP　　C. Servlet　　D. JavaBean

6. 在 MVC 设计模式体系结构中，(　　)是实现控制器的首选方案。

A. JavaBean　　B. Servlet　　C. JSP　　D. HTML

7. 在 MVC 体系架构中，承担显示层(View 层)功能的组件是(　　)。

A. JSP　　B. JavaBean　　C. Servlet　　D. JDBC

8. 阅读下面的代码片段：

```
JavaBeanClass bean=new JavaBeanClass(parameter);
getServletContext().setAttribute("keyword",bean);或者
application.setAttribute("keyword",bean);
```

对于该段代码创建的 JavaBean，下列叙述中(　　)是正确的。

A. 该段代码创建的是 request 周期的 JavaBean

B. 该段代码创建的是 application 周期的 JavaBean

C. 该段代码创建的是 session 周期的 JavaBean

D. 该段代码创建的是 page 周期的 JavaBean

9. 阅读下面的代码片段：

```
RequestDispatcher dispatcher=request.getRequestDispatcher("a.jsp");
dispatcher.forward(request,response);
```

关于该段代码的作用，下列叙述中(　　)是正确的。

A. 页面重定向到 a.jsp 页面　　B. 将请求转发到 a.jsp 页面

C. 从 a.jsp 定向到当前页面　　D. 从 a.jsp 转发到当前页面

10. 阅读下面的代码片段：

```
JavaBeanClass bean=new JavaBeanClass(parameter);
request.setAttribute("keyword",bean);
```

对于该段代码创建的 JavaBean，下列叙述中(　　)是正确的。

A. 该段代码创建的是 request 周期的 JavaBean

B. 该段代码创建的是 application 周期的 JavaBean

C. 该段代码创建的是 session 周期的 JavaBean

D. 该段代码创建的是 page 周期的 JavaBean

二、填空题

1. MVC 是三层开发结构，这 3 个字母中 M 代表________。

2. MVC 是三层开发结构，这 3 个字母中 C 代表________。

3. JSP 开发网站的常用模式为________+JavaBean+Servlet。

4. MVC 是三层开发结构，这 3 个字母中 V 代表________。

5. 在 MVC 三层开发结构中，________封装了数据和对数据的操作，是实际进行数据处理计算的地方。

6. 在 MVC 三层开发结构中，________负责视图和模型之间的交互，控制对用户输入的响应、响应方式和流程。

7. 在 MVC 三层开发结构中，________是应用和用户之间的接口，负责将应用显现给用户和显示模型的状态。

8. 控制器主要负责两方面的动作：把________分发到相应的模型；将模型的改变及时反映到视图上。

9. 在 Servlet 中，主要使用 HttpServletResponse 类的重定向方法________实现重定向，以及使用 RequestDispatcher 类的转发方法 forward()实现转发功能。

三、判断题

1. 转发的功能是将用户对当前 JSP 页面或 Servlet 的请求转发给另一个 JSP 页面或 Servlet。 ( )

2. 重定向只是将用户定向到其他的 JSP 页面或 Servlet，而不能将 request 对象转发给所指向的资源。 ( )

3. 重定向功能是将用户从当前页面或 Servlet 定向到另一个 JSP 页面或 Servlet。 ( )

4. 进行网站设计时经常会处理大量的数据，这些数据必须都放在 JSP 页面中。 ( )

5. 实现转发需要两个步骤，首先在 Servlet 中得到 RequestDispatcher 对象，然后调用该对象的 forward()方法实现转发。 ( )

6. 在 MVC 模式中，因为 Servlet 负责创建 JavaBean，所以 JavaBean 的构造函数可以带有参数，除了保留 get 和 set 规则外，还可以有其他功能的函数。 ( )

7. 在 MVC 模式的 Web 开发中，视图、模型和控制器分别对应着 JSP 页面、JavaBean 和 Servlet，以 Servlet 为核心。 ( )

8. Servlet 更适合作为表现层。 ( )

9. RequestDispatcher 的 forward()方法和 include()方法的区别是：forward()可以到另外一个 Web 应用的资源，而 include()只能到同一 Web 的另外一个资源。 ( )

四、程序设计题

1. 设计并实现下面的 Web 应用：有一个名为 inputNumber.jsp 的页面提供一个表单，用户可以通过表单输入两个数和运算符号提交给 Servlet 控制器；由名为 ComputerBean.java 生成的 JavaBean 负责存储运算数、运算符号和运算结果，由名为 handleComputer 的 Servlet 控制器负责运算，将结果存储到 JavaBean 中并负责请求 JSP 页面 lookResult.jsp 显示 JavaBean 中的数据。

2. 设计并实现下面的 Web 应用：有两个 JSP 页面，其中 inputData.jsp 页面接收用户输入的三角形三条边的值以及梯形的上底、下底和高的值，showResult.jsp 页面可以显示三角形和梯形的面积。设计一个名为 computerArea.java 的 Servlet 对象，负责计算三角形和梯形的面积，访问它的 url-pattern 为 lookArea，然后将有关数据存储到一个由 Area.java 生成的 JavaBean 中。

3. 设计一个 Web 应用，用户可以通过 JSP 页面输入一元二次方程的系数给一个 Servlet 控制器。控制器负责计算方程的根并将结果存储到数据模型中，然后请求 JSP 页面显示数据模型中的数据。

CHAPTER 第 9 章 标签库

如图 6.1 所示，在 JSP 页面内生成动态内容有许多方法：直接调用 Servlet 代码的脚本元素、间接调用 Servlet 代码的脚本元素（通过工具类）、JavaBean、Servlet/JSP 组合（MVC）、带有 JSP 表达式语言的 MVC、自定义标签。

前几个选项在前面已经介绍过，由于在 JSP 页面内部调试和维护 Java 代码比较困难，并且不易实现表现与代码相分离，因此本章介绍自定义标签和 JSP 标准标签库（JSP Standard Tag Library，JSTL）这两种替代 Java 代码和表达式脚本的技术。

9.1 标准标签库

JSTL 提供了许多有用的标签库，包括核心标签库（core）、国际化标签库（fmt）、XML 标签库（xml）、SQL 标签库（sql）、函数标签库（function），如表 9.1 所示。常用的 JSTL 标签库是 core 标签库，它包含的标签有 out、if、forEach、forTokens、choose、when、otherwise、set、remove、import、url、param、redirect 和 catch。

表 9.1　JSTL 标签库信息

名　　称	功　　能	URI	约定前缀
核心标签库	变量支持、流程控制、URL 处理等	http://java.sun.com/jsp/jstl/core	c
国际化标签库	本地化、信息和日期格式化	http://java.sun.com/jsp/jstl/fmt	fmt
XML 标签库	XML 解析、查询和转换	http://java.sun.com/jsp/jstl/xml	x
SQL 标签库	数据库操作	http://java.sun.com/jsp/jstl/sql	sql
函数标签库	提供各种常用的字符串处理函数	http://java.sun.com/jsp/jstl/function	fn

1. 安装 JSTL

要把 JSTL 导入 Web 应用，首先需要下载 JSTL 安装包，下载地址为 http://tomcat.apache.org/taglibs/standard/。把 standard.jar 和 jstl.jar 复制到 Web 应用程序的 WEB-INF/lib 或 Tomcat 安装目录的 lib 下。

2. 用 taglib 指令把 JSTL 库导入 JSP

```
<%@ taglib prefix="c" uri=http://java.sun.com/jsp/jstl/core %>
```

其中的 uri 属性（统一资源标识）说明标签库的存放位置，是导入 core 标签库的 URI。

prefix 属性用于设置标签前缀，用来区分多个标签。

视频

9.1.1 输出标签

c:out 标签用于计算一个表达式并输出结果。c:out 的功能与<%= 表达式 %>之类的 JSP 脚本表达式和 ${…}之类的标准 JSP EL 非常相似。其语法格式为

```
<c:out value="表达式" [escapeXML="true|false"] default="默认值" />
```

或

```
<c:out value="表达式" [escapeXML="true|false"] >
默认值
</c:out>
```

与 JSP 脚本不同的是，c:out 是一个规则的标签，能使 JSP 页面看上去更清晰。与 JSP EL 不同的是，如果使用 c:out 标签，在表达式的结果为 null 时，可以指定要输出的默认值。escapeXML 属性允许标签自动转义<、>、&、"、'之类的特殊字符。如果表达式结果中包含上述任何一个字符，可能会暂停 HTML 页面的输出，因为浏览器会把这些字符解释为 HTML 标记的组成部分。escapeXML 属性的默认设置为 true。c:out 标签会把这些特殊字符转换为相应的 HTML 字符。例如，字符<会被转换为 <。

代码清单 9-1 所示页面 out.jsp 使用了 c:out 标签。首先使用 taglib 指令导入 JSTL 核心库。页面的名称和标题使用 c:out 标签来输出特殊字符，分别为<和>。因为 account 指定的 JavaBean 实际上在任何作用域中都不存在，所以此表达式的结果为 null。因为 c:out 标签指定了默认值，所以用户看到的是 none。

代码

代码清单 9-1 out.jsp

```
<%@ taglib prefix="c" uri="http://java.sun.com/jsp/jstl/core" %>
<!DOCTYPE html>
<html>
    <head>
        <title><c:out value="<c:out />Tag" /></title>
    </head>
    <body>
        <h1 align="center"><c:out value="<c:out />Tag"/></h1>
        <ul>
            <li>subscription ID:
                <c:out value="${account}" default="none" />
            </li>
        </ul>
    </body>
</html>
```

out.jsp 的运行结果如图 9.1 所示。

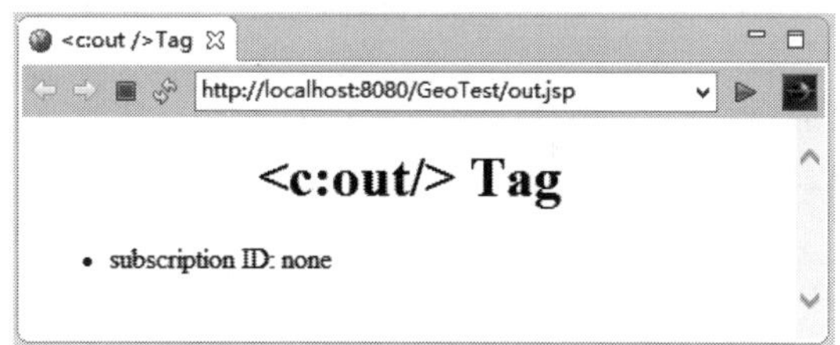

图 9.1　out.jsp 的运行结果

9.1.2　迭代标签

视频

迭代标签有两个：c:forEach 和 c:forTokens。

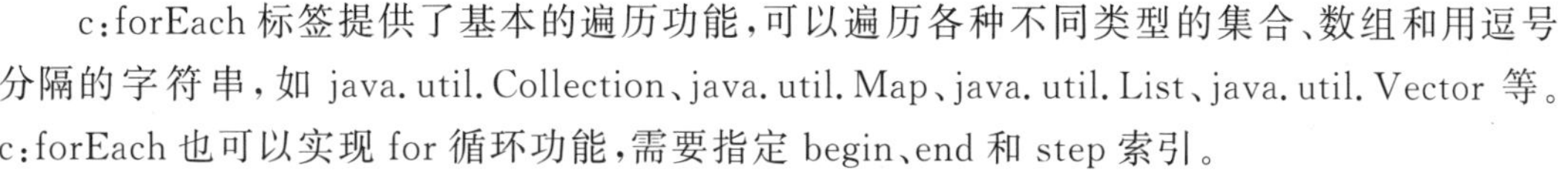

c:forEach 标签提供了基本的遍历功能，可以遍历各种不同类型的集合、数组和用逗号分隔的字符串，如 java.util.Collection、java.util.Map、java.util.List、java.util.Vector 等。c:forEach 也可以实现 for 循环功能，需要指定 begin、end 和 step 索引。

c:forEach 标签包括如下属性：

- items，指定遍历对象，可以是集合、数组和用逗号分隔的字符串。
- var，每次遍历集合、数组的成员的变量名。
- begin，遍历开始的索引值。
- end，遍历结束的索引值。
- step，索引增长的步长，默认值为 1。

例如，下例输出“1,2,3,4,5”。

```
<c:forEach var="x" begin="1" end="5">
    <c:out value="${x}"/>,
</c:forEach>
```

代码清单 9-2 和代码清单 9-3 分别是 Book 类定义和 forEach 应用示例。

代码清单 9-2　Book 类定义(Book.java)

代码

```
package com.geotest;
public class Book {
    private String isbn;
    private String title;
    private double price;
    public Book(String isbn, String title,double price) {
        this.isbn =isbn;
        this.title =title;
        this.price=price;
    }
    public String getIsbn() {
        return isbn;
    }
    public void setIsbn(String isbn) {
```

```
        this.isbn =isbn;
    }
    public String getTitle() {
        return title;
    }
    public void setTitle(String title) {
        this.title =title;
    }
    public double getPrice() {
        return price;
    }
    public void setPrice(double price) {
        this.price =price;
    }
}
```

代码清单 9-3 forEach 应用示例(for.jsp)

代码

```
<%@ taglib uri="http://java.sun.com/jsp/jstl/core" prefix="c" %>
<%@ page import="java.util.*,com.geotest.Book" %>
<!DOCTYPE html>
<html>
    <head>
        <title>Book List</title>
        <style>
            table, tr, td {
            border: 1px solid brown;
            }
        </style>
    </head>
    <body>
        <%
            List<Book> books =new ArrayList<Book>();
            Book book1 =new Book("978-0980839616","Java 7: A Beginner's Tutorial",
            45.00);
            Book book2 = new Book ( " 978 - 0980331608 "," Struts 2 Design and
            Programming: A Tutorial",49.95);
            Book book3 =new Book("978-0975212820","Dimensional Data Warehousing
            with MySQL: A Tutorial",39.95);
            books.add(book1);
            books.add(book2);
            books.add(book3);
            request.setAttribute("books", books);
        %>
        Books in Simple Table
        <table>
```

```
            <tr><td>ISBN</td><td>Title</td><td>Price</td></tr>
            <c:forEach items="${books}" var="book">
                <tr><td>${book.isbn}</td><td>${book.title}</td><td>${book.
                price}</td></tr>
            </c:forEach>
        </table>
        <br/>
    </body>
</html>
```

for.jsp 的运行结果如图 9.2 所示。

Book List
http://localhost:8080/GeoTest/for.jsp

Books in Simple Table

ISBN	Title	Price
978-0980839616	Java 7: A Beginner's Tutorial	45.0
978-0980331608	Struts 2 Design and Programming: A Tutorial	49.95
978-0975212820	Dimensional Data Warehousing with MySQL: A Tutorial	39.95

图 9.2　for.jsp 的运行结果

c:forTokens 标签的功能与 c:forEach 标签类似，不同的是它遍历一系列由定界符分隔的标记。可以通过 delims 属性来定制定界符。例如：

```
<c:forTokens var="item" items="<Once)Upon,A(Time%There…>" delims="<),(%>" >
    <li>${item}</li>
</c:forTokens>
```

输出结果为 Once、Upon、A、Time、There 形成的 li 列表项。

9.1.3　条件标签

视频

条件标签包括 c:if、c:choose、c:when 和 c:otherwise。

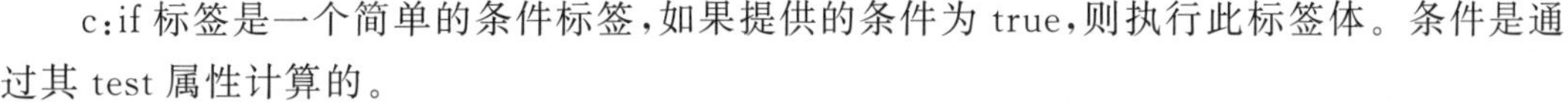
c:if 标签是一个简单的条件标签，如果提供的条件为 true，则执行此标签体。条件是通过其 test 属性计算的。

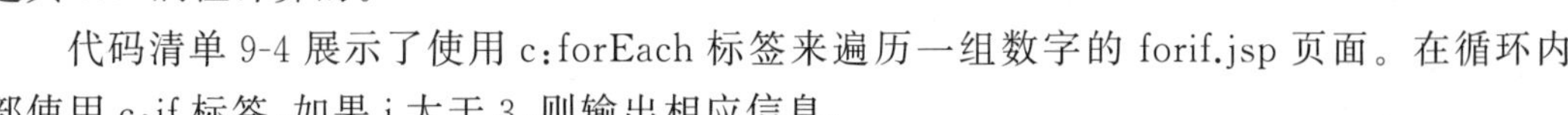
代码清单 9-4 展示了使用 c:forEach 标签来遍历一组数字的 forif.jsp 页面。在循环内部使用 c:if 标签，如果 i 大于 3，则输出相应信息。

代码清单 9-4　forEach if 应用示例(forif.jsp)

代码

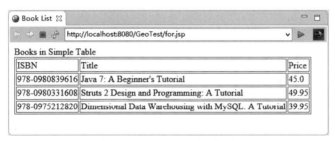

```
<%@ taglib prefix="c" uri="http://java.sun.com/jsp/jstl/core" %>
<!DOCTYPE html>
<html>
    <head>
        <title><c:out value="<c:if />Tags "/></title>
    </head>
    <body>
```

```
        <h1 align="center"><c:out value="<c:if />Tag"/></h1>
        <ul>
            <c:forEach var="i" begin="1" end="10" step="2">
                <li>
                    i=${i}
                    <c:if test="${i>3}">
                        (greater than 3)
                    </c:if>
                </li>
            </c:forEach>
        </ul>
    </body>
</html>
```

forif.jsp 的运行结果如图 9.3 所示。

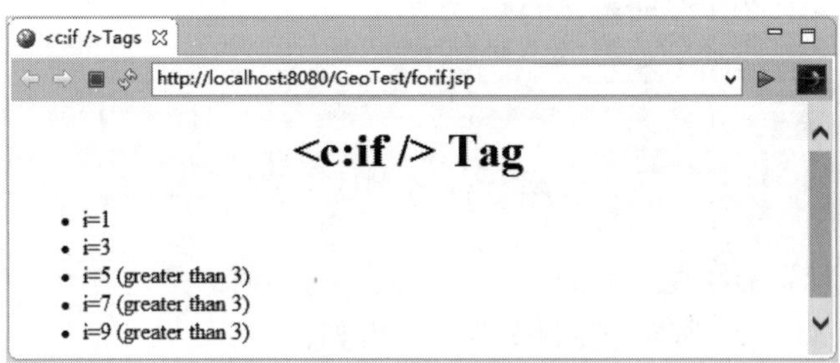

图 9.3　forif.jsp 的运行结果

c:choose 标签也是一个条件标签，与 c:when 标签和 c:otherwise 标签一起使用。这 3 个标签的用法与标准的 Java switch-case-default 语句差不多。c:choose 标签本身没有任何属性。它唯一的用途便是为另外两个标签(即 c:when 和 c:otherwise)提供上下文。c:when 标签的功能类似于 c:if 标签。它有 test 属性，可通过 test 属性指定条件。如果结果为 true，则执行 c:when 标签体。如果某个 c:when 标签的条件结果为 true，将忽略它之后的其他 c:when 标签，跳到结束的 c:choose 标签之后的那行语句。c:otherwise 标签是可选的，如果所有 c:when 标签的条件均不为 true，才会执行到 c:otherwise 标签体。

代码清单 9-5 所示的代码在 forchoose.jsp 页面中遍历数字 1～10，并根据当前迭代索引的内容输出不同的消息。结果如图 9.4 所示。

代码清单 9-5　forEach choose 应用示例(forchoose.jsp)

代码

```
<%@ taglib prefix="c" uri="http://java.sun.com/jsp/jstl/core" %>
<!DOCTYPE html>
<html>
    <head>
        <title><c:out value="<c:choose />Tags "/></title>
    </head>
    <body>
        <h1 align="center"><c:out value="<c:choose />Tag"/></h1>
```

```
        <ul>
            <c:forEach var="i" begin="1" end="10" step="2">
                <li>
                    i=${i}
                    <c:choose>
                        <c:when test="${i<3}">(less than 3)</c:when>
                        <c:when test="${i<5}">(less than 5)</c:when>
                        <c:when test="${i==5}">(it is 5)</c:when>
                        <c:otherwise>(greater than 5)</c:otherwise>
                    </c:choose>
                </li>
            </c:forEach>
        </ul>
    </body>
</html>
```

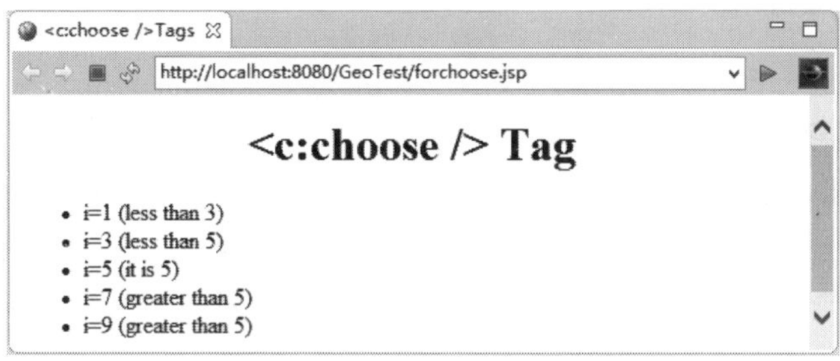

图 9.4　forchoose.jsp 的运行结果

9.1.4　变量操作标签

视频

对变量进行操作的标签有两个：c:set 和 c:remove。

c:set 标签的功能是向指定范围内的变量赋值，语法格式为

```
<c:set var="attributeName" value="someValue" [scope="varScope"] />
```

或

```
<c:set var="attributeName" [scope="varScope"] >
  someValue
</c:set>
```

若指定的变量存在，则将 someValue(或标签体)的值赋予该变量；若不存在，则创建并赋值。其中：

- var 指定变量名称。
- scope 指定变量的作用范围，可以是 page、request、session 或 application，默认为 page。
- value 为待赋给变量的值，可以是一个常量、EL 或 JSP 表达式。

另外，c:set 也可以向一个指定范围内的 JavaBean 或 map 的属性赋值，语法格式为

```
<c:set target="beanName" property="propertyName" [scope="varScope"] >
  someValue
</c:set>
```

target 属性必须是一个结果为对象的表达式。如果对象实现了 Map 接口,那么 c:set 标签的 property 属性就被当作一个键(值已指定),用来新建一个映射条目。如果 target 属性的结果为 JavaBean,那么 c:set 标签的值就被传递给 property 属性所指定的目标 JavaBean 的属性。

c:set 标签的值为 null 时,其结果相当于调用 someScopeReference.setAttribute(null) 语句,其中的 someScopeReference 可以是请求、响应或会话等,其结果是从作用域中删除属性。

c:remove 标签的功能是移除指定范围内的变量,语法格式为

```
<c:remove var="attributeName" [scope="varScope"] />
```

视频

9.1.5 URL 相关标签

JSTL 提供了对 URL 操作的相关标签:c:import、c:param、c:url、c:redirect。

1. c:import 标签

在 JSP 中,可以采用两种方式导入本 Web 应用的资源:include 指令和<jsp:include>标准动作。其中,include 指令使用静态导入机制在 JSP 页面翻译阶段将要导入的内容导入进来;<jsp:include>动作标记实现动态导入,即在请求期间导入引用的内容。在这两种导入机制中,通常被导入的内容只提供一个 HTML 代码片段。

如果想导入的内容位于不同的服务器,则可以使用 c:import 标签。其 url 属性所指定的内容既可以是本 Web 应用的资源,也可以是位于不同 Web 服务器上的内容。c:import 标签的属性如下。

- url:要导入资源的 URL 地址。
- context(可选属性):要导入的资源是同一服务器中的不同应用时,用于指明该应用的上下文。
- var(可选属性):不设定该属性,导入内容显示到 c:import 标签所在位置;设定该属性,导入内容将保存到变量中,var 属性指定变量名。
- scope(可选属性):指定变量的作用范围。如果 scope 属性未设定,默认为 page 作用域。
- charEncoding(可选属性):被导入资源所使用的编码。

在 c:import 标签从 Internet 上的其他 Web 站点导入内容时,如果导入的内容包含相对链接,将会按当前导入页面位置解释相对链接。

代码清单 9-6 中的程序在页面中嵌入两个 baidu 页面。

代码

代码清单 9-6 在页面中嵌入两个 baidu 页面(import.jsp)

```
<%@ taglib prefix="c" uri="http://java.sun.com/jsp/jstl/core" %>
<%@ page contentType="text/html; charset=UTF-8" %>
<!DOCTYPE html>
```

```
<html>
    <head>
        <title>baidu</title>
    </head>
    <body>
        <c:import url=http://www.baidu.com" var="baidu"/>
        <table align="center">
            <tr><td colspan="2" align="center"><h1>baidu</h1></td></tr>
            <tr>
                <td><c:import url="http://www.baidu.com" /></td>
                <td>${baidu}</td>
            </tr>
        </table>
    </body>
</html>
```

2. c:param 标签

c:param 标签为 c:import、c:url 和 c:redirect 提供参数，这些参数将以 key＝value 的形式追加到指定的 URL 之后。语法格式为

```
<c:param name="paramName" value="paramValue" />
```

或

```
<c:param name="paramName" >
paramValue
</c:param>
```

3. c:url 标签

如第 3 章所述，利用 session 对象可以实现自动会话跟踪。如果客户端启用 Cookie，浏览器会将 SessionID 发送给服务器，否则必须通过 URL 重写来完成会话跟踪。在进行 URL 重写时，Tomcat 不是使用会话 Cookie，而是直接从 URL 中读取 SessionID。URL 重写使用 response 对象的 encodeURL 方法对每个 URL 进行编码。c:url 标签可以对 URL 进行编码，避免了在页面内插入 Java 代码。

像 encodeURL 方法一样，如果客户端禁用了 Cookie，c:url 标签对其 value 属性中指定的 URL 进行编码，追加 SessionID；如果客户端浏览器启用了 Cookie，则保留原有 URL 不变。

c:url 标签的语法格式为

```
<c:url value="URL" [var="varName"] [scope="varScope"] [context="context"] />
```

或

```
<c:url value="URL" [var="varName"] [scope="varScope"] [context="context"] >
[<c:param />]
</c:url>
```

像 c:import 标签一样，如果指定了可选属性 var，c:url 标签将 URL 存储在一个由 scope 属

性指定作用域的变量中。scope 属性为可选属性,如果不指定,默认为 page 作用域。

由 value 属性指定的 URL 末尾可以追加参数,例如:

```
<c:url value="myurl?name=${name}" />
```

在 URL 中携带参数也可以通过在 c:url 标签内嵌入一个或多个 c:param 标签实现。例如:

```
<c:url value="login.jsp" var="purl">
<c:param name="username" value="u1" />
<c:param name="password" value="123456" />
</c:url>
<a href="${purl}">登录</a>
```

登录的 URL 为"login.jsp?username=u1&password=123456"。

代码清单 9-7 为 c:url 示例程序。

代码

代码清单 9-7　c:url 示例 (url.jsp)

```
<%@ taglib prefix="c" uri="http://java.sun.com/jsp/jstl/core" %>
<!DOCTYPE html>
<html>
    <head>
        <title><c:out value="<c:url/>, <c:param/>Tags" /></title>
    </head>
    <body>
        <h1 align="center"><c:out value="<c:url/>, <c:param/>Tags" /></h1>
        <h4>URL without parameters:<c:url value="/out.jsp"/></h4>
        <c:url value="/out.jsp" var="inputUrl" >
            <c:param name="name" value="Tom cat" />
        </c:url>
        <h4>URL with parameters: ${inputUrl}</h4>
    </body>
</html>
```

url.jsp 的运行结果如图 9.5 所示。在浏览器中禁用了 Cookie,以便强制 c:url 标签在 URL 中追加会话 ID。结合使用 c:url 标签与 c:param 标签,对其中含有空格的值(Tomcat)进行编码。页面中的 URL 字符串输出中包含了会话 ID,而且请求参数的值也已经编码,空格字符被替换为+字符。

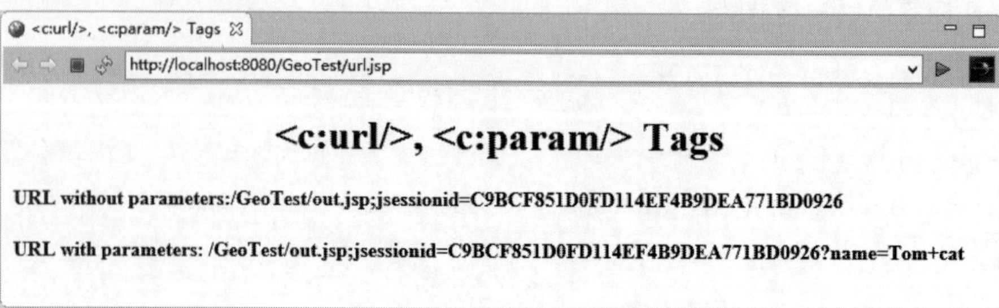

图 9.5　url.jsp 的运行结果

4. c:redirect 标签

c:redirect 标签将客户端请求转向其他资源，等价于 JSP 内置对象 response 的 sendRedirect 方法。语法格式为：

```
<c:redirect url="URL" [context="context"] >
[<c:param />]
</c:redirect>
```

通过 c:param 标签可以给目标 URL 中添加参数。

9.1.6 其他标签

JSTL 中的国际化标签库(fmt)主要用于数字、日期型数据格式化，设置用户语言区域等，包含的标签有 formatNumber、parseNumber、formatDate、parseDate、setTimeZone、setLocale、requestEncoding 等。函数标签库(functions) 提供了常用的字符串处理函数，包含的标签有 substring、trim、length、contains、startsWith、endsWith、escapeXml、indexOf、join、replace、split、toUpperCase、toLowerCase 等。部分标签功能如表 9.2 所示。在 JSP 页面中使用 fmt 和 functions 库同样需要在页面中先用 taglib 指令导入。

```
<%@taglib uri="http://java.sun.com/jsp/jstl/functions" prefix="fn" %>
<%@taglib uri="http://java.sun.com/jsp/jstl/fmt" prefix="fmt" %>
```

表 9.2　部分标签功能

名　称	功　能	示　例	结果/输出
fn:contains(string, substring)	string 中包含 substring，返回 true	<c:set var="s" value="abcde" /> ${fn:contains(s,'ab')}	true
fn:length(item)	返回 item 中包含元素的数量。item 为数组、collection 或者 String	${fn:length(s)}	5
fn: substring (string, begin, end)	返回 string 子串，从 begin 开始到 end 位置，不包括 end 位置的字符	${fn:substring(s,2,4)}	cd
fn:trim(string)	去除 string 首尾空格并将其返回	<c:set var="s2" value="abcde" /> ${fn: trim (s2)}	abcde
fn:startsWith(string, prefix)	如果 string 以参数 prefix 开头，返回 true	<c:if test="${fn: startsWith(s, 'ab')}"> <c:out value="true"/> </c:if>	true
fn:indexOf(string, substring)	返回 substring 在 string 中第一次出现的位置	${fn: indexOf(s,'bc')}	1
fn:replace(string, before, after)	用 after 字符串替换 string 中所有出现 before 字符串的地方	< c: set var = " ss" value = " ${fn: replace (s, 'bc', 'fg')}" /> ${ss}	afgde

续表

名　称	功　能	示　例	结果/输出
fmt:formatNumber	数字格式化	<fmt:formatNumber type="number" pattern="###.##">108.7568</fmt:formatNumber>	108.76
fmt:parseNumber	将格式化的字符串转换为数字类型	<fmt:parseNumber type="percent">98%</fmt:parseNumber>	0.98
fmt:formatDate	格式化日期和时间	<% request.setAttribute("date",new Date()) ;%> <fmt:formatDate value="${date}" type="date" dateStyle="medium"/>	2020-2-14
fmt:parseDate	字符串转换为时间或日期对象	<c:set var="d" value="2020－2－14" /> <fmt:parseDate var="b" type="date" dateStyle="medium" >${d} </fmt:parseDate>	b 为时间型数据

9.2　自定义标签

自定义标签在 Servlet 规范的不同版本下有不同的实现方式,本节介绍的 SimpleTag 实现方式要求 Servlet 规范 2.4 及以上版本(对应 Tomcat 5.0 以上版本)支持。

要想使用自定义 JSP 标签,需要定义以下 3 个不同的组件:

- 标签处理类,该类定义标签的行为。
- TLD 文件,用于将 XML 元素名称映射到标签实现。
- 使用标签库的 JSP 文件。

9.2.1　标签处理类

视频

定义新标签时,首先需要定义一个扩展 SimpleTagSupport 的 Java 类,实现 SimpleTag 接口。该类指示系统在看到标签时应该采取什么行动,并且为其某些方法提供标准的实现。SimpleTag 接口和 SimpleTagSupport 类均位于 javax.servlet.jsp.tagext 包。

代码清单 9-8 是标签处理类程序。

代码

代码清单 9-8　标签处理类(ExampleTag.java)

```
package com.geotest;
import java.io.IOException;
import javax.servlet.jsp.JspException;
import javax.servlet.jsp.JspWriter;
import javax.servlet.jsp.tagext.SimpleTagSupport;
public class ExampleTag extends SimpleTagSupport {
    @Override
    public void doTag() throws JspException, IOException {
```

```
        JspWriter out=getJspContext().getOut();
        out.print("<h1>自定义标签</h1>");
    }
}
```

载入标签处理类之后，Tomcat 首先用无参数构造函数实例化该类。因此每个标签处理类必须有一个无参数构造函数，否则实例化时将会失败。在类中未定义构造函数时，Java 编译器会自动提供一个无参数构造函数。如果已经定义了一个有参数的构造函数，需要同时定义一个无参数构造函数。

执行标签实际动作的代码定义在 doTag()方法内。通常，通过调用 JspWriter 类的 print()方法将内容输出到 JSP 页面。为了获得 JspWriter 类的一个实例，在 doTag()方法内部调用 getJspContext().getOut()。doTag()方法是在请求时调用的。SimpleTag 模型不会重用标签处理类的实例，标签处理类为页面上出现的每个标签创建一个新实例。

将编译后的标签处理类与常规 Servlet 放在 WEB_INF/classes 目录中的同一个位置，保留原有的包结构。例如，ExampleTag.class 文件放在 WEB-INF/classes/com/geotest/目录内。

9.2.2　标签库描述文件

定义标签处理类后，需要向服务器标识这个类并将其与特定的 XML 标记名称相关联。这个任务是通过一个 XML 格式的 TLD(TagLib Description)文件来完成的。该文件包含固定的信息(如 XML Schema 实例声明)、标签库描述及标签描述等内容。TLD 文件需要放在 WEB-INF 目录或其子目录下。

代码清单 9-9 是标签库描述文件。

代码清单 9-9　标签库描述文件(simpletag.tld)

代码

```
<?xml version="1.0" encoding="UTF-8" ?>
<taglib xmlns="http://java.sun.com/xml/ns/j2ee"
    xmlns:xsi="http://www.w3.org/2001/XMLSchema-instance"
    xsi:schemaLocation="http://java.sun.com/xml/ns/j2ee http://java.sun.com/
    xml/ns/j2ee/web-jsptaglibrary_2_0.xsd" version="2.0">
    <description>simple Tag</description>
    <tlib-version>1.0</tlib-version>
    <short-name>SimpleTagLibrary</short-name>
    <uri>/simpletag</uri>
    <tag>
        <description>Example Tag </description>
        <name>ExampleTag</name>
        <tag-class>com.geotest.ExampleTag</tag-class>
        <body-content>scriptless</body-content>
    </tag>
</taglib>
```

simpletag.tld 文件的前半部分用来描述标签库属性，所用的标记包括 description、tlib-version、short-name 和 uri，其中：

- description 用来添加对 taglib(标签库)的描述。
- tlib-version 为 taglib(标签库)的版本号。
- uri 为可选标记，以/开头，在 JSP 页面中引用标签库时，需要通过 uri 找到标签库。

每个自定义标签需要使用一个 tag 标记进行描述。tag 标记包含下列子元素：

- description 为可选，说明自定义标签的用途。
- name 为在 JSP 页面引用中的标签名称(实际是标签后缀)。
- tag-class 为标签处理类类名。
- body-content 告诉 Tomcat 如何处理标签开始和结束之间的内容，可设置的值包括 empty、scriptless、tagdependent 或 JSP。
  - ◆ empty：不允许任何内容出现在标签体中。将任何内容(包括空格)放在标签体内会产生页面翻译错误。
  - ◆ scriptless：允许标签体中有 JSP 内容，但是不能包含<%…%>或<%=…%>之类的任何脚本元素。
  - ◆ tagdependent：允许标签像其主体一样有任何类型的内容。但是，这些内容根本不会被处理，并且会被完全忽略。由标签处理类开发人员来决定访问这些内容并对其进行处理。
  - ◆ JSP：向后兼容 Servlet 2.4 之前自定义标签的传统定义方式。不能用于使用 SimpleTag 接口的标签处理类。

9.2.3　在 JSP 文件中使用自定义标签

在 JSP 页面中使用自定义标签也需要像在 JSP 页面中使用标准标签库一样，使用 taglib 指令指定自定义标签库的 URI 和前缀(如代码清单 9-10 所示)。前缀用在 taglib 声明的 TLD 文件中所定义的任何标签名前面，用来区分可能出现在不同标签库中的同名标签。

代码

代码清单 9-10　自定义标签在 JSP 页面中的应用(ExampleTag.jsp)

```
<%@ page language="java" contentType="text/html; charset=UTF-8" pageEncoding=
"UTF-8"%>
<%@ taglib uri="/WEB-INF/simpletag.tld" prefix="mytag" %>
<!DOCTYPE html >
<html>
    <head>
        <meta http-equiv="Content-Type" content="text/html; charset=UTF-8">
        <title>example tag</title>
    </head>
    <body>
        <div align="center">
            <mytag:ExampleTag/>
            <mytag:ExampleTag></mytag:ExampleTag>
        </div>
```

```
    </body>
</html>
```

ExampleTag.jsp 的运行结果如图 9.6 所示。

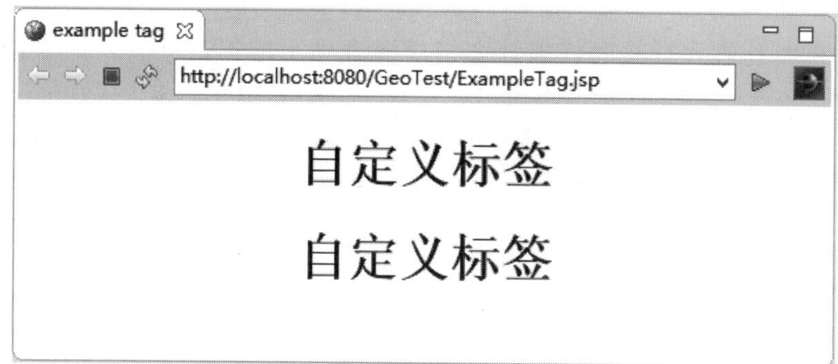

图 9.6　ExampleTag.jsp 的运行结果

在上例中，taglib 指令的 uri 属性也可以设置为在 TLD 文件中指定的"/simpletag"。

9.2.4　标签属性

与 HTML 标记和 JSP 指令一样，自定义标签需要提供属性支持，这样才能像其他标记那样在 JSP 页面中进行灵活设置（如代码清单 9-11 和代码清单 9-12 所示）。

1. 标签处理类

标签处理类本身是 Java 类，与 JavaBean 类似，可以将属性存储在一个字段中供 doTag 方法使用，通过 setter()和 getter()方法实现属性设置和读取。例如：

```
private String message;
public void setMessage(String message){
    this.message=message;
}
public String getMessage(){
    return this.message;
}
```

属性的命名约定与 JavaBean 相同，名为 message（m 小写）的属性对应于名为 setMessage（M 大写）的方法。

如果从其他类访问标签处理类，标签处理类应该提供 get()方法和 set()方法。不过，只有 set()方法是必需的。

2. 标签库描述符的配置

标签属性必须通过 attribute 标记在 tag 标记内部声明。attribute 标记有 3 个嵌套元素：

- name，定义属性名称（区分大小写）。
- required，可选元素。required 设置为 true 时，表示标签必须提供该属性，否则（默认设置）不需要提供该属性。如果 required 为 false，且 JSP 省略该属性，便不对 setAttributeName()方法进行任何调用，所以一定要为这些字段指定默认值。如果

required 元素为 true,但是页面中未设置该标签属性,页面翻译时会出错。

- rtexprvalue,可选元素。rtexprvalue 设置为 true 时,表明属性值是一个<%=expression%>形式的 JSP 脚本表达式或如 ${bean.value}的 JSP EL。rtexprvalue 设置为 false 时,表明属性值必须是一个固定的字符串。默认值是 false,因此该元素通常被忽略,除非开发者打算允许属性在请求时有确定的值。虽然让标签体包含<%=expression%>之类的 JSP 脚本表达式并不是合法的,但它们作为属性值是合法的。

代码清单 9-11　增加属性后的标签处理类(ExampleTag.java)

代码

```
package com.geotest;
import java.io.IOException;
import javax.servlet.jsp.JspException;
import javax.servlet.jsp.JspWriter;
import javax.servlet.jsp.tagext.SimpleTagSupport;
public class ExampleTag extends SimpleTagSupport {
    private int fontsize=12;
    private String align="left";
    public void setFontsize(int fontsize) {
        this.fontsize =fontsize;
    }
    public void setAlign(String align) {
        this.align =align;
    }
    @Override
    public void doTag() throws JspException, IOException {
        JspWriter out=getJspContext().getOut();
        out.print("<h1>自定义标签</h1>");
        out.print("<div style=\"text-align:"+align+";font-size:"+fontsize+"
        px;\">"+"自定义标签</div>");
    }
}
```

代码清单 9-12　增加属性配置的标签库描述文件(simpletag.tld)

代码

```
<?xml version="1.0" encoding="UTF-8" ?>
<taglib xmlns="http://java.sun.com/xml/ns/j2ee"
   xmlns:xsi="http://www.w3.org/2001/XMLSchema-instance"
   xsi:schemaLocation="http://java.sun.com/xml/ns/j2ee http://java.sun.com/
   xml/ns/j2ee/web-jsptaglibrary_2_0.xsd" version="2.0">
   <description>simple Tag</description>
   <tlib-version>1.0</tlib-version>
   <short-name>SimpleTagLibrary</short-name>
   <uri>/simpletag</uri>
   <tag>
      <description>Example Tag </description>
      <name>ExampleTag</name>
```

```
        <tag-class>com.geotest.ExampleTag</tag-class>
        <body-content>scriptless</body-content>
    <attribute>
        <name>fontsize</name>
        <required>false</required>
    </attribute>
    <attribute>
        <name>align</name>
        <required>false</required>
    </attribute>
    </tag>
</taglib>
```

在 JSP 页面中可以应用自定义标签，如代码清单 9-13 所示。

代码清单 9-13 自定义标签在 JSP 页面中的应用(ExampleTag.jsp)

代码

```
<%@ page language="java" contentType="text/html; charset=UTF-8" pageEncoding=
"UTF-8"%>
<%@  taglib uri="/WEB-INF/simpletag.tld" prefix="mytag" %>
<!DOCTYPE html >
<html>
    <head>
        <meta http-equiv="Content-Type" content="text/html; charset=UTF-8">
        <title>example tag</title>
    </head>
    <body>
        <mytag:ExampleTag />
        <mytag:ExampleTag fontsize="20" />
        <mytag:ExampleTag align="right" />
        <mytag:ExampleTag align="center" fontsize="30"/>
    </body>
</html>
```

ExampleTag.jsp 的运行结果如图 9.7 所示。

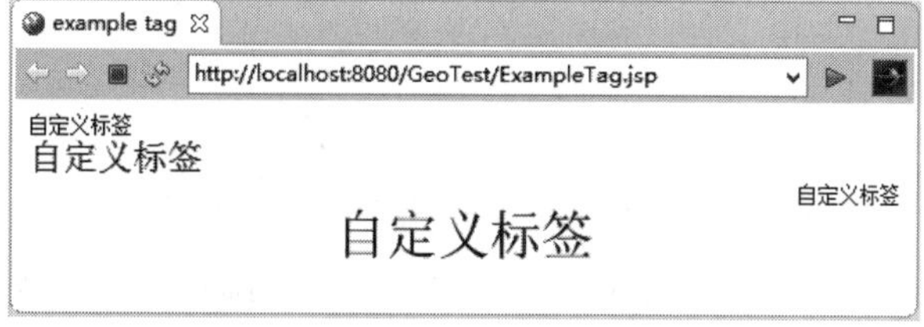

图 9.7 ExampleTag.jsp 的运行结果

9.2.5 标签体

前面所示的所有自定义标签都不支持标签体，只能在页面中用以下形式使用标签：

```
<prefix: tagname/>
<prefix: tagname></prefix: tagname>
```

第二个标签在开始和结束标签之间没有任何内容。这些标签不支持标签体,即使在标签中输入标签体,页面显示时也没有任何结果与标签体相关。

本节将介绍如何定义一些标签,这些标签使用其标签体的内容,其形式如下:

```
<prefix:tagname>scriptless JSP content</prefix:tagname>
```

要想输出标签体的内容,需要在 doTag()方法内部通过下述方式获取表示标签体的 JspFragment 实例。

调用 getJspBody()方法,然后使用其 invoke()方法,为它传递 null 作为参数。

```
getJspBody().invoke(null);
```

Tomcat 像处理其他 JSP 页面内容一样处理标签体中的 JSP 内容。如果向 invoke()方法传递的参数为 null,那么 JSP 内容的输出结果会被逐字传递到客户端。因此,doTag()方法不访问标签体的输出,它所做的只是遍历标签体。

通常,按下面的结构在输出标签体之前或之后输出内容:

```
JspWriter out=getJspContext().getOut();
out.print("…");
getJspBody().invoke(null);
out.print("…");
```

代码清单 9-14 为支持标签体的标签处理类。

代码

代码清单 9-14 支持标签体的标签处理类(ExampleTag.java)

```
…
public void doTag() throws JspException, IOException {
    JspWriter out=getJspContext().getOut();
    out.print("<div style=\"text-align:"+align+";font-size:"+fontsize+"px;\"
    >"+"自定义标签</div>");
    out.print("<div style=\"text-align:"+align+";font-size:"+fontsize+"px;\">");
    getJspBody().invoke(null);
    out.print("</div>");
}
…
```

在 JSP 页面中可以应用使用标签体的自定义标签,如代码清单 9-15 所示。

代码

代码清单 9-15 使用标签体的自定义标签在 JSP 页面中的应用(ExampleTag.jsp)

```
<body>
    <mytag:ExampleTag />
    <mytag:ExampleTag fontsize="20" />
    <mytag:ExampleTag align="right" />
    <mytag:ExampleTag align="center" fontsize="30"/>
```

```
    <mytag:ExampleTag >自定义标签</mytag:ExampleTag>
    <mytag:ExampleTag fontsize="20" >自定义标签</mytag:ExampleTag>
    <mytag:ExampleTag align="right" >自定义标签</mytag:ExampleTag>
    <mytag:ExampleTag align="center" fontsize="30">自定义标签</mytag:ExampleTag>
</body>
```

9.2.6　定制标签应用示例

视频

本节介绍定制标签 GridViewTag。

功能：以表格形式显示 select 语句的查询结果。

属性：sql(必选属性,设置查询 select 语句)、width(设置表格宽度)、align(设置对齐方式)。

具体内容见代码清单 9-16 至代码清单 9-18。

代码清单 9-16　标签处理类——显示数据库表(GridViewTag.java)

代码

```
package com.geotest;
import java.io.IOException;
import java.sql.*;
import javax.servlet.jsp.*;
import javax.servlet.jsp.tagext.SimpleTagSupport;
public class GridViewTag extends SimpleTagSupport {
    private int width=200;
    private String align="center";
    private String sql;
    public void setWidth(int width) {
        this.width =width;
    }
    public void setAlign(String align) {
        this.align =align;
    }
    public void setSql(String sql) {
        this.sql =sql;
    }
    @Override
    public void doTag() throws JspException, IOException {
        JspWriter out=getJspContext().getOut();
        Connection con=null;
        Statement stmt=null;
        ResultSet rs=null;
        try{
            con=DBConnection.getConnection();    //DBConnection 为自定义工具类,参
                                                 //见第 5 章
            stmt=con.createStatement();
            rs=stmt.executeQuery(sql);
            ResultSetMetaData rsmd=rs.getMetaData();
            out.print("<table border='1' cellpadding='2' cellspacing='0'
            width='"+width+"'><tr align='"+align+"'>");
```

```
            int columncount=rsmd.getColumnCount();
            int [] ctype=new int[columncount];
            for(int i=0;i<columncount;i++){
                out.print("<td>"+rsmd.getColumnName(i+1)+"</td>");
                ctype[i]=rsmd.getColumnType(i+1);
            }
            out.print("</tr>");
            while(rs.next()){
                out.print("<tr align='"+align+"'>");
                for(int i=0;i<columncount;i++){
                    out.print("<td>");
                    switch(ctype[i]){
                        case java.sql.Types.INTEGER:
                            out.print(rs.getInt(i+1));
                            break;
                        case java.sql.Types.DATE:
                            out.print(rs.getDate(i+1).toGMTString());
                            break;
                        case java.sql.Types.TIME:
                        case java.sql.Types.TIMESTAMP:
                            out.print(rs.getTime(i+1).toGMTString());
                            break;
                        case java.sql.Types.DOUBLE:
                            out.print(rs.getDouble(i+1));
                            break;
                        default:
                            out.print(rs.getString(i+1));
                    }
                    out.print("</td>");
                }
                out.print("</tr>");
                }
                out.print("</table>");
            }catch(SQLException e){
                e.printStackTrace();
            }finally{
                DBConnection.free(con,null,rs);
        }
    }
}
```

代码

代码清单 9-17　标签库描述文件(simpletag.tld)

```
<?xml version="1.0" encoding="UTF-8" ?>
<taglib xmlns="http://java.sun.com/xml/ns/j2ee"
    xmlns:xsi="http://www.w3.org/2001/XMLSchema-instance"
    xsi:schemaLocation="http://java.sun.com/xml/ns/j2ee http://java.sun.com/
```

```
    xml/ns/j2ee/web-jsptaglibrary_2_0.xsd"
    version="2.0">
    <description>simple Tag</description>
    <tlib-version>1.0</tlib-version>
    <short-name>SimpleTagLibrary</short-name>
    <uri>/simpletag</uri>
    <tag>
        <description>GridView Tag </description>
        <name>GridViewTag</name>
        <tag-class>com.geotest.GridViewTag</tag-class>
        <body-content>scriptless</body-content>
        <attribute>
            <name>sql</name>
            <required>true</required>
        </attribute>
        <attribute>
            <name>width</name>
            <required>false</required>
        </attribute>
        <attribute>
            <name>align</name>
            <required>false</required>
        </attribute>
    </tag>
</taglib>
```

代码清单 9-18　自定义标签在 JSP 页面中的应用(GridViewTag.jsp)

代码

```
<%@ page language="java" contentType="text/html; charset=UTF-8" pageEncoding=
"UTF-8"%>
<%@  taglib uri="/WEB-INF/simpletag.tld" prefix="mytag" %>
<!DOCTYPE html >
<html>
    <head>
        <meta http-equiv="Content-Type" content="text/html; charset=UTF-8">
        <title>example tag</title>
    </head>
    <body>
        <mytag:GridViewTag sql="select id,userName,realName,sex,pId,interest
        from users" width="500"/>
    </body>
</html>
```

GridViewTag.jsp 的运行结果如图 9.8 所示。

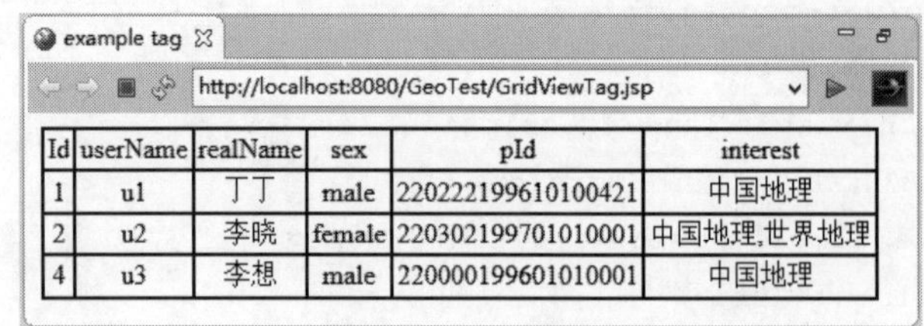

Id	userName	realName	sex	pId	interest
1	u1	丁丁	male	220222199610100421	中国地理
2	u2	李晓	female	220302199701010001	中国地理,世界地理
4	u3	李想	male	220000199601010001	中国地理

图 9.8 GridViewTag.jsp 的运行结果

实 验 9

实验目的

- 掌握标准标签库的使用方法。
- 掌握定制标签的使用方法。

实验内容

(1) 调试代码清单 9-2 和代码清单 9-3。

(2) 设计显示数据表内容的定制标签(参考代码清单 9-16 至代码清单 9-18)。

习 题 9

一、选择题

1. 在 JSTL 提供的主要标签库中,( )可用于操作数据库。

A. 核心标签库 B. 国际化标签库 C. XML 标签库 D. SQL 标签库

2. 在用 Java EE 实现企业级应用开发时,( )是描述标签库的 XML 文档。

A. TLD 文件 B. DTD 文件 C. WAR 文件 D. EAR 文件

3. 在 JSTL 的迭代标签 c:forEach 的属性中,用于指定要遍历的对象集合的是( )。

A. var B. items C. value D. varStatus

4. JSTL 包含用于编写和开发 JSP 页面的一组标准标签库,按照功能不同,可将标签库划分为( )两大类。

①通用标签库; ②条件标签库; ③核心标签库; ④SQL 标签库

A. ①和④ B. ②和③ C. ①和③ D. ②和④

5. 在 Java EE 中,若要在 JSP 中正确使用标签<x:getKing/>,在 JSP 中声明的 taglib 指令为<%@ taglib uri="/WEB-INF/myTags.tld" prefix="________"%>,下画线处应该是( )。

A. x B. getKing C. myTags D. king

6. ( )多次计算它的标签体。

A. 迭代标签 B. 通用标签 C. 自定义标签 D. 条件标签

7. 下列关于 JSTL 条件标签的说法错误的是( )。

A. c:if 标签用来进行条件判断

B. c:choose 标签用于条件选择

C. c:when 标签代表一个条件分支

D. c:if 标签可以实现形如 if(){…}else{…}的条件语句

8. 由 JSP 页面向 Tag 文件传递数据要使用的指令是(　　)。

A. tag　　B. attribute　　C. variable　　D. taglib

二、填空题

1. 标签库描述文件的扩展名是________。

2. 在标签库描述文件中通过使用________标记可以将标签的对象返回给调用该标签的 JSP 页面。

3. 通过使用________指令标记可以引入 Web 服务目录下的标记库。

4. 在标签库描述文件中通过使用________元素可以设置属性的名称以及该属性的引用。

5. 在标签库描述文件中通过使用________元素可以让使用它的 JSP 页面必须向该 Tag 传递需要的属性。

6. 在 JSP 中如果要使用标准标签库,应使用的指令元素为________。

三、判断题

1. JSTL 只有一个 core 标签库。(　　)

2. c:set 标签主要用于在一个范围中设置某个值或者设置某个对象的属性。(　　)

3. 标签库是一个 XML 格式的文件。(　　)

4. Tag 类文件和 JSP 文件很类似,可以被 JSP 页面动态加载调用,但是用户不能通过该 Tag 类文件所在的 Web 服务目录直接访问它。(　　)

5. 一个 Tag 类中可以有普通的 HTML 标记符、某些特殊的指令标记、成员变量和方法的声明、Java 程序片段和 Java 表达式。(　　)

6. JSP 页面不能使用带前缀的 Tag 标记调用相应的 Tag 文件。(　　)

7. 一个 Tag 文件对应着一个标签,该标签被习惯地称为 Tag 标签,我们将存放在同一目录中的若干个 Tag 文件所对应的 Tag 标签的全体称为一个自定义标签库或简称为标签库。(　　)

8. 在 Tag 库描述文件中,attribute 标记中的 name 属性是必需的,该属性的值是一个对象的名称。(　　)

9. 在一个标签库描述文件中只能使用一个 attribute 标记,不能使用多个 attribute 标记。(　　)

10. 当 JSP 页面调用一个自定义标签时不能动态地向该自定义标签传递信息。(　　)

四、程序设计题

1. 编写两个 Tag 文件 Rect.java 和 Circle.java。Rect.java 负责计算并显示矩形的面积,Circle.java 负责计算并显示圆的面积。

现有一个 JSP 页面 l1.jsp,该 JSP 页面使用 Tag 标记调用 Rect 和 Circle。调用 Rect 时,向其传递矩形的两个边的长度;调用 Circle 时,向其传递圆的半径。

l1.jsp 页面代码如下:

```
<%@ page contentType="text/html;Charset=GB2312" %>
<%@  taglib uri="/WEB-INF/tags.tld" prefix="computer"%>
<HTML>
<BODY>
    <H3>以下是调用 Tag 文件的效果: </H3>
    <computer:Rect sideA="5" sideB="6"/>
     <H3>以下是调用 Tag 文件的效果: </H3>
    <computer:Circle radius="16"/>
</BODY>
</HTML>
```

2. 编程实现在页面中显示三角形面积的程序。请编写一个自定义标签,实现三角形面积的计算。

调用该 Tag 文件的 JSP 页面代码如下:

```
<%@ page contentType="text/html;Charset=GB2312" %>
<%@  taglib uri="/WEB-INF/tags.tld" prefix="computer"%>
<HTML><BODY>
    <H3>以下是调用 Tag 文件的效果: </H3>
    <computer:Triangle sideA="5" sideB="6" sideC="7"/>
</BODY></HTML>
```

3. 在页面中接收用户输入的字符串,使用 JSTL 将此字符串反向输出。不允许使用 Java 代码。例如,用户输入"1234",则输出"4321"。

4. 使用 JSTL 在页面中输出 1～100 的质数和,不允许使用 Java 代码。

5. 使用 JSTL 设计 QuestionList.jsp 页面,实现代码清单 8-7 的功能。

6. 设计 QuestionSearch.jsp 页面(参考代码清单 8-8),在查询结果为空时,不显示字段名称。要求页面中不使用 Java 代码。

7. 使用 JSTL 修改代码清单 9-3,将 price＞45 的 book 用红色显示,其他用黑色显示。

8. 使用 JSTL 修改代码清单 9-3,只显示 ISBN 以 978-098 开头的 book。

9. 使用 JSTL 制作一个下拉列表,选项内容为 ISBN 值,从 request 属性 books 取数据,参见代码清单 9-3。

CHAPTER 第10章 Spring MVC

Spring 是一个开源框架，最早由 Rod Johnson 创建。Spring 是为解决企业级应用开发的复杂性而创建的，它可以让简单的 JavaBean 实现之前只有 EJB（企业级 JavaBean）才能完成的工作。Spring 不限于服务器开发，任何 Java 应用使用 Spring 都能变得更简单，更容易测试。本章介绍 Spring 框架及其组件 Spring MVC。

10.1 Spring 简介

Spring 框架的基本理念是“简化 Java 开发”。为了降低 Java 开发的复杂性，Spring 采取了以下几种关键技术：基于 POJO 的编程、依赖注入、面向切面编程、模板编程等。

10.1.1 基于 POJO

视频

POJO（Plain Ordinary Java Object，简单的 Java 对象）实际就是普通 JavaBean。

Spring 会尽量避免将自身的 API 混杂在应用程序代码中。Spring 不要求实现 Spring 规范的接口或继承 Spring 规范的类；相反，在 Spring 构建的应用中，它的类通常没有任何痕迹表明使用了 Spring。即使类使用了 Spring 注解，它也依旧是 POJO。

代码清单 10-1 是采用 Spring 技术实现的 HelloWorldBean 类。

代码清单 10-1 Spring 实现的 HelloWorldBean 类

```
public class HelloWorldBean{
    public String sayHello() {
        return "Hello World";
    }
}
```

HelloWorldBean 类没有实现、继承或者导入与 Spring API 相关的任何东西。HelloWorldBean 只是一个简单的 Java 对象。Spring 是通过依赖注入来组合类的。

10.1.2 依赖注入

依赖注入是指在程序运行期间由容器动态地为目标类的实例构建完成依赖关系的手段。在 Spring 中，依赖注入可以采用属性注入和构造器注入两种方式。

任何一个有实际意义的应用（肯定比 HelloWorld 示例更复杂）都是由两个或更多的类

组成的,这些类相互之间进行协作来完成特定的业务逻辑。通常,每个对象负责管理与自己相互协作的对象(即它所依赖的对象)的引用,这将会导致高度耦合并产生难以测试的代码。

例如,代码清单 10-2 所示的 A 类和 B 类就是紧耦合的。

代码清单 10-2 A 类与 B 类紧耦合

```
public class A{
    public void importantMethod(){
        B b=new B();                        //与 B 紧耦合
        b.usefulMethod();
    }
}
```

A 类在使用 B 类之前必须在它的 importantMethod 方法中使用 new 创建 B 类的一个实例,这使得该类紧密地与 B 类耦合到了一起。如果 B 类是具有多个实现的接口,此时必须选择 B 类的某个具体实现,这就限定了 A 类的可重用性,A 类无法使用未选择的 B 类的其他实现。例如,代码清单 10-3 所示的计算几何图形面积的 CalGeometricArea 类中,圆 Circle 是几何图形接口 Geometric 的一个实现。

代码清单 10-3 计算几何图形面积类与圆类紧耦合

```
public class CalGeometricArea{
    private Circle c;
    public CalGeometricArea (){             //与 Circle 紧耦合
        c=new Circle();
    }
    public void Cal(){
        c.CalArea();
    }
}
```

CalGeometricArea 在它的构造函数中创建了 Circle,这使得该类紧密地与 Circle 耦合到了一起,因此极大地限制了计算能力。如果是圆,该类可以计算;如果是其他类型的图形(如矩形),则该类无法计算。

紧耦合的代码难以测试,难以复用。但是,一定程度的耦合又是必要的,完全没有耦合的代码什么也做不了。为了完成有实际意义的功能,不同的类必须以适当的方式进行交互。

为了避免紧耦合,可以通过属性设置或构造函数引入依赖对象,对类作如代码清单 10-4 所示的修改。

代码清单 10-4 B 类作为属性注入 A 类

```
public class A{
    private B b;
    public void importantMethod(){
        b.usefulMethod();
    }
    public void setB(B b){                  //B 类被注入进来
```

```
        this.b=b;
    }
}
```

不同于之前的 A 类，这里的 A 类没有在函数中创建 B 类的一个实例，而是在属性设置中把 B 类的一个实例作为参数传入。由于传入了依赖对象，因此 A 类在调用 usefulMethod 方法之前不需要先创建 B 类的一个实例。这是依赖注入的方式之一，即属性注入。

代码清单 10-5 演示了 B 类在 A 类的构造器中注入到 A 类。

代码清单 10-5　B 类在 A 类的构造器中注入到 A 类

```
Public class A{
    Private B b;
    public A(B b){                              //B 类被注入进来
        this.b=b;
    }
    public void importantMethod(){
        b.usefulMethod();
    }
}
```

上述代码通过 A 类的构造函数传入 B 类的实例，也是依赖注入的方式之一，称为构造器注入。

A 类没有与任何特定的 B 类实现发生耦合。对它来说，只要实现了 B 类接口，那么具体是哪一类型的 B 类就无关紧要了。这就是依赖注入最大的好处——松耦合。如果一个对象只通过接口（而不是具体实现或初始化的过程）来表明依赖关系，那么这种依赖就能够在对象本身毫不知情的情况下用不同的具体实现进行替换。

下面以计算几何图形面积为例说明依赖注入的实现方法（参见代码清单 10-6 至代码清单 10-10）。

代码清单 10-6　几何图形接口（Geometric.java）

代码

```
package com.geotest;
public interface Geometric {
    public double CalArea();
}
```

代码清单 10-7　几何图形接口实现——圆（Circle.java）

代码

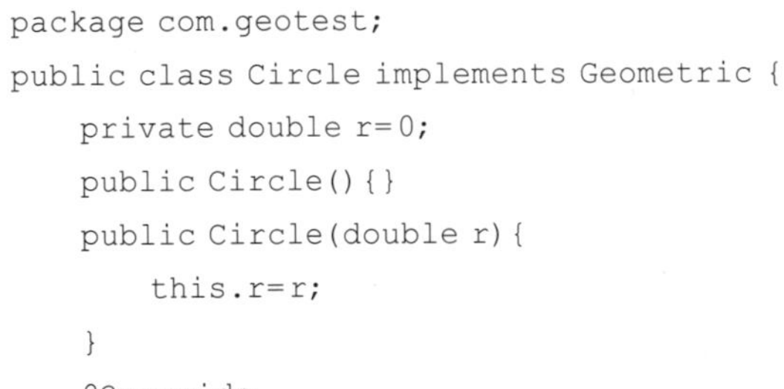

```
package com.geotest;
public class Circle implements Geometric {
    private double r=0;
    public Circle(){}
    public Circle(double r){
        this.r=r;
    }
    @Override
```

```
    public double CalArea() {
        return 3.14159 * r * r;
    }
}
```

代码

代码清单 10-8 几何图形接口实现——矩形(Rectangle.java)

```
package com.geotest;
public class Rectangle implements Geometric{
    private double w=0;
    private double h=0;
    public Rectangle(){}
    public Rectangle(double w,double h){
        this.w=w;
        this.h=h;
    }
    @Override
    public double CalArea() {
        return w * h;
    }
}
```

代码

代码清单 10-9 求几何图形面积类(CalGeometricArea.java)

```
package com.geotest;
public class CalGeometricArea {
    private Geometric geo;
    public CalGeometricArea(){}
    public CalGeometricArea(Geometric geo){ //构造函数
        this.geo=geo;
    }
    public void setGeo(Geometric geo){        //属性 set 方法
        this.geo=geo;
    }
    public void printArea(){
        System.out.print(geo.CalArea());
    }
}
```

代码

代码清单 10-10 测试类(Test.java)

代码

```
package com.geotest;
public class Test {
    public static void main(String[] args) {
        CalGeometricArea cal1=new CalGeometricArea(new Circle(2)); //构造器注入
        cal1.printArea();
        CalGeometricArea cal2=new CalGeometricArea();
```

```
        cal2.setGeo(new Rectangle(2,3));                          //属性注入
        cal2.printArea();
    }
}
```

10.1.3　面向切面编程

依赖注入让相互协作的软件组件保持松散耦合，而 AOP（Aspect Oriented Programming，面向切面编程）允许开发者把遍布应用各处的功能分离出来形成可重用的组件。AOP 是 OOP(面向对象编程)之后编程思想的又一次革新。AOP 设计模式力求调用者和被调用者之间的解耦，提高代码的灵活性和可扩展性。

与第 7 章介绍的过滤器类似，AOP 将那些常用但是分散到系统各处的功能代码提取出来进行统一的管理，然后通过编译方式和运行期动态代理实现在不修改源代码的情况下将这些功能加入程序中。这样的处理方式使业务逻辑各部分的耦合度降低，提高了程序的可重用性。通常采用 AOP 实现的主要功能包括日志记录、性能统计、安全控制、事务处理、异常处理等。

10.1.4　Bean 容器

视频

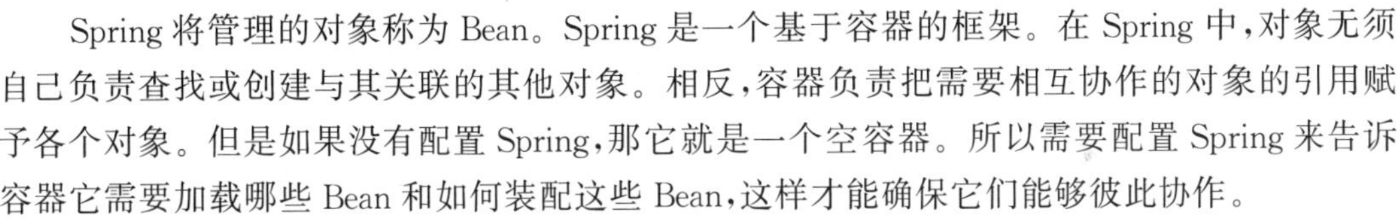

Spring 将管理的对象称为 Bean。Spring 是一个基于容器的框架。在 Spring 中，对象无须自己负责查找或创建与其关联的其他对象。相反，容器负责把需要相互协作的对象的引用赋予各个对象。但是如果没有配置 Spring，那它就是一个空容器。所以需要配置 Spring 来告诉容器它需要加载哪些 Bean 和如何装配这些 Bean，这样才能确保它们能够彼此协作。

1. Bean 配置

Spring 使用一个或多个 XML 文件作为配置文件来配置 Bean，从 Spring 3.0 开始，还提供了基于 Java 注解的配置方式。首先来看传统的 XML 文件配置方式。

在 XML 文件中声明 Bean 时，Spring 配置文件的根元素是来源于 Spring beans 命名空间的<beans>元素。代码清单 10-11 为一个典型的 Spring XML 配置文件。

代码清单 10-11　利用 XML 配置 Spring

代码

```
<?xml version="1.0" encoding="UTF-8"?>
<beans xmlns="http://www.springframework.org/schema/beans"
    xmlns:xsi="http://www.w3.org/2001/XMLSchema-instance"
    xsi:schemaLocation="http://www.springframework.org/schema/beans
    http://www.springframework.org/schema/beans/spring-beans.xsd">
    <!--  Bean 声明  -->
</beans>
```

如果在 Web 应用中需要更多的 Spring 功能，则需要使用 schemaLocation 属性向配置文件中添加更多的 schema。schemaLocation 属性用于声明目标名称空间的模式文档，由两个 URI 引用组成，两个 URI 之间以空白符分隔。第一个 URI 是名称空间的名称，第二个 URI 给出模式文档的位置，模式处理器将从这个位置读取模式文档，该模式文档的目标名称空间必须与第一个 URI 相匹配。

在<beans>元素内可以放置所有的 Spring 配置信息，包括<bean>元素的声明。

1) bean 元素

<bean>元素是 Spring 中最基本的配置单元,通过该元素,Spring 将创建一个对象。

利用 Circle 定义一个 Spring Bean,在 XML 配置文件中进行声明。

```
<bean id="circle" class="com.geotest.Circle"  />
```

这里创建了一个由 Spring 容器管理的名称为 circle 的 Bean。这有可能是最简单的<bean>配置方式。id 属性定义了 Bean 的名称,也作为该 Bean 在 Spring 容器中的引用。

这个 Bean 被称为 circle。根据 class 属性得知,circle 是一个 Circle 对象。当 Spring 容器加载该 Bean 时,Spring 将使用默认的构造器来实例化 circle。

```
Circle  circle =new com.geotest.Circle ();
```

如果配置 CalGeometricArea 对象,则声明如下:

```
<bean id="calgeo" class="com.geotest.CalGeometricArea" />
```

2) 构造器注入配置

参数为简单类型配置方法:

```
<bean id="circle" class="com.geotest.Circle"  >
    <constructor-arg><value>2</value></constructor-arg>
</bean>
```

当 Spring 容器加载该 Bean 时,Spring 将使用带参数的构造方法来实例化 circle。

```
Circle  circle =new com.geotest.Circle(2);
```

参数为其他对象配置方法:

```
<bean id="calgeo" class="com.geotest.CalGeometricArea">
    <constructor-arg  ref="circle" />
</bean>
```

当 Spring 容器加载该 Bean 时,Spring 将使用带参数的构造方法来实例化 calgeo。

```
CalGeometricArea  calgeo =new com.geotest.CalGeometricArea(circle);
```

3) 属性注入配置

如果实现属性注入,则可以使用:

```
<bean id="calgeo" class="com.geotest.CalGeometricArea" >
    <property name="geo" ref="circle" />
</bean>
```

视频

2. Spring 容器

上述实现的属性注入和构造器注入是依赖注入的主要形式。依赖注入也称为控制反转(Inversion of Control,IoC)。应用控制反转后,当对象被创建时,由一个调控系统(IoC 容器)将其所依赖的对象的引用传递给它,例如将 Circle 对象依赖注入到 CalGeometricArea 对象中。所以,控制反转是指一个对象如何获取它所依赖的对象的引用,在这里反转指的是责任的反转。

Spring 通过 IoC 容器(也称为依赖注入容器)可以智能地管理 Java 对象的实例化和对象之间的依赖关系。IoC 容器支持属性依赖注入和构造器依赖注入。Bean 生存于 Spring 容器中,Spring 容器负责创建、装配、配置这些对象,管理从创建到销毁的整个生命周期。在 Spring 容器中有所有类的注册信息,标明类要完成的功能及在运行时需要什么。Spring 会在运行时根据需要及时把需要的内容主动发送给当前类。

使用 XML 配置文件或注解配置 Spring 后,Spring 从配置文件中获得 Bean 之间的依赖关系,才能决定如何进行依赖注入。Bean 在容器内需要用标识符标识。在 XML 配置文件中,使用 id 属性指定 Bean 标识符。

Spring 容器可以归为两种不同的类型：BeanFactory(Bean 工厂)和 ApplicationContext (应用上下文)。

- BeanFactory 由 org.springframework.beansfactory.BeanFactory 接口定义,是最简单的容器,提供基本的依赖注入支持。
- ApplicationContext 由 org.springframework.context.ApplicationContext 接口定义,基于 BeanFactory 构建,提供面向应用的服务。对大多数用户来说,使用 ApplicationContext 更方便。

Spring 通过应用上下文装载 Bean 的定义并把它们组装起来。Spring 应用上下文全权负责对象的创建和组装。Spring 自带了几种应用上下文的实现,它们之间的主要区别只是如何加载它们的配置。例如：

```
ApplicationContext context =new ClassPathXmlApplicationContext(new String[]
{"config1.xml", "config2.xml"});
```

其中,ClassPathXmlApplicationContext 表示在类路径下查找配置文件 config1.xml 和 config2.xml。

为了从 ApplicationContext 获得 Bean,可以调用 getBean 方法。

```
CalGeometricArea cal=context.getBean("calgeo",CalGeometricArea.class);
```

将 config1.xml 配置文件存储在 com.geotest 包下,circle 和 calgeo 以构造器注入方式配置。程序清单 10-10 可以替换为如下形式：

```
ApplicationContext context= new ClassPathXmlApplicationContext ("com/geotest/
config1.xml");
CalGeometricArea cal=context.getBean("calgeo",CalGeometricArea.class);
cal.printArea();
```

3. Bean 的作用域

所有的 Sping Bean 默认都是单例。当容器分配一个 Bean 时(无论是通过装配还是调用容器的 getBean()方法),它总是返回 Bean 的同一个实例。但有时需要每次请求时都获得唯一的 Bean 实例,那么如何覆盖 Spring 默认的单例配置呢?

当在 Spring 中配置<bean>元素时,可以为 Bean 声明一个作用域。为了让 Spring 在每次调用时都为 Bean 产生一个新的实例,需要将 Bean 的 scope 属性配置为 prototype。

```
<bean id="circle" class="com.geotest.Circle"  scope="prototype"/>
```

除了 prototype 外,scope 还可以取其他的选项,例如:

- singleton。在每个 Spring 实例中,一个 Bean 定义只有一个对象实例(默认)。
- request。在每个请求中,一个 Bean 定义只有一个对象实例。
- session。在每个会话中,一个 Bean 定义只有一个对象实例。

10.1.5 Spring 框架

Spring 框架通过依赖注入、面向方面编程和消除样板式代码来简化企业级 Java 开发。该框架由多个不同模块构成。下载 Spring(http://repo.spring.io/)并解压缩后,在 dist 目录下会看到 20 个不同的 JAR 文件。文件命名格式为 spring-包名-版本号.RELEASE.jar,如 spring-core-4.3.2.RELEASE.jar。

组成 Spring 的这 20 个 JAR 文件依据其所属功能可以划分为 6 个不同的功能模块,这 6 个模块为开发企业级应用提供了所需的一切,如图 10.1 所示。Spring 开发者可以自由地选择适合自身应用需求的 Spring 模块。

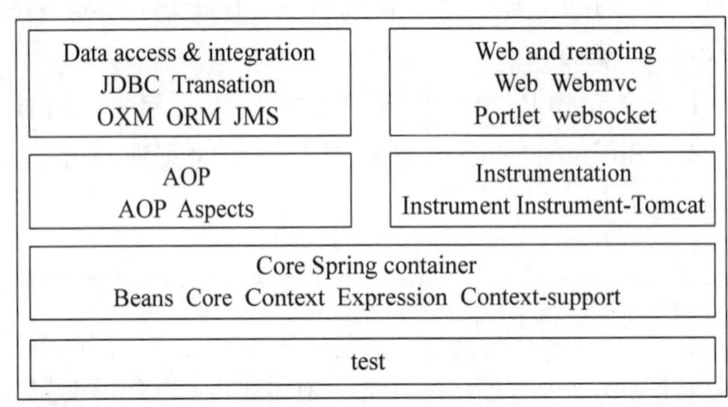

图 10.1 Spring 框架

1. 核心 Spring 容器

容器是 Spring 框架最核心的部分,它负责 Spring 应用中的 Bean 的创建、配置和管理。在该模块中,Spring 的 Bean 工厂提供了依赖注入。在 Bean 工厂之上,Spring 提供了多种方式实现 Spring 应用上下文,每一种提供了配置 Spring 的不同方式。除了 Bean 工厂和应用上下文,该模块也提供了许多企业服务,例如邮件、JNDI 访问、EJB 集成和调度。所有的 Spring 模块都构建于核心容器之上。当配置应用时,其实隐式使用了这些类。

2. Spring 的 AOP 模块

在 AOP 模块中,Spring 对面向切面编程提供了丰富的支持。这个模块是 Spring 应用系统开发切面的基础。与依赖注入一样,AOP 可以帮助应用对象解耦。借助于 AOP,可以将遍布应用的关注点(例如事务和安全)从它们所应用的对象中解耦出来。

3. 数据访问与集成

Spring 的 JDBC 和数据访问对象(Data Access Object,DAO)模块封装了 JDBC 样板式代码,使数据库代码变得简单明了,还可以避免因为释放数据库资源失败而引发的问题。Spring 为那些喜欢 ORM(Object-Relational Mapping,对象关系映射)工具的开发者提供了

ORM模块。Spring的ORM模块建立在对DAO的支持之下，并为某些ORM框架提供了一种构建DAO的简便方式。Spring对许多流行ORM框架进行了集成，包括Hibernate、Java Persistence API、JDO和iBATIS。Spring的事务管理支持所有的ORM框架以及JDBC。

4. Web和远程调用

MVC模式是公认的构建Web应用的方法，它有助于将用户界面和逻辑处理相分离。Spring自带了一个强大的MVC框架，有助于应用程序提升Web层技术的松散耦合。该框架提供了两种形式：面向传统Web应用的基于Servlet的框架和面向使用Java Portlet API的基于Portlet的应用的框架。

5. 测试

测试模块用于测试Spring应用。Spring为JNDI、Servlet和Portlet编写单元测试提供了一系列的模拟对象实现。对于集成测试，该模块为加载Spring应用上下文中Bean的集合以及与Spring上下文中的Bean进行交互提供了支持。

10.2 Spring MVC入门

Spring Web MVC是一种基于Web MVC设计模式的请求驱动型轻量级Web框架，即按照MVC架构模式思想，使用请求-响应模型，将Web层进行功能分解。开发者使用Web框架的目的就是简化开发，Spring Web MVC是最流行的Web框架。

Spring Web MVC框架也是一个基于请求驱动的Web框架，并且使用了前端控制器模式来进行设计，再根据请求映射规则分发给相应的页面控制器（动作/处理器）进行处理。图10.2所示为Spring Web MVC处理请求的流程。

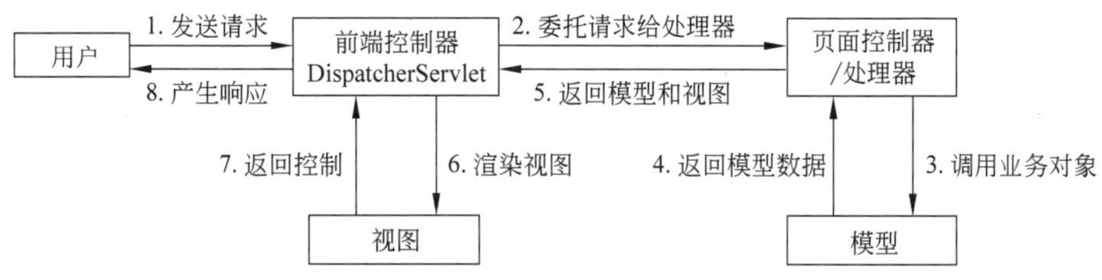

图10.2 Spring MVC页面访问流程

在用户浏览器发出请求后，请求会包含URL，也可能包含用户提交的表单信息。请求交给Spring的DispatcherServlet。与大多数基于Java的Web框架一样，Spring MVC所有的请求都会通过一个前端控制器Servlet。前端控制器是常用的Web应用程序模式，在这里一个单实例的Servlet将请求委托给应用程序的其他组件来执行实际的处理。在Spring MVC中，DispatcherServlet就是前端控制器。

DispatcherServlet的任务是将请求发送给Spring MVC控制器。控制器是处理请求的Spring组件。在应用程序中可能会有多个控制器。DispatcherServlet需要知道应该将请求发送给哪个控制器。所以DispatcherServlet会查询一个或多个处理器映射来确定请求的下一站在哪里,处理器映射会根据请求所携带的 URL 信息来进行决策。

一旦选择了合适的控制器,DispatcherServlet 将请求发送给选中的控制器。请求到达控制器后,控制器提取出用户提交的信息并处理这些信息(实际上,设计良好的控制器本身只处理很少的信息甚至不做处理工作,而是将业务逻辑委托给一个或多个业务服务对象)。

控制器在完成逻辑处理后,通常会产生一些信息,这些信息需要返回给用户并在浏览器上显示。这些信息被称为模型。这些信息一般需要使用 HTML 格式。信息要发送给一个视图,视图通常会是 JSP 页面。

控制器所做的最后一件事是将模型数据打包,并且标示出用于渲染输出的视图名称。将请求连同模型和视图名称发送回 DispatcherServlet。这样,控制器就不会与特定的视图相耦合。传递给 DispatcherServlet 的视图名称并不直接表示某个特定的 JSP。实际上,它甚至并不能确定视图是 JSP。相反,它仅传递了一个逻辑名,利用逻辑名查找用来产生结果的真正的视图。DispatcherServlet 使用视图解析器将逻辑名匹配为一个特定的视图,它可能是 JSP,也可能不是 JSP。

最后一步是视图的实现(可能是 JSP 页面)。视图使用模型数据渲染输出并将响应对象传递给客户端。

视频

10.2.1　搭建 Spring MVC

搭建 Spring MVC 环境是通过设计 web.xml 和 springmvc-servlet.xml 完成的,这两个文件位于 WEB-INF 目录下。web.xml 的作用与第 7 章介绍的 web.xml 相同,实现了对 Servlet 类的配置。springmvc-servlet.xml 实现了对 Bean 的配置。

1. 配置 DispatcherServlet

Spring MVC 的核心是 DispatcherServlet,它是 Spring MVC 的前端控制器。与其他 Servlet 一样,DispatcherServlet 必须在 Web 应用程序的 web.xml 文件中进行配置。在应用程序中使用 Spring MVC 需要在 web.xml 中包含代码清单 10-12 所示的<servlet>声明。

代码

代码清单 10-12　配置 DispatcherServlet

```
<servlet>
    <servlet-name>springmvc</servlet-name>
    <servlet-class>org.springframework.web.servlet.DispatcherServlet</servlet-class>
    <load-on-startup>1</load-on-startup>
</servlet>
```

其中,load-on-startup 是可选的。设置 load-on-startup 后,应用程序启动时会加载 DispatcherServlet 并调用其 init()方法。默认情况下,DispatcherServlet 在加载时会从一个基于 Servlet 名的 XML 文件中加载 Spring 应用上下文。在本例中,Servlet 的名称为 springmvc,DispatcherServler 将尝试从 springmvc-servlet.xml 文件(位于应用程序 WEB-INF 目录下)来加载应用上下文。

通过 init-param 元素的设置,Spring MVC 配置文件也可以放在应用程序目录的任何地方(如代码清单 10-13 所示)。

代码清单 10-13　配置 init-param

```
<servlet>
    <servlet-name>springmvc</servlet-name>
    <servlet-class>org.springframework.web.servlet.DispatcherServlet
    </servlet-class>
    <init-param>
        <param-name>contextConfigLocation</param-name>
        <param-value>/WEB-INF/config/simple-config.xml</param-value>
    </init-param>
    <load-on-startup>1</load-on-startup>
</servlet>
```

2. 为 DispatcherServlet 配置 URL 匹配模式

DispatcherServlet 常见的匹配模式包括 *.htm、/ * 或/app。

- *.htm 模式隐式表明响应始终是 HTML 格式(实际上并不会总是这样)。
- / * 模式没有映射特定类型的响应,DispatcherServlet 将处理所有的请求。在处理图片或样式表等静态资源时会带来不必要的麻烦。
- /app 模式(或其他类似的模式)将 DispatcherServlet 处理的内容和其他内容分开,但是在 URL 中暴露了实现的细节(具体来说就是/app 路径)。为了隐藏/app 路径,通常需要复杂的 URL 重写技巧。

为了不使用这些有缺陷的 Servlet 匹配模式,可以使用如代码清单 10-14 所示的匹配 DispatcherServlet。

代码清单 10-14　为 DispatcherServlet 配置 URL 匹配模式

```
<servlet-mapping>
    <servlet-name>springmvc </servlet-name>
    <url-pattern>/<url-pattern>
</servlet-mapping>
```

通过将 DispatcherServlet 映射到"/"声明了它会作为默认的 Servlet 并且会处理所有的请求,包括对静态资源的请求。

Spring 的 MVC 命名空间包含了一个新的<mvc:resources>元素,它会处理静态资源的请求。代码清单 10-15 是 springmvc-servlet.xml 文件,DispatcherServlet 将使用它来创建应用上下文。

代码清单 10-15　为 DispatcherServlet 配置 URL 匹配模式来处理静态资源

```
<?xml version="1.0" encoding="UTF-8"?>
<beans xmlns="http://www.springframework.org/schema/beans"
    xmlns:xsi=http://www.w3.org/2001/XMLSchema-instance
    xmlns:mvc="http://www.springframework.org/schema/mvc"
    xsi:schemaLocation="http://www.springframework.org/schema/mvc
        http://www.springframework.org/schema/mvc/spring-mvc-3.0.xsd
        http://www.springframework.org/schema/beans
```

```
        http://www.springframework.org/schema/beans/spring-beans-3.0.xsd">
        <mvc:resources mapping="/resources/**" location="/resources/" />
</beans>
```

通常情况下,控制器处理所有经过 DispatcherServlet 的请求。静态资源的请求也需要通过 DispatcherServlet,<mvc:resources>建立了一个服务于静态资源的处理器。属性 mapping 设置为/resources/ * *(Ant 风格的通配符),表明路径必须以/resources 开始,而且包括它的任意子路径。属性 location 表明了要提供服务的文件位置。以上配置表明,所有以/resources 路径开头的请求都会自动由应用程序根目录下的/resource 目录提供服务。因此,所有图片、样式表、JavaScript 以及其他的静态资源都必须放在应用程序的/resources 目录下(如图 10.3 所示)。

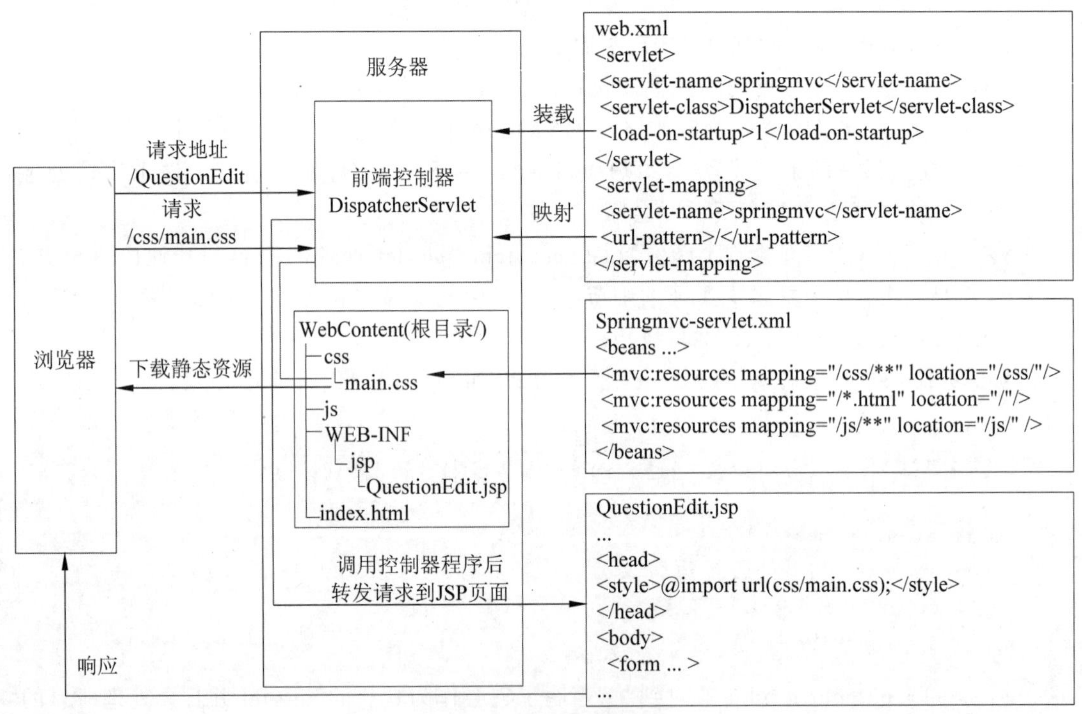

图 10.3 静态资源配置

10.2.2 Spring MVC 示例

视频

为了更好地理解 Spring MVC 的开发过程,在 Spring MVC 环境下实现第 8 章的 QuestionEdit 页面。按照 MVC 模式,QuestionEdit 页面应该包括模型(Question.java 类)、控制器(QuestionEditController)和视图(QuestionEdit.jsp)。

(1) 在 GeoTest 中建立如图 10.4 所示的目录结构。在 src 目录下创建 3 个包,分别存放数据库工具类和字符编码过滤器类、控制器类、模型类。在网站根目录下创建 css 目录,存放样式表。在 WEB-INF 目录下创建 jsp 目录,存放 JSP 页面文件。WEB-INF 目录下存放 XML 配置文件。WEB-INF\lib 目录下存放 Spring 相关 JAR 工具包。

Spring MVC 的运行环境除了 Spring 工具包外,还需要 Apache 通用日志组件支持,没

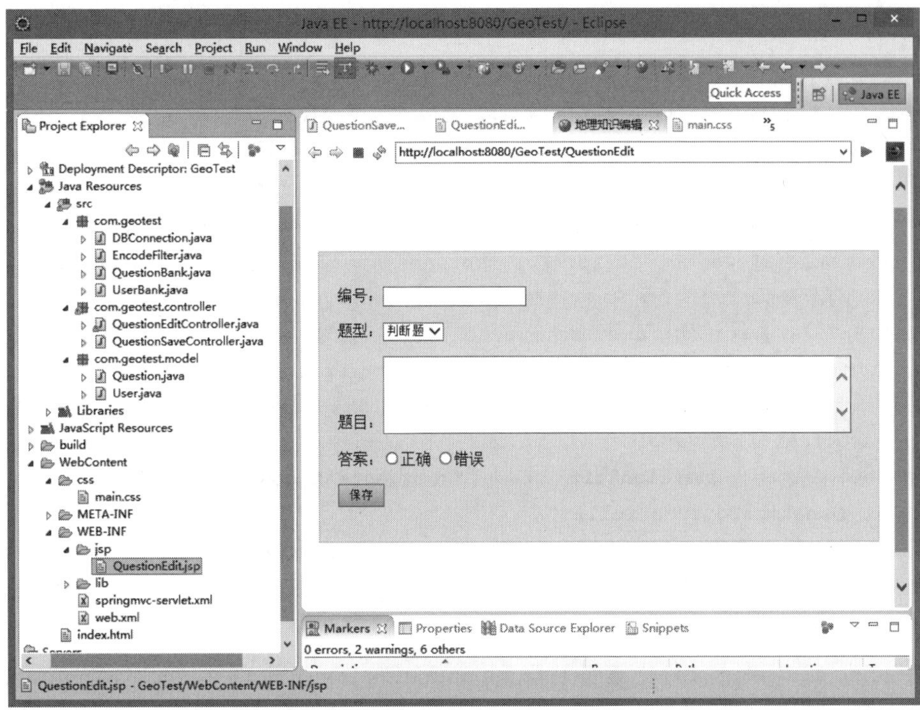

图 10.4　目录结构与运行效果

有该组件，Spring MVC 将无法运行。commons-logging-1.2.jar 的下载地址为 http://commons.apache.org/proper/commons-logging/。

（2）编写部署描述文件和 Spring 配置文件，如代码清单 10-16 和代码清单 10-17 所示。

代码清单 10-16　web.xml

代码

```
<?xml version="1.0" encoding="UTF-8"?>
<web-app xmlns:xsi="http://www.w3.org/2001/XMLSchema-instance"
   xmlns="http://java.sun.com/xml/ns/javaee"
   xsi:schemaLocation="http://java.sun.com/xml/ns/javaee
   http://java.sun.com/xml/ns/javaee/web-app_3_0.xsd" id="WebApp_ID" version=
   "3.0">
   <servlet>
      <servlet-name>springmvc</servlet-name>
      <servlet-class>org.springframework.web.servlet.DispatcherServlet
      </servlet-class>
      <load-on-startup>1</load-on-startup>
   </servlet>
   <servlet-mapping>
      <servlet-name>springmvc</servlet-name>
      <!--将所有请求映射到 DispatcherServlet -->
      <url-pattern>/</url-pattern>
   </servlet-mapping>
</web-app>
```

代码

代码清单 10-17 Spring MVC 配置文件 springmvc-servlet.xml

```
<?xml version="1.0" encoding="UTF-8"?>
<beans xmlns="http://www.springframework.org/schema/beans"
    xmlns:xsi="http://www.w3.org/2001/XMLSchema-instance"
    xmlns:p="http://www.springframework.org/schema/p"
    xmlns:context="http://www.springframework.org/schema/context"
    xsi:schemaLocation="http://www.springframework.org/schema/beans
    http://www.springframework.org/schema/beans/spring-beans.xsd
    http://www.springframework.org/schema/mvc
    http://www.springframework.org/schema/mvc/spring-mvc.xsd">
    <mvc:resources mapping="/css/**" location="/css/"/>
    <mvc:resources mapping="/*.html" location="/"/>
    <bean name="/QuestionEdit" class="com.geotest.controller.
        QuestionEditController"/>
    <bean name="/QuestionSave" class="com.geotest.controller.
        QuestionSaveController"/>
</beans>
```

在 Spring MVC 配置文件中声明了 QuestionEditController 和 QuestionSaveController 控制器类,分别映射到/QuestionEdit 和/QuestionSave 上,如图 10.5 所示。

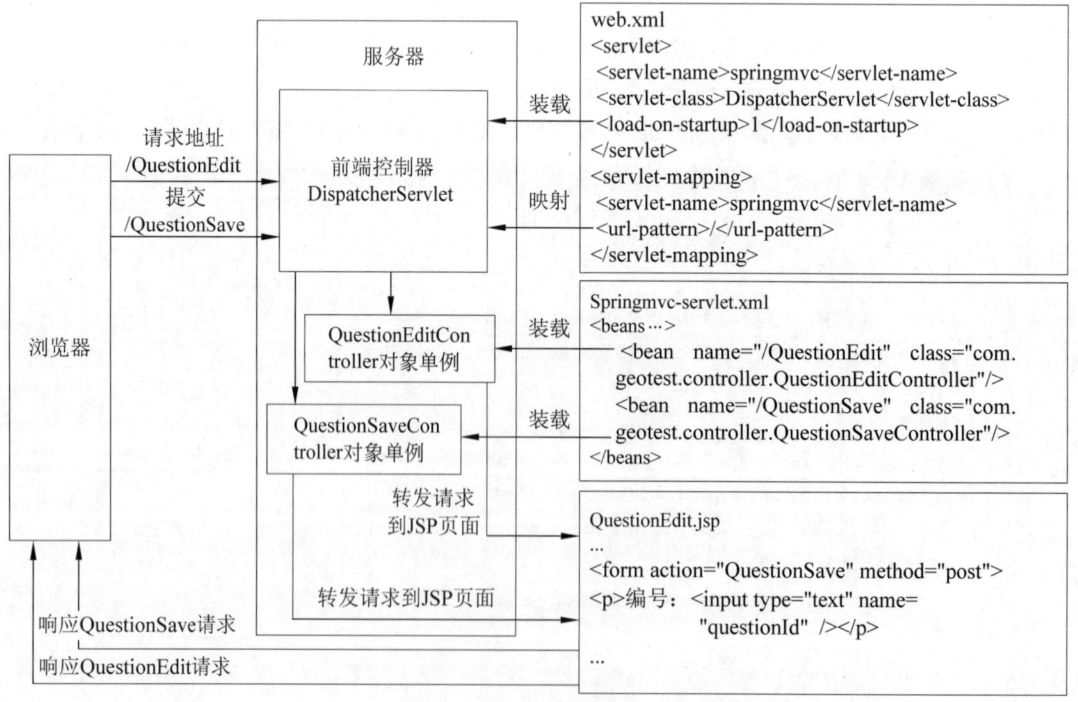

图 10.5 运行原理图

(3) 实现控制器类,如代码清单 10-18 和代码清单 10-19 所示。

代码清单 10-18 Spring 实现的 QuestionEditController 类

代码

```
package com.geotest.controller;
import javax.servlet.http. * ;
import org.springframework.web.servlet.ModelAndView;
import org.springframework.web.servlet.mvc.Controller;
public class QuestionEditController implements Controller {
    @Override
    public ModelAndView handleRequest (HttpServletRequest request, HttpServletResponse
    response) throws Exception {
        return new ModelAndView("/WEB-INF/jsp/QuestionEdit.jsp ");
    }
}
```

QuestionEditController 类的 handleRequest( )方法仅返回了不包含任何模型的 ModelAndView 对象，直接转向到/WEB-INF/jsp/QuestionEdit.jsp 上。

代码清单 10-19 Spring 实现的 QuestionSaveController 类

代码

```
package com.geotest.controller;
import javax.servlet.http. * ;
import org.springframework.web.servlet.ModelAndView;
import org.springframework.web.servlet.mvc.Controller;
import com.geotest.QuestionBank;
import com.geotest.model.Question;
public class QuestionSaveController implements Controller {
    @Override
    public ModelAndView handleRequest (HttpServletRequest request, HttpServletResponse
    response) throws Exception {
        Question question=new Question();
        question.setQuestionId(request.getParameter("questionId"));
        try {
            question.setQuestionClass(Integer.parseInt(request.getParameter
            ("questionClass")));
        } catch (NumberFormatException e) {
          }
        question.setQuestionContent(request.getParameter("questionContent"));
        question.setQuestionAnswer(request.getParameter("questionAnswer"));
        String result="";
        QuestionBank qb=new QuestionBank();
        if(qb.addQuestion(question)==1)
        result="<script>alert('插入成功');</script>";
        return new ModelAndView("/WEB-INF/jsp/QuestionEdit.jsp","message", result);
    }
}
```

QuestionSaveController 类的 handleRequest( )方法创建了一个 Question 对象，使用 request 参数设置 Question 对象。由于 questionClass 为整数，在转换过程中有可能出错，因

此用 try 语句捕获错误。然后调用 QuestionBank 工具类的 addQuestion()方法将 Question 插入数据库。handleRequest()方法返回的 ModelAndView 对象中包含三部分内容：视图路径、模型名和模型值。模型名和模型值用于在视图上显示数据。此处并没有向视图传送 Question,而只是传送了一个用于在视图中显示提示框的字符串。

(4) QuestionEdit.jsp 如代码清单 10-20 所示。

代码

代码清单 10-20　QuestionEdit.jsp

```
<%@ page language="java" contentType="text/html; charset=UTF-8" pageEncoding=
"UTF-8"%>
<%@ page import="com.geotest.*" %>
<!DOCTYPE html PUBLIC "-//W3C//DTD HTML 4.01 Transitional//EN" "http://www.w3.
org/TR/html4/loose.dtd">
<html>
    <head>
        <meta http-equiv="Content-Type" content="text/html; charset=UTF-8">
        <title>地理知识编辑</title>
        <style type="text/css">@import url(css/main.css);</style>
    </head>
    <body>
        <div id="global">
            <form action="QuestionSave" method="post">
                <p>编号: <input type="text" name="questionId" /></p>
                <p>题型: <select name="questionClass">
                <option value="0">判断题
                </select></p>
                <p>题目: <textarea cols="60" rows="5" name="questionContent" >
                    </textarea></p>
                <p>答案: <input type="radio" name="questionAnswer" value=
                    "correct" />正确
                <input type="radio" name="questionAnswer" value="wrong" />错误
                    </p>
                <p><input type="submit" value="保存" />
            </form>
            ${message}
            ${message=""}
        </div>
    </body>
</html>
```

(5) Question 类定义参见代码清单 10-21。

代码

代码清单 10-21　Question 类

```
package com.geotest.model;
public class Question {
    private String questionId;
    private int questionClass;
```

```
    private String questionContent;
    private String questionAnswer;
    …                     //set()和 get()方法
}
```

10.3　基于注解的控制器

Spring 2.5 以前的版本基本上使用 XML 进行依赖配置。Spring 2.5 为 Spring MVC 引入了注解驱动功能。它无须让控制器继承任何接口,无须在 XML 配置文件中定义请求和控制器的映射关系,仅使用注解就可以让一个 POJO 具有控制器的绝大部分功能。在框架灵活性、易用性和扩展性上,Spring MVC 已经全面超越了其他的 MVC 框架。本节介绍 Sping MVC 注解功能,讲述如何使用注解配置替换传统的基于 XML 的 Spring MVC 配置。

注解实现 Bean 配置主要用来进行如依赖注入、生命周期回调方法定义等,不能消除 XML 文件中的 Bean 元数据定义,且基于 XML 配置中的依赖注入的数据将覆盖基于注解配置中的依赖注入的数据。

10.3.1　@Controller

视频

org.springframework.stereotype.Controller 注解类型用于注解 Java 类,表明类的实例是控制器(如代码清单 10-22 所示)。

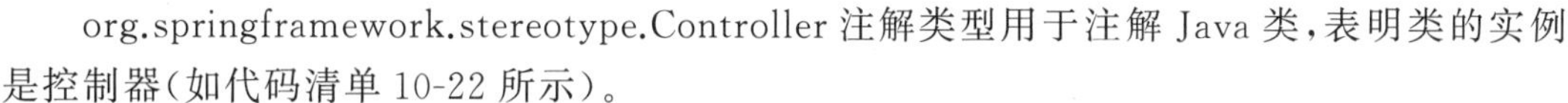

代码清单 10-22　Controller 注解

```
package com.example.controller;
import org.springframework.stereotype;
…
@Controller
public class CustomerController {
…      //请求处理方法
}
```

Spring 使用扫描机制来查找 Web 应用中的所有基于注解的控制器类。为确保 Spring 可以找到控制器,需要完成如下两步配置。

(1) 在 Spring MVC 配置文件中声明 spring-context 模式。

```
<beans
…
xmlns:context="http://www.springframework.org/schema/context"
…
>
```

(2) 使用<component-scan/>元素指定控制器类所在的包。例如,假设控制器类都放在 com.example.controller 包下,需要做如下设置。

```
<context:component-scan base-package="com.example.controller"/>
```

代码清单 10-23 为支持 Controller 注解的 Spring MVC 配置文件。

代码清单 10-23 支持 Controller 注解的 Spring MVC 配置文件(springmvc-servlet.xml)

```
<?xml version="1.0" encoding="UTF-8"?>
<beans xmlns="http://www.springframework.org/schema/beans"
    xmlns:xsi="http://www.w3.org/2001/XMLSchema-instance"
    xmlns:p="http://www.springframework.org/schema/p"
    xmlns:context="http://www.springframework.org/schema/context"
    xsi:schemaLocation="http://www.springframework.org/schema/beans
    http://www.springframework.org/schema/beans/spring-beans.xsd
    http://www.springframework.org/schema/context
    http://www.springframework.org/schema/context/spring-context.xsd">
    <context:component-scan base-package="com.example.controller"/>
    <context:annotation-config/>
    <!--… -->
</beans>
```

为了保证 Spring MVC 不扫描不相关的包,不要将包的范围指定得太大。例如,如果所有的控制器文件都放在 com.example.controller 下,不要将 base-package 指定为 com.example。

视频

10.3.2 @RequestMapping

org.springframework.web.bind.annotation.RequestMapping 注解类型用于将请求 URL 映射到处理方法上。@RequestMapping 注解用于映射方法,也可以用于映射类。

1. 映射请求处理方法

如代码清单 10-24 所示,使用@RequestMapping 将某个方法注解成为请求处理方法并为其映射一个 URL。前端控制器 DispatcherServlet 接收到匹配的 URL 请求时,将调用该方法。

代码清单 10-24 RequestMapping 注解

```
package com.example.controller;
import org.springframework.stereotype.Controller;
import org.springframework.web.bind.annotation.RequestMapping;
…
@Controller
public class CustomerController {
    @RequestMapping(value ="/input-customer")
    public String inputCustomer() {
        …       //处理请求部分
        return "CustomerForm";
    }
}
```

其中,value 用于指定映射的 URL。@RequestMapping 注解将 inputCustomer()方法映射的 URL 设置为/input-customer。在通过 http://domain/context/input-customer 访问时,前端控制器将调用 inputCustomer()方法。

value 属性是@RequestMapping 注解的默认属性，如果没有设置其他属性，value 也可以省略，例如以下两条语句是等效的。

```
@RequestMapping(value ="/input-customer")
@RequestMapping("/input-customer")
```

除了 value 属性外，@RequestMapping 还可以设置 method 属性，指定被映射的请求处理方法处理的是哪种 HTTP 方法(GET/POST)发送的请求。例如：

```
@RequestMapping(value="/process-order", method=RequestMethod.POST)
```

在省略 method 的情况下(不设置 method)，请求处理方法将处理所有的 HTTP 方法发送的请求。

2. 映射类

除了映射请求处理方法，@RequestMapping 注解类型也可以注解控制器类，如代码清单 10-25 所示。

代码清单 10-25 RequestMapping 注解映射类

```
package com.example.controller;
import org.springframework.stereotype.Controller;
import org.springframework.web.bind.annotation.RequestMapping;
import org.springframework.web.bind.annotation.RequestMethod;
…
@Controller
@RequestMapping("/customer")
public class CustomerController {
      @ RequestMapping ( value ="/delete ", method = { RequestMethod. POST,
      RequestMethod.PUT})
      public String deleteCustomer() {
      …       //删除用户处理程序
      return…;
      }
}
```

使用@RequestMapping 注解控制器类后，方法级别的请求映射将被看作相对于类级别的映射。调用 deleteCustomer()方法的 URL 为 http://domain/context/customer/delete。

10.3.3 利用控制器类实现 QuestionEdit

视频

在 Servlet 的 doGet()方法中，通过 HttpServletRequest 参数接收客户发送的请求，通过 HttpServletResponse 参数对客户做出响应。

```
protected void doGet(HttpServletRequest request, HttpServletResponse response)
```

同样，映射为 URL 地址的请求处理方法也需要接收用户请求。因此，请求处理方法的参数同样可以是 HttpServletRequest 和 HttpServletResponse 类型的参数。除了这两种参数外，请求处理方法还可以使用多种其他类型参数，包括 HttpSession、java.io.InputStream、 java.util.Map、java.io.OutputStream、org.springframework.ui.Model、表单对象等。

Spring 会根据参数类型自动为参数赋值。每次在调用请求处理方法时,Spring MVC 都会生成一个 Model 对象。请求处理方法的返回值类型可以是 String、ModelAndView、Model、View、表单等类型。

下面利用注解方法重新改写 QuestionEdit 页面。

(1) 修改 springmvc-servlet.xml,支持注解配置(如代码清单 10-26 所示)。

代码

代码清单 10-26 springmvc-servlet.xml

```
<?xml version="1.0" encoding="UTF-8"?>
<beans xmlns="http://www.springframework.org/schema/beans"
    xmlns:xsi="http://www.w3.org/2001/XMLSchema-instance"
    xmlns:p="http://www.springframework.org/schema/p"
    xmlns:mvc="http://www.springframework.org/schema/mvc"
    xmlns:context="http://www.springframework.org/schema/context"
    xsi:schemaLocation="http://www.springframework.org/schema/beans
    http://www.springframework.org/schema/beans/spring-beans.xsd
    http://www.springframework.org/schema/mvc
    http://www.springframework.org/schema/mvc/spring-mvc.xsd
    http://www.springframework.org/schema/context
    http://www.springframework.org/schema/context/spring-context.xsd">
    <context:component-scan base-package="com.geotest.controller"/>
    <mvc:annotation-driven/>
    <mvc:resources mapping="/css/**" location="/css/"/>
    <mvc:resources mapping="/*.html" location="/"/>
    <!--<bean name="/QuestionEdit" class="com.geotest.controller.
    QuestionEditController"/>-->
    <!--<bean name="/QuestionSave" class="com.geotest.controller.
    QuestionSaveController"/>-->
    <bean id="viewResolver" class="org.springframework.web.servlet.view.
    InternalResourceViewResolver">
        <property name="prefix" value="/WEB-INF/jsp/"/>
        <property name="suffix" value=".jsp"/>
    </bean>
</beans>
```

在 Spring MVC 中,视图解析器 viewResolver 负责解释视图。viewResolver 包含前缀和后缀两个属性,使用 viewResolver 后,可以使用更短的字符串来表示 JSP 文件路径。例如,只需要写 QuestionEdit,经过视图解析,添加前缀和后缀,最后形成/WEB-INF/jsp/QuestionEdit.jsp。<annotation-driven/>元素配置使 Spring MVC 支持注解,如图 10.6 所示。

(2) 使用 RequestMapping 注解后,请求处理方法可以将表单对象当作输入参数。用户输入页面 QuestionEdit.jsp 向服务器发送的表单变量包括 questionId、questionClass、questionContent 和 questionAnswer。建立表单对应的类,将上述变量作为表单类变量。

在项目管理器中,选择 com.geotest.model 包,在包中新建类 QuestionForm.java(如代码清单 10-27 所示)。

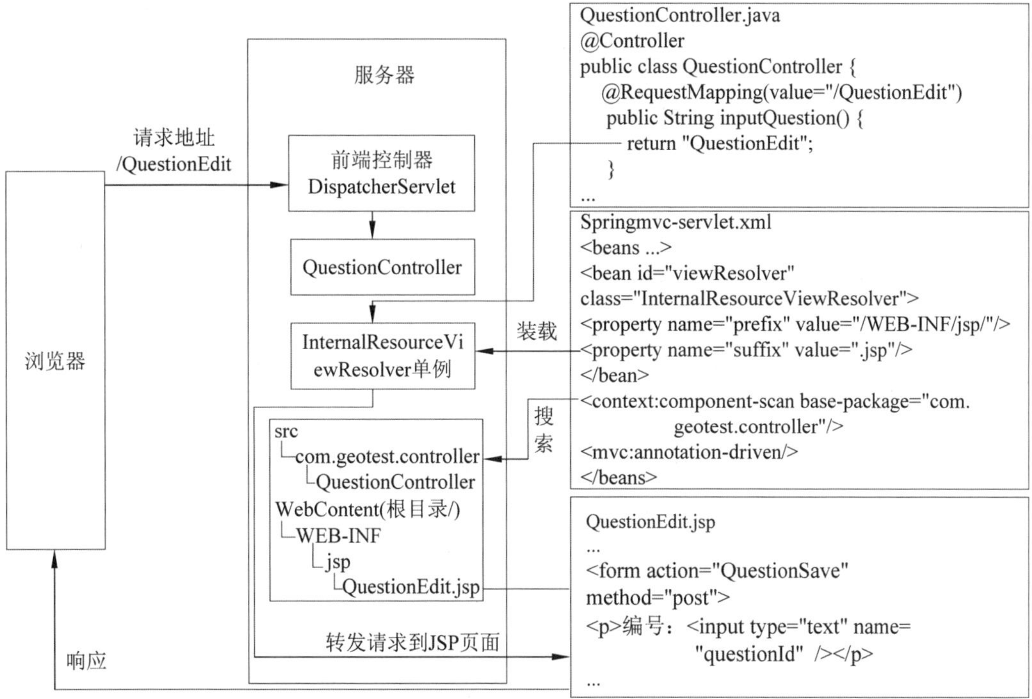

图 10.6　注解配置项作用

代码清单 10-27　表单类(QuestionForm.java)

代码

```
package com.geotest.model;
public class QuestionForm {
    private String questionId;
    private String questionClass;              //可以为 int 型,表单提交后会自动转换类型
    private String questionContent;
    private String questionAnswer;
    public String getQuestionId() {
        return questionId;
    }
    public void setQuestionId(String questionId) {
        this.questionId =questionId;
    }
    public String getQuestionClass() {
        return questionClass;
    }
    public void setQuestionClass(String questionClass) {
        this.questionClass =questionClass;
    }
    public String getQuestionContent() {
        return questionContent;
    }
```

```
    public void setQuestionContent(String questionContent) {
        this.questionContent =questionContent;
    }
    public String getQuestionAnswer() {
        return questionAnswer;
    }
    public void setQuestionAnswer(String questionAnswer) {
        this.questionAnswer =questionAnswer;
    }
}
```

(3) 在项目管理器中,选择 com.geotest.controller 包,在包中新建类 QuestionController.java(如代码清单 10-28 所示)。

代码

代码清单 10-28 控制器类(QuestionController.java)

```
package com.geotest.controller;
import org.springframework.stereotype.Controller;
import org.springframework.ui.Model;
import org.springframework.web.bind.annotation.RequestMapping;
import com.geotest.*;
import com.geotest.model.*;
@Controller
public class QuestionController {
    @RequestMapping(value="/QuestionEdit")
    public String inputQuestion () {
        return "QuestionEdit";
    }
    @RequestMapping(value="/QuestionSave")
    Public String saveQuestion (QuestionForm questionForm, Model model) {
        Question question=new Question();           //本例中可直接接收 Question 对象
        question.setQuestionId(questionForm.getQuestionId());
        try {
            question.setQuestionClass(Integer.parseInt(questionForm.
                getQuestionClass()));
        } catch (NumberFormatException e) {
        }
        question.setQuestionContent(questionForm.getQuestionContent());
        question.setQuestionAnswer(questionForm.getQuestionAnswer());
        String result="";
        QuestionBank qb=new QuestionBank();
        if(qb.addQuestion(question)==1)
            result="<script>alert('插入成功');</script>";
        model.addAttribute("message", result);
        model.addAttribute("Question",question);
        return "QuestionEdit";
    }
}
```

(4) Question.java 类保持原内容不变(参见代码清单 10-21)。

(5) 在 QuestionEdit.jsp 中添加 EL 表达式,读取 Model 保存的属性 Question(如代码清单 10-29 所示)。

代码清单 10-29 添加 EL 的页面(QuestionEdit.jsp)

```
<%@ page language="java" contentType="text/html; charset=UTF-8" pageEncoding=
"UTF-8"%>
<%@ page import="com.geotest.* " %>
<!DOCTYPE html PUBLIC "-//W3C//DTD HTML 4.01 Transitional//EN" "http://www.w3.
org/TR/html4/loose.dtd">
<html>
    <head>
        <meta http-equiv="Content-Type" content="text/html; charset=UTF-8">
        <title>地理知识编辑</title>
        <style type="text/css">@import url(css/main.css);</style>
    </head>
    <body>
        <div id="global">
            <form action="QuestionSave" method="post" >
                <p>编号: <input type="text" name="questionId"
                    value="${Question.questionId }"/></p>
                <p>题型: <select name="questionClass">
                <option value="0" ${Question.questionClass=="0"?"selected":""} >
                    判断题
                </select></p>
                <p>题目: <textarea cols="60" rows="5" name="questionContent" >
                    ${Question.questionContent}</textarea></p>
                <p>答案: <input type="radio" name="questionAnswer" value="correct"
                    ${Question.questionAnswer=="correct"?"checked":""} />正确
                <input type="radio" name="questionAnswer" value="wrong"
                    ${Question.questionAnswer=="wrong"?"checked":""} />错误</p>
                <p><input type="submit" value="保存" />
            </form>
            ${message}
            ${message="" }
        </div>
    </body>
</html>
```

程序运行结果与图 10.4 一致,并且能够保存输入的内容。

10.3.4 利用注解实现依赖注入

使用 Spring 框架的一大好处是可以自动地实现依赖注入,因为 Spring 容器本身就是依赖注入容器。要将关联对象依赖注入到 Spring MVC 控制器,最简单的方法是使用@Autowired

注解字段或方法。Autowired注解类型属于org.springframework.beans.factory.annotation包。

为了找到依赖对象,类必须使用@Service注解。与@Controller注解一样,@Service注解也属于org.springframework.stereotype包。Service注解类型表示注解的类是服务。另外,在配置文件中也需要添加一个<component-scan />元素来指定服务类所在的包。

下面使用依赖注入方式实现QuestionEdit功能。

(1) 在项目管理器的Java Resources的src目录下新建com.geotest.service包,后面将把提供数据库操作的服务类放在service包内。首先建立QuestionService接口,接口中提供add()方法、delete()方法、update()方法和get()方法。然后设计QuestionService接口的实现类QuestionServiceImpl,实现QuestionService接口的各种方法(如代码清单10-30和代码清单10-31所示)。

代码

代码清单10-30　QuestionService接口(QuestionService.java)

```
package com.geotest.service;
import com.geotest.model.Question;
public interface QuestionService {
    int add(Question question);
    int delete(Question question);
    int update(Question question);
    Question get(String questionId);
}
```

代码

代码清单10-31　QuestionServiceImpl类(QuestionServiceImpl.java)

```
package com.geotest.service;
import java.sql.*;
import org.springframework.stereotype.Service;
import com.geotest.DBConnection;
import com.geotest.model.Question;
@Service
public class QuestionServiceImpl implements QuestionService{
    public Question get(String questionId) {
        return null;                                   //未实现
    }
    public int delete(Question question) {
        return 0;                                      //未实现
    }
    public int update(Question question) {
        return 0;                                      //未实现
    }
    public int add(Question q) {
        int retcode=-1;
        Connection con=null;
        PreparedStatement pstmt=null;
        Statement sta=null;
```

```
            ResultSet rs=null;
            try{
                con=DBConnection.getConnection();
                sta=con.createStatement();
                rs=sta.executeQuery("select * from questions where questionId=\""+
               q.getQuestionId()+"\"");
                if(rs.next()){
                    retcode=2;
                }
                else{
                    String sql="insert into questions (questionId,questionClass,
                    questionContent,questionAnswer) values (?,?,?,?)";
                    pstmt=con.prepareStatement(sql);
                    pstmt.setString(1,q.getQuestionId());
                    pstmt.setInt(2,q.getQuestionClass());
                    pstmt.setString(3,q.getQuestionContent());
                    pstmt.setString(4,q.getQuestionAnswer());
                    retcode=pstmt.executeUpdate();
                }
            }catch(SQLException e){
                e.printStackTrace();
            }finally{
                DBConnection.free(con,sta,rs);
            }
            return retcode;
        }
}
```

(2) 在 springmvc-servlet.xml 中指定@service 搜索包,如代码清单 10-32 所示。

代码清单 10-32 springmvc-servlet.xml

代码

```
…
<context:component-scan base-package="com.geotest.controller"/>
<context:component-scan base-package="com.geotest.service"/>
…
```

(3) 修改 QuestionController,实现自动装配。在 SaveQuestion 请求处理方法中,没有像上例采用 forward 跳转方式,而是采用了 redirect 跳转方式(如代码清单 10-33 所示)。

代码清单 10-33 控制器类(QuestionController.java)

代码

```
package com.geotest.controller;
import org.springframework.stereotype.Controller;
import org.springframework.beans.factory.annotation.Autowired;
import org.springframework.ui.Model;
import org.springframework.web.bind.annotation.RequestMapping;
import org.springframework.web.servlet.mvc.support.RedirectAttributes;
```

```
import com.geotest.*;
import com.geotest.model.*;
@Controller
public class QuestionController {
    @Autowired
    private QuestionService questionService;
    @RequestMapping(value="/QuestionEdit")
    public String inputQuestion () {
        return "QuestionEdit";
    }
    @RequestMapping(value="/QuestionSave")
    Public String saveQuestion (QuestionForm questionForm, Model model) {
    public String saveQuestion (QuestionForm questionForm, RedirectAttributes
    redirectAttributes) {
        Question question=new Question();
        question.setQuestionId(questionForm.getQuestionId());
        try {
            question. setQuestionClass ( Integer. parseInt ( questionForm.
            getQuestionClass()));
        } catch (NumberFormatException e) {
        }
        question.setQuestionContent(questionForm.getQuestionContent());
        question.setQuestionAnswer(questionForm.getQuestionAnswer());
        String result="";
        QuestionBank qb=new QuestionBank();
        if(qb.addQuestion(question)==1)
        if(questionService.add(question)==1)
            result="<script>alert('插入成功');</script>";
        model.addAttribute("message", result);   //由客户端重新发起请求时,此处设置
                                                 //的 model 将不存在
        redirectAttributes.addFlashAttribute("message",result);
        redirectAttributes.addFlashAttribute("Question",question);

        return "QuestionEdit";
        return "redirect:QuestionEdit";          //相当于 response.sendRedirct,
                                                 //由客户端重新发起请求
    }
}
```

redirectAttributes.addFlashAttribute()方法把参数放在 session 中,跳转之后再从 session 中移除,因此在重定向的页面中可以用表达式语言(EL)取出数据。

与上例实现不同,由于在 SaveQuestion 请求处理方法中采用了 redirect 跳转方式,在添加数据之后,浏览器地址栏中的地址将发生变化。

10.4　文件上传

视频

一个网站总是不可避免地要和用户进行信息的交互，如果只是将一些简单输入类型(例如 text、password、radio、checkbox、select 等)的信息上传到服务器端，只要使用表单，通过 JSP 的内置对象(如 request)进行传递就可以了。但是如果涉及用户和服务器之间的文件交换(包括上传和下载)，仅使用 request 是不能实现的，必须借助于文件流读写的方式来实现。但由于直接应用文件流读写比较复杂，加上在上传文件到服务器时必须使用 multipart/form-data 编码方式，因此不能直接使用 request.getParameter 来取得。即使是 Servlet 技术出现后，文件上传也仍然是一个具有挑战性的任务。从 Servlet 3.0 后，Servlet 内置了文件上传功能。在此之前，文件上传可以使用 Commons FileUpload、SmartUpload 等组件。

本节介绍如何在 Spring MVC 应用程序中使用 Servlet 3.0 进行文件上传。

10.4.1　客户端编程

当提交带有文件的表单时必须将 form 标记的 enctype 属性设置为 multipart/form-data，如下所示：

```
<form action="action" enctype="multipart/form-data" method="post">
Select a file <input type="file" name="fieldName"/>
<input type="submit" value="Upload"/>
</form>
```

上传文件时，form 标记中必须包含一个类型为 file 的 input 元素。大多数的浏览器将其展现为一个文本域和一个按钮。当单击此按钮时，会打开一个文件选择对话框供选择文件。通常情况下，form 中还可以包含其他字段类型，如文本域或隐藏域。

10.4.2　接收上传的文件

在 Spring MVC 中处理上传文件是很容易的。上传到 Spring MVC 应用程序中的文件将被封装在一个 MultipartFile 对象中。只要设计一个包含类型为 MultipartFile 的属性的类就可以了。由于需要将上传的文件存储在服务器目录下，因此设置和获取文件信息需要使用 File 类。

1. File 类

Java.io.File 类主要用来获取文件本身的一些信息，例如文件所在的目录、文件的长度、文件读写权限等，它不进行文件内容的读取操作。创建一个 File 对象的构造方法有 3 个：

```
File(String filename);
File(String directoryPath, String filename);
File(File f, String filename);
```

其中，在第一个构造方法中，filename 是文件名或文件的绝对路径，例如 filename="a.txt"或 filename="C:/mybook/a.txt"；在第二个构造方法中，directoryPath 是文件的路径，

filename 是文件名,例如 directoryPath="C:/mybook",filename="a.txt";在第三个构造方法中,参数 f 是指定成一个目录的文件,filename 是文件名,如 f=new File("C:/mybook"),filename="a.txt"。

3 种构造方法都是依据文件所在的指定位置来创建文件对象在第一种构造方法中,如果只提供文件名,没有文件所在路径信息,该文件被认为是与当前应用程序在同一目录中,即 Tomcat 安装目录下的 bin 子目录。

File 对象的主要方法如表 10.1 所示。

表 10.1 File 对象的主要方法

方 法 名	说 明	返回类型
canWrite()	返回文件是否可写	boolean
canRead()	返回文件是否可读	boolean
getName()	返回文件名称	string
exists()	判断文件夹是否存在	boolean
getAbsoluteFile()	返回文件的绝对路径	String
getParent()	返回文件父目录路径	String
isDirectory()	判断该路径指示的是否是目录	boolean
isFile()	判断该路径指示的是否是文件	boolean
length()	返回文件长度	long
mkdir()	生成指定的目录	boolean

2. MultipartFile

通过 org.springframework.web.multipart.MultipartFile 接口提供的方法可以直接获取上传文件名和上传文件内容。MultipartFile 对象的主要方法如表 10.2 所示。

表 10.2 MultipartFile 对象的主要方法

方 法 名	说 明	返回类型
getBytes()	返回文件内容	byte[]
getContentType()	返回文件内容类型	String
getInputStream()	返回文件内容	InputStream
getName()	返回表单参数名	String
getOriginalFilename()	返回客户本地驱动器的原始文件名	String
getSize()	返回文件大小	long
isEmpty()	判断上传文件是否为空	boolean
tranferTo(File file)	保存上传文件	void

例如,如果保存文件内容,可以使用如下方式:

```
File file =new File(…);
multipartFile.transferTo(file);
```

3. 文件上传示例

下面为地理知识测试题添加图片。

在地理知识中，部分题目信息是由图片提供的。由于题目内容存储在数据库表中，添加图片后，相关的图片信息也应该存储在数据表中。为简单起见，GeoTest 将图片存储在 WebContent 下的 image 目录中，将图片名称存储在 questions 表的 image 中。

(1) 在 MySQL-front 中打开 questions 表，向表中添加字段 image，类型为 varchar，宽度为 40。

(2) 修改 Question 类和 QuestionForm 类。向 Question 类中添加类型为 String 的变量，生成 set()和 get()方法，如代码清单 10-34 所示。向 QuestionForm 类中添加类型为 MultipartFile 的变量 image，生成 set()和 get()方法。两个类的修改方法类似。

代码清单 10-34 Question 类(Question.java)

代码

代码

```
package com.geotest.model;
public class Question {
    private String questionId;
    private int questionClass;
    private String questionContent;
    private String questionAnswer;
    private String image;
    public Question(){
    }
        …                               //get()方法和 set()方法略
}
```

(3) 修改 QuestionServiceImpl 类的 add()方法，如代码清单 10-35 所示。

代码清单 10-35 QuestionServiceImpl 类(QuestionServiceImpl.java)

代码

```
package com.geotest.service;
import java.sql.*;
import org.springframework.stereotype.Service;
import com.geotest.DBConnection;
import com.geotest.model.Question;
@Service
public class QuestionServiceImpl implements QuestionService{
    …
    public int add(Question q){
    …
    String sql="insert into questions (questionId,questionClass,questionContent,
    questionAnswer) values (?,?,?,?)";
    String sql="insert into questions (questionId,questionClass,questionContent,
    questionAnswer,image) values (?,?,?,?,?)";
```

```
    pstmt=con.prepareStatement(sql);
    pstmt.setString(1,q.getQuestionId());
    pstmt.setInt(2,q.getQuestionClass());
    pstmt.setString(3,q.getQuestionContent());
    pstmt.setString(4,q.getQuestionAnswer());
    pstmt.setString(5, q.getImage());
    retcode=pstmt.executeUpdate();
    …
```

视频

(4) 新建 JSP 页面 QuestionEditUpload.jsp,如代码清单 10-36 所示。

代码

代码清单 10-36 QuestionEditUpload.jsp

```
<%@ page language="java" contentType="text/html; charset=UTF-8" pageEncoding=
"UTF-8"%>
<%@ page import="com.geotest.*" %>
<!DOCTYPE html PUBLIC "-//W3C//DTD HTML 4.01 Transitional//EN" "http://www.w3.
org/TR/html4/loose.dtd">
<html>
    <head>
        <meta http-equiv="Content-Type" content="text/html; charset=UTF-8">
        <title>地理知识编辑</title>
        <style type="text/css">@ import url(css/main.css);</style>
    </head>
    <body>
        <div id="global">
            <form action="QuestionSaveUpload" method="post" enctype="multipart/
            form-data">
                <p>编号: <input type="text" name="questionId" value=
                "${Question.questionId }"/></p>
                <p>题型: <select name="questionClass">
                <option value="0" ${Question.questionClass=="0"?"selected":""}>
                    判断题
                </select></p>
                <p>题目: <textarea cols="60" rows="5" name="questionContent" >
                    ${Question.questionContent}</textarea></p>
                <p>答案: <input type="radio" name="questionAnswer" value="correct"
                    ${Question.questionAnswer=="correct"?"checked":""}/>正确
                <input type="radio" name="questionAnswer" value="wrong"
                    ${Question.questionAnswer=="wrong"?"checked":""} />错误</p>
                <p>上传: <input type="file" name="image"/></p>
                <p><input type="submit" value="保存" />
            </form>
            ${message}
            ${message=""}
```

```
        </div>
    </body>
</html>
```

视频

(5) 新建控制器 QuestionController.java，如代码清单 10-37 所示。

代码

代码清单 10-37　QuestionController.java

```
package com.geotest.controller;
import java.io.*;
import javax.servlet.http.HttpServletRequest;
import org.springframework.beans.factory.annotation.Autowired;
import org.springframework.stereotype.Controller;
import org.springframework.ui.Model;
import org.springframework.validation.BindingResult;
import org.springframework.web.bind.annotation.*;
import org.springframework.web.multipart.MultipartFile;
import org.springframework.web.servlet.mvc.support.RedirectAttributes;
import com.geotest.model.*;
import com.geotest.service.QuestionService;
@Controller
public class QuestionController {
    @Autowired
    private QuestionService questionService;
    @RequestMapping(value="/QuestionEditUpload")
    public String inputQuestionUpload(Model model) {
        model.addAttribute("Question", new Question());
    return "QuestionEditUpload";
    }
    ...
    @RequestMapping(value="/QuestionSaveUpload",method=RequestMethod.POST)
    public String saveQuestionUpload(HttpServletRequest request, @ModelAttribute
    QuestionForm questionForm, Model model) {
        MultipartFile file =questionForm.getImage();
        if (null !=file) {
            String fileName =file.getOriginalFilename(); //获取客户端上传文件的文件名
            fileName=fileName.substring(fileName.lastIndexOf("\\")+1);
                                                //提取文件名(不含路径)
            File imageFile =new File(request.getServletContext().getRealPath("/
            image"), fileName);
            try {
                file.transferTo(imageFile);
                Question question=new Question();
                question.setQuestionId(questionForm.getQuestionId());
                try {
                    question.setQuestionClass(Integer.parseInt(questionForm.
                getQuestionClass()));
                } catch (NumberFormatException e) {
                }
```

```
                question.setQuestionContent(questionForm.getQuestionContent());
                question.setQuestionAnswer(questionForm.getQuestionAnswer());
                question.setImage(fileName);
                String result="";
                if(questionService.add(question)==1)
                  result="<script>alert('插入成功');</script>";
                model.addAttribute("message",result);
                model.addAttribute("Question",question);
            } catch (IOException e) {
                e.printStackTrace();
            }
        }
        return "QuestionEditUpload";
    }
}
```

在包含 file 组件的表单中，由于 QuestionForm 类中的 image 类型为 MultipartFile，不能转换成字符串形式提交。在请求处理方法 inputQuestionUpload()中，将 Question 对象存储在 model 属性中。与 JavaBean 通过表单提交数据类似，表单提交变量名必须与 QuestionForm 属性一致。例如，表单的<input type="file" name="image"/>中的提交变量名为 image，QuestionForm 中新增的属性名也一定要设为 image。

在 saveQuestionUpload()方法中，接收的参数包括@ModelAttribute QuestionForm，即在方法中可以得到由表单输入数据的 QuestionForm 对象，再由其生成 Question 对象。

(6) 在 WebConent 下建立 image 目录，修改 spring-mvc.xml 配置文件，如代码清单 10-38 所示。

代码

代码清单 10-38 spring-mvc.xml

```
…
<mvc:resources mapping="/image/**" location="/image/" />
<bean id="multipartResolver" class="org.springframework.web.multipart.support.
StandardServletMultipartResolver">
</bean>
…
```

(7) 修改 web.xml 配置文件，如代码清单 10-39 所示。

代码

代码清单 10-39 web.xml

```
…
<servlet>
    <servlet-name>springmvc</servlet-name>
    <servlet-class>org.springframework.web.servlet.DispatcherServlet</
    servlet-class>
    <load-on-startup>1</load-on-startup>
    <multipart-config>
    <max-file-size>20848820</max-file-size>
    <max-request-size>418018841</max-request-size>
```

```
    <file-size-threshold>1048576</file-size-threshold>
    </multipart-config>
</servlet>
...
```

在 web.xml 配置文件中，通过<multipart-config>元素设置最大上传文件大小、最大请求大小等参数。

实　验　10

实验目的

- 掌握 Spring MVC 的 XML 配置和注解配置。
- 掌握 Spring MVC 的基本原理。
- 学会运用 MVC 模式进行 Web 应用程序设计。

实验内容

(1) 利用 Spring MVC 设计页面求三角形面积。

(2) 参考代码清单 10-16 至代码清单 10-20，设计数据库表输入页面。

(3) 使用注解方式设计数据库表输入页面。

(4) 调试文件上传示例。

习　题　10

程序设计题

1. 利用 Spring MVC 设计一个数据表 questions 查询浏览页面，页面以表格形式显示数据字段，将关键字段 questionId 设置为超链接，单击超链接，跳转到 QuestionUpdate 页面并将 questionId 传到该页面。

2. 利用 Spring MVC 设计一个数据表 questions 更新页面 QuestionUpdate，页面接收上题发送的 questionId，查找数据表并显示数据内容。修改数据输入完成后，单击“更新”按钮更新数据库内容。要求允许修改 questionId 字段。

3. 使用注解方式，利用 Spring MVC 设计一个控制器，控制器实现对主页和数据表 questions 的查找、添加、更新及删除的请求处理。

4. 修改 questions 表结构，添加 4 个文本字段，用于存储地理知识测试中选择题的 4 个选项。利用 Spring MVC 设计修改结构后的数据添加页面。

CHAPTER 第11章 JSP实用组件

使用HTML标记呈现模型数据并不总是最好的方法，还可以使用Java实用组件扩展JSP的呈现功能。本章介绍使用第三方组件生成PDF和Excel的方法。

视频

11.1 用iText生成PDF内容

PDF(Portable Document Format)是便携式文档格式，是由Adobe公司研发出来的。PDF文件将文字、字型、格式、颜色及独立于设备和分辨率的图形图像等封装在一个文件中。无论使用什么样的应用程序和操作系统打开PDF文件，所呈现的内容及格式都是一样的。PDF是一种Internet上进行电子文档发行和数字化信息传播的理想文档格式。

Spring提供了由模型数据生成PDF文档视图的API，API使用iText类库。iText是常用的生成PDF文档的Java类库，代码可以直接写在JSP文件中。

Spring使用的iText类包结构与iText 4以下版本一致。本节示例使用iText-4.2.1.jar库文件，该库文件存储在应用程序目录下的WEB-INF\lib中。

11.1.1 iText常用类

PDF文档结构与Word文档结构类似，文档属性包括页面大小、页边距、页眉、页脚等，文档内容由块、语句、段落、表格、图形、超链接等组成，每个内容元素都可以指定字体、颜色等属性。在使用iText类库生成PDF文档时，需要用到其中的Document、PdfWriter、Font、Paragraph、Image等核心类，下面介绍iText类库中部分常用的类。

1. Document类

Document类封装了创建PDF文档的属性和方法。通过Document类，可以完成创建文档、添加内容、设置文档属性等。

Document类提供的主要方法如表11.1所示。

表11.1 Document类的主要方法

方法名	说明	返回类型
Document()	生成文档对象，默认大小为A4纸，页边距为36磅(0.5英寸)	Document
Document(Rectangle pageSize)	生成指定大小的文档对象，例如创建A4文档： Document doc=new Document(new Rectangle(595,842));	Document

续表

方法名	说明	返回类型
Document(Rectangle, int, int, int, int)	生成指定大小和页边距的文档对象，例如：new Document(PageSize.A4,36,72,72,36)；	Document
open()	打开文档	void
close()	关闭文档，所有操作完成后调用	void
add(Element obj)	向文档中添加元素（如段落、图像等）	boolean
setPageCount(int c)	设置页数	boolean
newPage()	创建新页，后面添加的内容在新页中	boolean
setHeader (HeaderFooter hf)	设置页眉	void

Document 类可以用 PdfWriter 写到输出流中。输出流可以是文件输出流，也可以是 response 输出流。创建 PdfWriter 对象的方法如下：

```
PdfWriter.getInstance(Document document, OutputStream os)
```

PdfWriter 对象的打开和关闭方法一般不需要显式调用，在创建 PdfWriter 对象和执行 document.close()方法时会自动调用。

由于 getInstance()方法在 document 处于打开状态时会关闭 document，所以需要将其写在 document.open()之前。在执行 document.close()方法时会同时关闭 PdfWriter 对象，并将 document 写到输出流中。因此，调用 document.close()方法应该在所有操作之后。

代码清单 11-1 为创建 PDF 文件。

代码清单 11-1　创建 PDF 文件(pdfView.jsp)

代码

```
<%@ page language="java" contentType="text/html; charset=UTF-8" pageEncoding
="UTF-8"%>
<%@ page import="com.lowagie.text.*,com.lowagie.text.pdf.*,java.io.*"%>
<!DOCTYPE html PUBLIC "-//W3C//DTD HTML 4.01 Transitional//EN" "http://www.w3.
org/TR/html4/loose.dtd">
<html>
  <head>
    <meta http-equiv="Content-Type" content="text/html; charset=UTF-8">
    <title>Insert title here</title>
  </head>
  <body>
    <%
      String msg="Questions List";
      Document doc=new Document();
      PdfWriter.getInstance(doc, new FileOutputStream("e:/report.pdf"));
      doc.open();
      Paragraph p=new Paragraph(msg);
      doc.add(p);
```

```
    doc.close();
  %>
 </body>
</html>
```

程序运行后将在 e 盘生成 report.pdf 文件，内容为 msg 变量的英文字符。

2. 内容类

视频

1) Font 类

大部分内容类可以通过 setFont()方法设置字体。

英文字体可以通过 FontFactory 直接生成：

```
Font  font =FontFactory.getFont(FontFactory.TIMES);
```

其中，FontFactory.TIMES 为 FontFactory 提供的字符串字体名称。

iText 只支持有限的几种内嵌英文字体，生成 PDF 文件时会把所用字体的字符点阵信息存储在 PDF 文件中。如果添加中文内容，则需要设置非内嵌的中文字体，否则将不会显示。中文字体的宋体可以通过如下方法生成：

```
BaseFont  bf =BaseFont.createFont("STSong-Light", "UniGB-UCS2-H",
                 BaseFont.NOT_EMBEDDED);
Font  chinese =new  Font(bf);
```

先利用 createFont 创建宋体、编码为 UniGB-UCS2-H、非内嵌的 BaseFont 对象，再由其创建 Font 对象。

2) Chunk 类

块是能被添加到文档中的文本的最小单位，可以对块设置字体、颜色等属性。用块可以组成其他的基础元素，如短句、段落等。

代码清单 11-2 为使用 Font 和 Chunk 类的示例。

代码

代码清单 11-2　使用 Font 和 Chunk

```
<%@  page  language="java"  contentType="text/html; charset=UTF-8"
pageEncoding="UTF-8"%>
<%@  page  import="com.lowagie.text.*,com.lowagie.text.pdf.*,java.io.*,
java.awt.Color"%>
<!DOCTYPE html PUBLIC "-//W3C//DTD HTML 4.01 Transitional//EN" "http://www.w3.
org/TR/html4/loose.dtd">
<html>
  <head>
    <meta http-equiv="Content-Type" content="text/html; charset=UTF-8">
    <title>Insert title here</title>
  </head>
  <body>
    <%
      Document  doc=new  Document();
      PdfWriter.getInstance(doc, new FileOutputStream("e:/report.pdf"));
```

```
        doc.open();
        Font  font=FontFactory.getFont(FontFactory.TIMES);
        BaseFont  bf =BaseFont.createFont("STSong-Light", "UniGB-UCS2-H",
BaseFont.NOT_EMBEDDED);
        Font  chinese =new  Font(bf);
        Chunk ck=new Chunk();
        ck.append("(1)");
        ck.setFont(font);                //等效于 Chunk ck=new  Chunk("(1)",font);
        doc.add(ck);
        doc.add(new Chunk("珠穆朗玛峰海拔",chinese));  //宋体
        font.setColor(Color.blue);
        font.setSize(16);
        doc.add(new Chunk("8848",font));               //字体 TIMES,蓝色,16 磅
        doc.add(new Chunk("米",chinese));
        doc.close();
      %>
    </body>
  </html>
```

3）Phrase 类

短句(Phrase)由一组块组成，是块的集合。它支持集合操作，如 Chunk 对象的添加 add()、删除 remove()、取集合 getChunks()等。

视频

4）Paragraph 类

视频

段落(Paragraph)由一组块、短句组成，是块、短句的集合。它支持集合操作，如对 Chunk 或 Phrase 对象的添加 add()、删除 remove()、取集合 getChunks()等。Paragraph 类支持段落的格式设置操作，如设置对齐 setAlignment()、首行缩进 setFirstLineIndent()、行间距 setLeading()、段前间距 setSpacingBefore()、段后间距 setSpacingAfter()等。

代码清单 11-3 为使用 Paragraph、Table 类和 Image 类的示例。

代码清单 11-3　使用 Paragraph、Table 和 Image

代码

```
<%@  page  language="java"  contentType="text/html; charset=UTF-8"
pageEncoding="UTF-8"%>
<%@  page  import="com.lowagie.text.*,com.lowagie.text.pdf.* ,java.io.*,
java.awt.Color" %>
<!DOCTYPE html PUBLIC "-//W3C//DTD HTML 4.01 Transitional//EN" "http://www.w3.
org/TR/html4/loose.dtd">
<html>
  <head>
    <meta http-equiv="Content-Type" content="text/html; charset=UTF-8">
    <title>Insert title here</title>
  </head>
  <body>
    <%
      response.setHeader("Content-Disposition","attachment;filename=report.
```

```
pdf");                                                   //内容按附件 report.pdf 处置
        response.setContentType("application/pdf");      //内容类型为 PDF,浏览器调用
                                                         //PDF 阅读器
        String[]  msg={"黄鹤楼送孟浩然之广陵","作者:李白",
            "故人西辞黄鹤楼,","烟花三月下扬州。","孤帆远影碧空尽,","唯见长江天际流。"};
        Document  doc=new Document();
        PdfWriter.getInstance(doc, response.getOutputStream());
                                                         //输出为响应流,发送给客户端
        doc.open();
        BaseFont   bf = BaseFont. createFont ( " STSong - Light "," UniGB - UCS2 - H ",
BaseFont.NOT_EMBEDDED);
        Font  chinese =new Font(bf);
        chinese.setSize(16);
        Paragraph  p=new Paragraph(msg[0],chinese);
        p.setAlignment(Element.ALIGN_CENTER);            //设置段落对齐方式
        doc.add(p);
        Table  table=new Table(2,7);                     //创建 2 列 7 行表格
        table.setPadding(4);
        table.setAlignment(Element.ALIGN_CENTER);
        chinese.setSize(12);
        for(int  i=1;i<6;i++){
          Cell  cell=new Cell(new Chunk(msg[i],chinese));  //生成单元格
          cell.setHorizontalAlignment(Cell.ALIGN_CENTER);
          table.addCell(cell,i-1,0);                     //将单元格添加到表格中并指定行列位置
        }
        String realpath=application.getRealPath("/upload/");
                                                         //hhl.jpeg 存储在 upload 目录下
        Image image=Image.getInstance(realpath+"hhl.jpeg");
                                                         //生成图像对象
        Cell  cellimage=new Cell(image);
        cellimage.setRowspan(5);                         //cellimage 单元格占用 5 行
        cellimage.setVerticalAlignment(Cell.ALIGN_MIDDLE);
        table.addCell(cellimage,0,1);                    //图像单元格添加到表格的 0 行 1 列
        doc.add(table);
        doc.close();
        out.clear();                         //response.getOutputStream()类似于 out 输出流
        out =pageContext.pushBody();         //由于 Tomcat 在页面结束时要关闭 out 内置对象,因
                                             //此重置 out 对象
    %>
  </body>
</html>
```

用浏览器打开页面后,浏览器调用 PDF 阅读器,PDF 内容结果如图 11.1 所示。

视频

11.1.2 用 Spring 生成 PDF 视图

Spring 提供了 AbstractPdfView 类,用于将模型数据生成 PDF 视图。AbstractPdfView 是

黄鹤楼送孟浩然之广陵

作者：李白
故人西辞黄鹤楼，
烟花三月下扬州。
孤帆远影碧空尽，
唯见长江天际流。

图 11.1　运行结果

一个抽象类，包含唯一的抽象（没有具体实现）方法 buildPdfDocument，用于将数据生成 PDF 视图，方法格式为：

```
protected void buildPdfDocument (Map < String, Object > model, Document doc,
PdfWriter pdfWriter, HttpServletRequest request,HttpServletResponse response)
throws Exception {}
```

参数 model 为生成 PDF 视图的模型数据源，doc 的定义及功能与上节相同。buildPdfDocument()方法在视图刷新时会自动调用。

使用 AbstractPdfView 类实现 Question 数据的 PDF 视图的显示方法如下：

（1）在 com.geotest 包下新建类 QuestionPdfView，如代码清单 11-4 所示。

代码清单 11-4　QuestionPdfView 类

代码

```
package  com.geotest;
import  java.util.Map;
import  javax.servlet.http.*;
import  org.springframework.web.servlet.view.document.AbstractPdfView;
import  com.lowagie.text.*;
import  com.lowagie.text.pdf.*;
public  class  QuestionPdfView  extends  AbstractPdfView{
  @Override
  protected void buildPdfDocument (Map < String, Object > model, Document doc,
PdfWriter pdfWriter, HttpServletRequest request,HttpServletResponse response)
throws Exception {
    String  questionId =(String) model.get("questionId");
    String  questionContent =(String) model.get("questionContent");
    BaseFont  bfChinese =BaseFont.createFont ("STSong-Light","UniGB-UCS2-H",
BaseFont.NOT_EMBEDDED);
    Font  chinese =new  Font(bfChinese);
    doc.add(new Paragraph(questionId,chinese));
    doc.add(new Paragraph(questionContent,chinese));
  }
}
```

(2) 在 QuestionController 类中添加地址映射方法,如代码清单 11-5 所示。

代码

代码清单 11-5　使用 QuestionPdfView 类(QuestionController.java)

```
@RequestMapping(value="/QuestionPdfView",method=RequestMethod.GET)
public ModelAndView pdfViewQuestion (HttpServletRequest request, HttpServletResponse
response) {
  QuestionPdfView  pdf=new QuestionPdfView();
  Question  question=questionService.get("010001");   //Question 对象也可以直接创建
  Map<String,Object>  map =new  HashMap<String,Object>();
  map.put("questionId",question.getQuestionId());
  map.put("questionContent",question.getQuestionContent());
  pdf.setAttributesMap(map);
  pdf.setContentType("application/pdf");
  return  new  ModelAndView(pdf);
}
```

11.2 处理 Excel 文件的组件

Excel 是保存统计数据的一种企业常用的文件格式,打印和管理比较方便。在 Web 应用中,将一部分数据生成 Excel 格式,是与其他系统无缝连接的重要手段。POI 是 Apache 软件基金会的开放源码函数库,它提供了对 Microsoft Office 格式档案的读和写的功能。

POI 操作 Excel 有三种形式,分别是 HSSFWorkbook、XSSFWorkbook、SXSSFWorkbook。HSSFWorkbook 操作 Excel 2003 及以前版本,扩展名是.xls;XSSFWorkbook 和 SXSSFWorkbook 操作 Excel 2007 及后继版本,扩展名是.xlsx。

POI 包的下载地址为 http://poi.apache.org。将下载后的文件解压缩,将 poi.jar、poi-ooxml.jar、poi-ooxml-schemas.jar 及支持库复制到 WebContent/WEB-INF/lib 目录中。

视频

11.2.1 XSSF 类

一个 Excel 文件由一个工作簿组成,工作簿由若干个工作表组成,每个工作表又由多个单元格组成。对应于 XSSF 中的结构如表 11.2 所示。

表 11.2　XSSF 的部分主要类

对 象 类	示　例	说　明
XSSFWorkbook	XSSFWorkbook book= new XSSFWorkbook();	工作簿
Sheet	Sheet sheet=book.createSheet("Sheet1");	工作表
Row	Row row=sheet.createRow(0);	行
Cell	Cell cell=row.createCell(0);	单元格
CellStyle	CellStyle style = book.createCellStyle();	样式
Font	Font font = book.createFont();	字体

其中，XSSFWorkbook 类在 org.apache.poi.xssf.usermodel 包中定义，Sheet、Row、Cell、CellStyle、Font 类在 org.apache.poi.ss.usermodel 包中定义。

11.2.2　基本操作

视频

对 Excel 文件的基本操作包括创建、读取和修改 Excel 文件。

1. 创建 Excel 文件并下载

创建一个名为 book1.xlsx 的 Excel 文件，其中第一个工作表被命名为 Sheet1，如代码清单 11-6 所示。

代码清单 11-6　生成 Excel 文件(createExcel.jsp)

代码

```
<%@ page language="java" contentType="text/html; charset=UTF-8"  pageEncoding
="UTF-8"%>
<%@ page import="java.io.*,org.apache.poi.xssf.usermodel.*,org.apache.poi.
ss.usermodel.*" %>
<!DOCTYPE html PUBLIC "-//W3C//DTD HTML 4.01 Transitional//EN" "http://www.w3.
org/TR/html4/loose.dtd">
<html>
  <head>
    <meta http-equiv="Content-Type" content="text/html; charset=UTF-8">
    <title>Insert title here</title>
  </head>
  <body>
    <%
      try{
        XSSFWorkbook book=new XSSFWorkbook();
        Sheet sheet=book.createSheet("Sheet1");
        Row  row=sheet.createRow(0);                  //创建第 0 行
        Cell  cell=row.createCell(0);                 //创建第 0 列单元格
        cell.setCellValue("价格");
        row.createCell(1).setCellValue(23);           //创建 0 行 1 列单元格,值为 23
        String realpath=application.getRealPath("/upload/");
        book.write(new FileOutputStream(realpath+"book1.xlsx"));
                                                      //将 Excel 内容写到文件中
        //以下代码实现下载/upload/book1.xlsx
        response.setHeader("Content-Disposition","attachment;filename=book1.
xlsx");
        response.setContentType("application/vnd.ms-excel");
                                                      //响应内容类型为 Excel
        FileInputStream  in =new FileInputStream(realpath+"book1.xlsx");
        OutputStream  o =response.getOutputStream();
        byte  buffer[] =new byte[1024];
        int  len =0;
        while((len=in.read(buffer))>=0){  //每次读 1024 个字节到 buffer 中,len 为实
                                          //际读字节数
```

```
        o.write(buffer, 0, len);             //将 buffer 中从 0 开始的 len 个字节写到响
                                             //应流中
      }
      o.close();
      in.close();
      out.clear();
      out =pageContext.pushBody();
    }catch(Exception e) {
      e.printStackTrace();
    }
  %>
 </body>
</html>
```

视频

在创建 Excel 文件时,按照创建工作簿、在工作簿中创建工作表、在工作表中创建行、在行中创建单元格的次序,依次创建各个对象。在内存中将内容填充 XSSFWorkbook 对象后,调用 XSSFWorkbook 的 write()方法,将内存中的内容写到文件中。

2. 读取 Excel 文件

读取创建的 Excel 文件 book1.xlsx,如代码清单 11-7 所示。

代码

代码清单 11-7　读取 Excel 文件(readExcel.jsp)

```
<%@ page language="java" contentType="text/html; charset=UTF-8"  pageEncoding
="UTF-8"%>
<%@ page import="java.io.*,org.apache.poi.xssf.usermodel.*,org.apache.poi.
ss.usermodel.*" %>
<!DOCTYPE html PUBLIC "-//W3C//DTD HTML 4.01 Transitional//EN" "http://www.w3.
org/TR/html4/loose.dtd">
<html>
  <head>
    <meta http-equiv="Content-Type" content="text/html; charset=UTF-8">
    <title>read excel</title>
  </head>
  <body>
    <%
      try{
        XSSFWorkbook book=new XSSFWorkbook(new FileInputStream(
          application.getRealPath("/upload/")+"book1.xlsx"));//打开 Excel 文件
        Sheet sheet=book.getSheetAt(0);
        int firstrow=sheet.getFirstRowNum();                 //第一行行号
        int lastrow=sheet.getLastRowNum();                   //最后一行行号
        for(int i=firstrow;i<=lastrow;i++){
          Row row=sheet.getRow(i);
          int firstcell=row.getFirstCellNum();               //第一个单元格列号
          int lastcell=row.getLastCellNum();                 //最后一个单元格列号
          for(int j=firstcell;j<=lastcell;j++){
```

```
            Cell cell=row.getCell(j);
            Object obj=null;
            if(cell.getCellType()==Cell.CELL_TYPE_STRING)
                obj=cell.getStringCellValue();               //读字符串型单元格值
            else if(cell.getCellType()==Cell.CELL_TYPE_NUMERIC)
                obj=cell.getNumericCellValue();              //读数值型单元格值
            out.print(obj.toString());
          }
        }
      }catch(Exception e) {
        System.out.println(e);
      }
    %>
  </body>
</html>
```

3. 修改 Excel 文件

视频

修改 Excel 文件时,需要先打开 Excel 文件,修改某些单元格的内容,最后保存。

代码清单 11-8 演示了如何修改 Excel 文件。

代码清单 11-8　修改 Excel 文件(updateExcel.jsp)

代码

```
<%@ page language="java" contentType="text/html; charset=UTF-8"  pageEncoding
="UTF-8"%>
<%@ page import="java.io.*,org.apache.poi.xssf.usermodel.*,org.apache.poi.
ss.usermodel.*"%>
<!DOCTYPE html PUBLIC "-//W3C//DTD HTML 4.01 Transitional//EN" "http://www.w3.
org/TR/html4/loose.dtd">
<html>
  <head>
    <meta http-equiv="Content-Type" content="text/html; charset=UTF-8">
    <title>Update excel</title>
  </head>
  <body>
    <%
      try {
        String filename=application.getRealPath("/upload/")+"book1.xlsx";
        XSSFWorkbook book=new XSSFWorkbook(new FileInputStream(filename));
        Sheet sheet=book.getSheetAt(0);
        Row row=sheet.getRow(0);
        Cell cell=row.getCell(1);
        cell.setCellValue(26);                           //重新设置 0 行 1 列单元格值
        book.write(new FileOutputStream(filename));     //保存文件
      }catch(Exception e) {
        e.printStackTrace();
      }
```

```
    %>
  </body>
</html>
```

视频

11.2.3 用 Excel 批量导入数据

在 GeoTest 项目中,如果希望批量上传用户信息并导入数据库,可以将录入用户信息的 Excel 表格文件上传。在上传处理程序中,等上传文件保存后,打开 Excel 文件,读取用户信息并插入数据库。上传的 Excel 内容如图 11.2 所示。

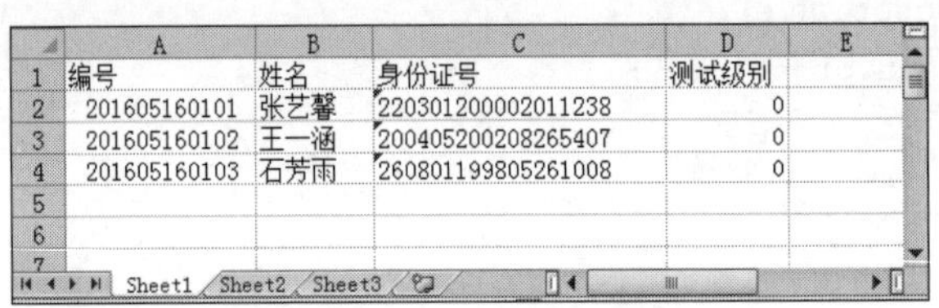

	A	B	C	D	E
1	编号	姓名	身份证号	测试级别	
2	201605160101	张艺馨	220301200002011238	0	
3	201605160102	王一涵	200405200208265407	0	
4	201605160103	石芳雨	260801199805261008	0	
5					
6					
7					

图 11.2 Excel 模板数据

(1) 在 com.geotest.model 包中新建类 FileUpload(如代码清单 11-9 所示)。

代码

代码清单 11-9 上传文件模型类(FileUpload.java)

```
package  com.geotest.model;
import  org.springframework.web.multipart.MultipartFile;
public  class  FileUpload {
  private MultipartFile file;
  public FileUpload() {      }
  public MultipartFile getFile() {return file;}
  public void setFile(MultipartFile file) {this.file = file;}
}
```

(2) 在 WEB-INF/jsp 目录下新建上传文件页面 uploadUser.jsp(如代码清单 11-10 所示)。

代码

代码清单 11-10 上传文件页面(uploadUser.jsp)

```
<%@ page  language="java"  contentType="text/html; charset=UTF-8"  pageEncoding=
"UTF-8"%>
<!DOCTYPE html PUBLIC "-//W3C//DTD HTML 4.01 Transitional//EN" "http://www.w3.
org/TR/html4/loose.dtd">
<html>
    <head>
        <meta http-equiv="Content-Type" content="text/html; charset=UTF-8">
        <title>用户管理</title>
    </head>
    <body>
        <form action="UploadUserSave" method="post" enctype="multipart/form-
data">
```

```
            <p>上传文件:<input type="file" name="file" /></p>
            <p><input type="submit" value="上传" />
        </form>
        ${message}
        ${message="" }
    </body>
</html>
```

(3) 在 com.geotest.controller 包中更新控制器类 QuestionController,添加代码清单 11-11 所示的代码。

代码清单 11-11　添加上传和导入功能的控制器类(QuestionController.java)

代码

```
@Controller
public class QuestionController {
...
  @RequestMapping(value="/UploadUser")
  public String uploadUser() {
    return "uploadUser";
  }
  @RequestMapping(value="/UploadUserSave",method=RequestMethod.POST)
  public String saveUploadUser(HttpServletRequest request,
    @ModelAttribute FileUpload fileUpload,RedirectAttributes redirectAttributes) {
    MultipartFile file =fileUpload.getFile();
    if (null !=file) {
        String fileName =file.getOriginalFilename();
        fileName=fileName.substring(fileName.lastIndexOf("\\")+1);
        String  realFileName=request.getServletContext().getRealPath("/upload/")+
fileName;
        File  excelFile =new File(realFileName);
        Connection con=null;
          PreparedStatement pstat=null;
          int  inputCount=0;
        try {
            file.transferTo(excelFile);
            XSSFWorkbook  book=new XSSFWorkbook(new FileInputStream(realFileName));
            Sheet  sheet=book.getSheetAt(0);
            int  firstrow=sheet.getFirstRowNum();
            int  lastrow=sheet.getLastRowNum();
            for(int i=firstrow+1;i<=lastrow;i++){      //表格第一行不是数据
                Row  row=sheet.getRow(i);
                Cell  cellUserName=row.getCell(0);
                String  userName=cellUserName.getStringCellValue();
                Cell  cellRealName=row.getCell(1);
                String  realName=cellRealName.getStringCellValue();
```

```
                    Cell  cellpId=row.getCell(2);
                    String  pId=cellpId.getStringCellValue();
                    Cell  cellTestGrade=row.getCell(3);
                    int  testGrade=(int)cellTestGrade.getNumericCellValue();
                    if(userName.length()>0){
                        String  sql="insert into users (userName,realName,Pid,testGrade)
values (?,?,?,?)";
                        con=DBConnection.getConnection();
                        pstat=con.prepareStatement(sql);
                        pstat.setString(1,userName);
                        pstat.setString(2,realName);
                        pstat.setString(3,pId);
                        pstat.setInt(4,testGrade);
                        int  count=pstat.executeUpdate();
                        inputCount=inputCount+count;
                    }
                }
                String  result="<script>alert('上传文件'+fileName+'成功,导入'+
inputCount+'条数据');</script>";
                redirectAttributes.addFlashAttribute("message",result);
            } catch (Exception e) {
                e.printStackTrace();
            }
        }
        return  "redirect:UploadUser";
    }
    …
}
```

运行结果如图 11.3 所示。

图 11.3　上传 Excel 文件并导入数据库

实　验　11

实验目的

- 掌握生成 PDF 文件的基本方法。
- 掌握读写 Excel 文件的基本方法。

实验内容

(1) 调试代码清单 11-3。

(2) 参考代码清单 11-6 至代码清单 11-8，读写 Excel。

(3) 设计利用 Excel 批量导入数据表页面。

习　题　11

程序设计题

1. 设计一个 JSP 页面，上传图片到网站根目录下的 image 目录并将图片名保存到数据表相应字段中。

2. 编写程序，将数据表 questions 导出到 Excel。

3. 数据库表 stupaper 中包含学生学号(stuno，char)、试题编号(questionId，char)、学生答案(stuanswer，char)、标准答案(standardanswer，char)、分数(score，int)。编写程序，将每个学号(对应 30 道题)及其总得分数写入 Excel 表文件。

APPENDIX 附录 A

JSP 开发环境的安装与配置

1. 相关工具下载

本书所用工具软件均为免费软件，各软件下载地址如下。

- JDK 1.8 官网下载地址：https://www.oracle.com/java/technologies/javase-downloads.html。
- Eclipse 官网下载地址：http://www.eclipse.org/downloads/packages（Eclipse 有很多版本，本书所用为 Eclipse Java EE IDE for Web Developers，Photon 版）。
- Tomcat 8 官网下载地址：http://tomcat.apache.org/download-80.cgi。
- MySQL 官网下载地址：http://www.mysql.com/downloads/mysql/。

2. 安装

1）安装 JDK

JDK(Java Development Kit)是整个 Java 的核心，包括 Java 运行环境、Java 工具和 Java 基础类库，所以首先必须安装 JDK。单击 JDK 安装程序 jdk-8u241-windows-x64.exe，按照安装向导指示完成安装。

安装完成后，按以下步骤配置系统环境变量。

(1) 右击"我的电脑"，在弹出的快捷菜单中选择"属性"→"高级"→"环境变量"选项。

(2) 选择系统变量 Path，将 JDK 安装目录 bin 添加到路径后面，本书 JDK 安装目录为 C:\Program Files\Java\jdk1.8.0_241\bin，所以将该值添加到 path 末尾，如图 A.1 所示。如果前一个系统变量值末尾没有分号，则要在 C:\Program Files\Java\jdk1.8.0_241\bin 前添加一个分号";"。

图 A.1 修改环境变量

(3) 新建系统变量。

```
JAVA_HOME=C:\Program Files\Java\jdk1.8.0_241
CLASS_PATH=.;%JAVA_HOME%\lib;%JAVA_HOME%\lib\dt.jar;
```

(4) 运行 cmd，输入 java -version，如果显示出 JDK 的版本，则表示安装成功。

2）安装 Eclipse

Eclipse 直接解压之后就可以使用。

如果下载的 Eclipse 是标准版，则需要下载 WTP(Web Tools Platform)才能进行 Web 开发，因为标准版不含开发 Web 项目需要的插件。在线安装的办法如下：

(1) 启动 Eclipse，选择 help→install new software 选项。

(2) 选择 Available Software sites，找到 http://download.eclipse.org/webtools/repository/mars，将其 enable。

(3) 然后在地址栏中选择 http://download.eclipse.org/webtools/repository/mars，等待片刻。

(4) 勾选 Web Tools Platform (WTP) 3.7.2 复选框，如图 A.2 所示，然后进行下载和安装即可。安装完毕会提示重启。

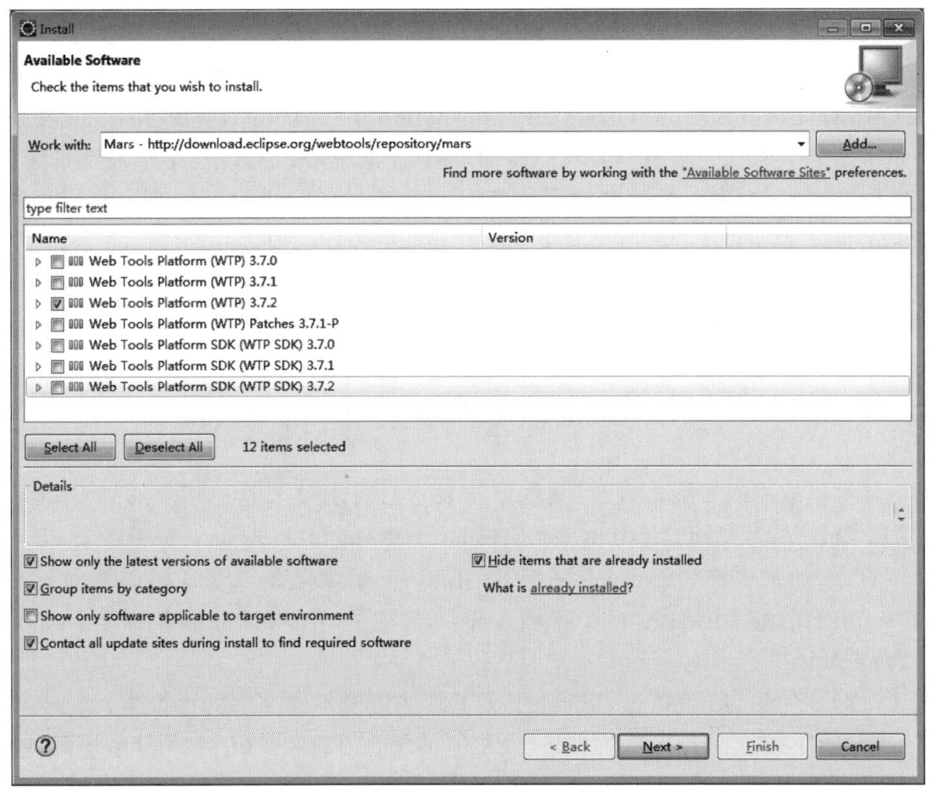

图 A.2　安装 WTP

3）安装 Tomcat

Tomcat 解压之后就可以使用。本书 Tomcat 安装在 D:\tomcat8 下。启动 Tomcat，运行 bin 目录下的 startup.bat，在浏览器地址栏中输入 http://localhost:8080，如果显示欢迎界面，则安装成功。

4）安装 MySQL

按安装向导指示安装 MySQL，安装过程中需要记住设置的 root 密码。

APPENDIX 附录 B

常用字符集

每个国家(或地区)都规定了计算机信息交换用的字符编码集，常见的字符集包括ASCII字符集、ISO 8859字符集、Unicode字符集、UCS(Universal Character Set)字符集，常用的中文字符集有GB 2312、GBK和BIG5。

1. ASCII字符集

ASCII(American Standard Code for Information Interchange，美国标准信息交换代码)是一个单字节的7位二进制编码。在ASCII码字符集中，每个数字、字母或特殊字符都对应一个7位二进制数，这个7位二进制数是以一个字节(8b)来表示的(其中最高位为0)。ASCII字符集定义了书写英语所用的全部字符和部分控制字符。

由于ASCII码的最高位为0，因此在ASCII码字符集中一共定义了128(2^7)个字符编码，所定义的这些字符的编码都在0～127之间。

2. ISO 8859字符集

ASCII码在定义之初只是为了表示英语，对于其他语言所需要的字符则没有定义其表示方式。

随着计算机应用的扩展，人们对其他字符表示的需求越来越迫切。1987年，国际标准化组织(International Organization for Standardization，ISO)发布了字符集标准——ISO 8859-1字符集，通常也称为Latin-1字符集。Latin-1字符集在ASCII码的基础上，在空置的0xA0～0xFF的范围内加入96个字母及符号，增加了对部分欧洲语言的支持，如德语、意大利语、西班牙语等。

除了ISO 8859-1，ISO 8859标准还定义了其他用于不同文字的字符集，如ISO 8859-2(中欧语言)、ISO 8859-3(南欧语言)、ISO 8859-4(北欧语言)、ISO 8859-5(俄语等使用的西里尔字母)、ISO 8859-11(泰语)等。

ISO 8859序列字符集的共同特色是以同样的码位对应不同字符集。ISO 8859序列字符集都是单字节的8位二进制编码字符集，一共定义了256(2^8)个字符编码。其中，0～127之间的字符与ASCII码的定义相同，128～255之间的字符则是为了提供对其他语言的支持而对ASCII码进行的扩充。

3. Unicode字符集

Unicode是由美国各大计算机厂商所组成的Unicode协会创建的，目的在于推广一个统一的编码方案，将世界上所有的常用文字都包含进去，它涵盖了世界上的绝大多数语言。

为了将成千上万的文字统一到同一编码机制下，不管东方文字还是西方文字，在 Unicode 基本字符集中一律用两个字节表示。也就是说，Unicode 基本字符集是一种双字节编码机制的字符集，使用 0～65 535 之间的双字节无符号整数对每个字符进行编码。这样，在 Unicode 基本字符集中，可以定义 65 536 个不同的字符，足以应付现在绝大多数场合的需要。

Unicode 字符集同样是对 ASCII 码的扩展，它的前 128 个字符对应 ASCII 码中的字符并具有相同的编码值。同时，Unicode 字符集也是对 ISO 8859-1 字符集的一种扩充，它的 128～255 之间的字符同 ISO 8859-1 中的字符相对应。由于 ASCII 码和 ISO 8859-1 都是单字节编码，在每个编码的前面必须补上一个空字节(0X00)，才能成为对应的 Unicode 码。

Unicode 基本字符集中包括了两万多个汉字。

除了用两个字节表示的 Unicode 基本字符集外，Unicode 字符集还可以扩展到更多的平面，包含更多的字符，例如包括更多的生僻、罕用的汉字。这时，需要使用更多的字节来表示。

4. UTF-8 字符集

UTF 是 Unicode Transformation Format 的缩写。由于 Unicode 使用多字节表示一个字符，因此使用 Unicode 的英文文本文件要比 ASCII 码或 Latin-1 码的文件大得多，所以出现了压缩版的 Unicode，即 UTF-8。

在 UTF-8 中，不同的字符可能需要 1～6 个字节来编码。对于单字节的 UTF-8 编码，该字节的最高位为 0，其余 7 位用来对字符进行编码(等同于 ASCII 码)。对于多字节的 UTF-8 编码，如果编码包含 n 个字节，那么第一个字节的前 n 位为 1，第 1 个字节的第 $n+1$ 位为 0，该字节的剩余各位用来对字符进行编码。第一个字节之后的所有字节都是最高两位为 10，其余 6 位用来对字符进行编码。因此，Unicode 基本字符集中的汉字用 UTF-8 编码需要使用 3 个字节。

5. GB 2312 字符集

GB 2312 码的全称是 GB 2312—1980《信息交换用汉字编码字符集(基本集)》，于 1980 年发布，是中文信息处理的国家标准。GB 2312 共收录了 6763 个简体汉字、682 个符号。其中，汉字部分分为两级：一级字 3755 个，以拼音排序；二级字 3008 个，以偏旁排序。该字符集是几乎所有的中文系统和国际化的软件都支持的中文字符集，这也是最基本的中文字符集。GB 2312 用双字节编码汉字，汉字从 0xB0A1 开始，结束于 0xF7FE。

6. GBK 字符集

GBK 是 GB 2312—1980 的扩展，是向上兼容的。它共收录了汉字 21 003 个，符号 883 个，并且提供了 1894 个造字码位，简繁体字融于一库。其编码范围是 0x8140～0xFEFE，剔除高位 0x80 的字位。其所有字符都可以一对一映射到 Unicode 2.0。

7. BIG5 字符集

BIG5 编码是目前在中国台湾、中国香港特区普遍使用的一种繁体汉字的编码标准，包括符号 440 个，一级汉字 5401 个，二级汉字 7652 个，共计 13 060 个汉字。

APPENDIX 附录 C
HTTP

HTTP(HyperText Transfer Protocol,超文本传输协议)是 Web 应用的核心。Web 应用的客户程序(浏览器)和服务器程序通过交换 HTTP 消息实现交流。HTTP 定义这些消息的结构以及客户和服务器如何交换这些消息。

HTTP 定义 Web 客户(即浏览器)如何从 Web 服务器请求 Web 页面,以及服务器如何把 Web 页面传送给客户。例如图 C.1 所展示的这种请求-响应行为,当用户请求一个 Web 页面(如单击某个超链接)时,浏览器把请求该页面中各个对象的 HTTP 请求消息发送给服务器。服务器收到请求后,返回含有这些请求对象的 HTTP 响应消息作为响应。

HTTP 消息分为请求消息和响应消息两类。下面是一个典型的 HTTP 请求消息:

```
GET /somedir/page.html HTTP/1.1
Host:www.somschool.edu
Connection:close
User-agent:Mozilla/4.0
Accept-language:en
```

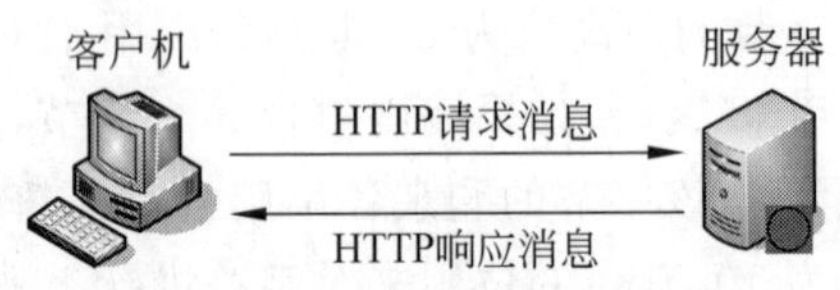

图 C.1　HTTP 的请求-响应行为

HTTP 消息是用普通的 ASCII 码文本书写的。
这个消息一共 5 行(每行以一个回车符和换行符结束),最后一行后面还有额外的一个回车符和换行符。一个消息可以不止这些行,也可以只有一行。第一行称为请求行,后续各行称为头部行。请求行有 3 个字段:方法字段、URL 字段和 HTTP 版本字段。方法字段有多个值可供选择,包括 GET、POST 和 HEAD。HTTP 请求消息绝大多数使用 GET 方法,这是浏览器用来请求对象的方法,所请求的对象就在 URL 字段中标识。本例表明浏览器在请求对象/somdir/page.html。

图 C.2 为请求消息的一般格式。上面的请求例子符合这个格式,不过一般格式中还有一个位于各个头部(及额外的回车符和换行符)之后的附属体。附属体不在 GET 方法中使用,而是在 POST 方法中使用。POST 方法适用于需要由用户填写表单的场合。如果浏览器使用 POST 方法提出请求,那么请求消息附属体中包含的是由用户填写在表单各个字段中的值。

下面是一个典型的 HTTP 响应消息:

```
HTTP/1.1 200 OK
Server: Apache-Coyote/1.1
Content-Type: text/html;charset=UTF-8
```

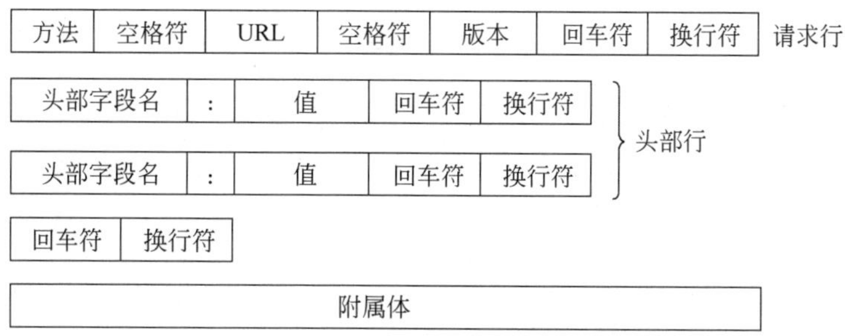

图 C.2 请求消息的一般格式

```
Content-Length: 447
Date: Thu, 11 Aug 2016 21:55:40 GMT
```

响应消息分为 3 个部分：1 个起始的状态行、4 个头部行、1 个包含所请求对象本身的附属体。状态行有 3 个字段：协议版本字段、状态码字段、原因短语字段。本例的状态行表明：服务器使用 HTTP/1.1 版本，响应过程完全正常(也就是服务器找到了所请求的对象并正在发送)。

本例中各头部行含义如下：Server 头部行指出本消息是由 Apache-Coyote 服务器产生的；Content-Type 头部行指出包含在附属体中的对象是 HTML 文本，编码方式为 UTF-8；Content-Length 头部行指出所发送对象的字节数；Date 头部行指出服务器创建并发送本响应消息的日期和时间。注意，这并不是对象本身的创建时间或最后修改时间，而是服务器把该对象从其文件系统中取出，然后插入响应消息中发送出去的时间。

图 C.3 为响应消息的一般格式。上面的响应消息例子完全符合这个格式。响应消息中的状态码和原因短语指示相应请求的处理结果。表 C.1 列出了一些常见的状态码、相应的原因短语及其含义。表 C.2 列出了部分 HTTP 消息头。

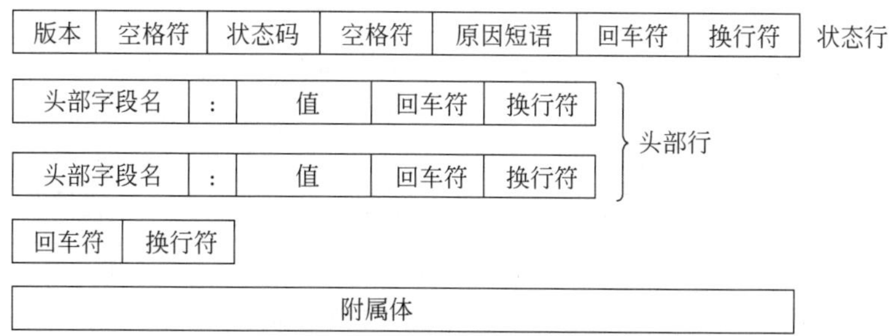

图 C.3 响应消息的一般格式

表 C.1 HTTP 状态码

状态码	原因短语	意义
200	OK	客户请求成功，服务器的响应信息包含请求的数据。这是默认的状态码
204	No Content	请求成功，但没有新的响应体返回。接收到这个状态码的浏览器应该保留它们当前的文档视图。当 Servlet 从表单中收集数据，希望浏览器保留表单并避免 Document contains no data 错误信息时，这个状态码很有用

续表

状态码	原因短语	意义
301	Moved Permanently	被访问的资源被永久地移到一个新的位置,在将来的请求中应使用新的 URL。新的 URL 由 Location 头给出,大多数浏览器会自动访问新的路径
302	Moved Temporarily	被访问的资源被暂时移到一个新的位置,在将来的请求中仍使用新的 URL。新的 URL 由 Location 头给出,大多数的浏览器会自动访问新的路径
400	Bad Request	客户端请求有语法错误,不能被服务器所理解
401	Unauthoried	请求没有正确地认证。用于 WWW-Authenticate 和 Authentication 连接
403	Forbidden	服务器收到请求,但是拒绝提供服务
404	Not Found	被请求的资源没找到或不可访问
500	Internal Server Error	服务器内部错误,妨碍了请求过程的正常进行
501	Not Implemented	服务器不支持用于完成请求的函数
503	Service Unavailable	服务器暂时不可访问,将来可恢复。如果服务器知道何时可被访问,它会提供 Retry-After 头

表 C.2 部分 HTTP 消息头

头	类型	内容
User-Agent	请求	关于浏览器和它的平台的信息
Accept	请求	客户能处理的页面的类型
Accept-Charset	请求	客户可以接收的字符集
Accept-Encoding	请求	客户能处理的页面编码方法
Accept-Language	请求	客户能处理的自然语言
Host	请求	服务器的 DNS 名称
Authorization	请求	客户的信任凭据的列表
Cookie	请求	将一个以前设置的 Cookie 送回给服务器
Date	双向	消息被发送时的日期和时间
Upgrade	双向	发送方希望切换到的协议
Server	回应	关于服务器的消息
Content-Encoding	回应	内容是如何被编码的(如 gzip)
Content-Language	回应	页面所使用的自然语言
Content-Length	回应	以字节计算的页面长度
Content-Type	回应	页面的 MIME 类型
Last-Modified	回应	页面最后被修改的日期和时间
Location	回应	指示客户将请求发送到别处的命令
Accept-Ranges	回应	服务器将接受指定字节范围的请求
Set-Cookie	回应	服务器希望客户保存一个 Cookie

APPENDIX 附录 D

HTML、CSS、JavaScript 简介

HTML(Hyper Text Markup Language,超文本标记语言)是编写 Web 页面的最基本的语言。HTML 并不是一种编程语言,而是一种标记语言,一种描述如何格式化文档的语言。它包含了一套标记,用这些标记来描述网页元素,如格式、图像、多媒体、超链接等。例如,在 HTML 中,<b>表示粗体字的开始,</b>表示粗体字的结束。相对于其他无显示标记的语言而言,标记语言的优点是:为它编写浏览器非常简单,浏览器只需要理解标记命令即可。

HTML 文件本质上是一个包含标记的文本文件,必须用 htm 或 html 作为扩展名,一个 Web 页面可以包括一个或多个 HTML 文件。

HTML 文件的基本结构如下:

```
<html>
    <head>
        <title>网页的标题</title>
    </head>
    <body>
        网页内容
    </body>
</html>
```

一个 HTML 文件以<html>开头,以</html>结束。<html>标记处于文档的最前面,表示 HTML 文档的开始,即浏览器从<html>开始解释,直到遇到</html>为止。HTML 文件包括头部和主体。

1. HTML 头部

文档的<head>部分主要包括页面的一些基本描述语句,例如文档的标题(<title></title>)、索引关键字、语言等信息,另外,CSS 样式和 JavaScript 脚本也在此标记内定义。<head></head>标签是可选的,在 HTML 中可以不包含该标签,浏览器也可以根据实际情况识别文档的头信息。

在<head>部分可以放置 meta(元信息)标记,用来给浏览器、搜索引擎或其他应用程序提供 HTML 文件的相关信息(如作者、关键词列表等)。在<head>部分可以写多个 meta 标记语句,用于说明不同的信息。例如:

```
<head>
    <meta http-equiv="content-type" content="text/html;charset=UTF-8">
    <meta name="generator" content="EditPlus® ">
```

```
    <meta name="author" content="me">
    <meta name="keywords" content="test,geography">
    <meta name="description" content="geography test">
    <title>Document</title>
</head>
```

name 属性主要用于描述页面，常用选项包括 generator(说明制作页面所用的编辑工具)、keywords(告诉搜索引擎本页面的关键字)、description(告诉搜索引擎本页面的主要内容)、author(标注页面作者)。

http-equiv 属性相当于 HTTP 的文件头，向浏览器传回一些有用的信息，以便于正确地显示网页内容，常用的选项有 content-type(说明页面所用的字符集)、expires(设定页面的到期时间)、refresh(用于自动刷新并指向新页面)。

2. HTML 主体

HTML 主体是页面的核心，页面中真正显示的内容都包含在主体中。

HTML 的常用标记如表 D.1 所示。

表 D.1 HTML 的常用标记

标　　记	说　　明
<hn></hn>	定义一个级别为 n 的标题
<b></b>	设置为粗体
<i></i>	设置为斜体
<center></center>	在页面上水平居中
<ul></ul>	将一个未排序列表括起来
<ol></ol>	将一个编号列表括起来
<li></li>	将未排序或编号列表中的一个表项括起来
 	强制换行
<p></p>	段落
<pre></pre>	预格式化，保留文字在源代码中的格式
<hr>	插入水平线
<img src="…" />	在此显示图像
<a href="…"></a>	定义超链接
<table></table>	定义表格
<tr></tr>	定义表格行
<th></th>	定义表头单元格
<td></td>	定义表格单元格
<div></div>	定义文档中的分区或节，默认为块元素
<span></span>	用来组合文档中一行内的元素

大多数 HTML 元素被定义为块级元素或内联元素。块级元素在浏览器显示时通常会以新行来开始(和结束),例如<h1>、<p>、<ul>、<table>等。内联元素在显示时通常不会以新行开始,例如<b>、<td>、<a>、<img>等。

代码清单 D-1 是 HTML 文件示例。

代码清单 D-1 HTML 文件(help.html)

```
<!DOCTYPE html>
<html>
    <head>
        <meta http-equiv="content-type" content="text/html;charset=UTF-8">
        <title>help</title>
    </head>
    <body>
        <h1>Help</h1>
        <p>Find all our help and tours below.</p>
        <ul>
            <li><a href="dashboard.html" target="_blank">Dashboard</a></li>
            <li><a href="projects.html" target="_blank">Projects</a></li>
            <li><a href="tasks.html" target="_blank">Tasks</a></li>
        </ul>
        <h2>Recently Added Help</h2>
        <table border="1" cellspacing="0" cellpadding="4" width="400">
            <tr><th>Name</th><th>Date</th><th>View</th></tr>
            <tr><td>Dashboard</td><td>4 days ago</td><td><a href="help.html" >
            View</a></td></tr>
            <tr><td>Tasks</td><td>5 days ago</td><td><a href="help.html" >
            View</a></td></tr>
            <tr><td>Activity</td><td>5 days ago</td><td><a href="help.html" >
            View</a></td></tr>
            <tr>
                <td>How to upload multiple files</td><td>16 days ago</td><td>
                <a href="help.html">View</a></td>
            </tr>
        </table>
    </body>
</html>
```

HTML 文件的运行结果如图 D.1 所示。其中,超链接<a>的 href 属性指定地址,所赋值为链接文件的相对路径;target 属性指出单击超链接时可打开的目标窗口,其中取值为 _blank 表示在新窗口中打开超链接,默认值为在当前窗口中打开超链接。

表格<table>的 border 属性设置表格边框线宽度,单位为像素,默认值为 0;width 属性设置表格的宽度,单位为像素或百分比;cellspacing 属性设置单元格之间的间距,单位为像素;cellpadding 属性设置单元格内容与边框之间的距离,单位为像素。

HTML 中表单的功能是收集用户信息,实现系统与用户的交互。表单信息的处理过程为：当单击表单中的提交按钮时，表单中的信息就会传到服务器中，然后由服务器端的应用程序进行处理。处理后，将用户提交的信息存储在服务器端的数据库中，或者将处理后的信息返回到客户浏览器上。

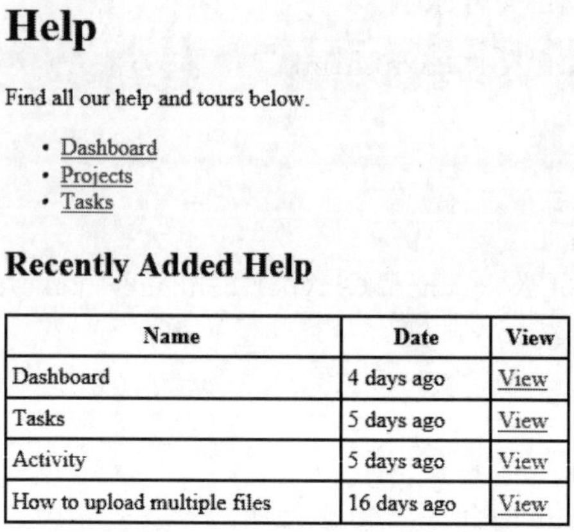

Help

Find all our help and tours below.

- Dashboard
- Projects
- Tasks

Recently Added Help

Name	Date	View
Dashboard	4 days ago	View
Tasks	5 days ago	View
Activity	5 days ago	View
How to upload multiple files	16 days ago	View

图 D.1　help.html 运行结果

表单由表单标记<form>和表单域标记两部分组成。<form>标记有两方面的作用：一是限定表单的作用范围，其他的表单域对象都要插入<form>标记中，当单击提交按钮时，提交的也是表单范围之内的内容；二是携带表单的相关信息，例如处理表单脚本程序的位置、提交表单的方法等。表单域标记如表 D.2 所示。

表 D.2　表单域标记

标记	说　明	常用属性
input	type="text"为文本域	maxlength(最大输入字符数)、size(宽度，以字符为单位)
	type="password"为密码域	maxlength(最大输入字符数)、size(宽度，以字符为单位)
	type="hidden"为隐藏域	value(提交表单时提交到服务器的值)
	type="file"为文件域	
	type="checkbox"为复选框	checked(默认选中)
	type="radio"为单选框	checked(默认选中)
	type="button"为普通按钮	
	type="submit"为提交按钮	
	type="reset"为重置按钮	
	type="image"为图像域(图像按钮)	src(图片的路径，通常为相对路径)
select	列表标记	size(显示的选项数目)、multiple(项目允许多选)
option	列表项标记	Selected(默认选项)
textarea	文本域标记	rows(文本域行数)、cols(文本域列数)

3. CSS 基本语法

CSS(层叠样式表)是用于控制网页样式并允许将样式信息与网页内容分离的一种标记

性语言。它能够完成排版定位、动态更新页面格式、改变字体变化和大小等任务。一个 CSS 样式文件可以作用于多个 HTML 文件。当修改多个页面风格时，只要修改 CSS 样式文件即可。

CSS 样式由两部分组成：选择器（如 p）和声明（如 color：blue）。声明由一个属性（如 color）及其值（如 blue）组成。

根据样式的不同用途，有不同类型的 CSS 选择器，这些选择器可以单独使用，也可以组合使用。

① * 选择器。它适用于页面中的所有元素，常用于全局设置，如将页面中所有元素的字体设为 Arial 的 CSS 样式如下：

```
*{font-family:Arial;}
```

② 元素选择器。这类选择器以 HTML 元素来命名，用于重新定义指定的 HTML 的属性，如对所有<p>和</p>之间的段落设置文本对齐格式为居中的 CSS 样式如下：

```
p{text-align:center;}
```

③ 类选择器。它可以应用于不同的 HTML 元素或某个 HTML 元素的子集（如应用于部分段落而不是全部段落）。定义时，要在选择器前加“.”，如通过类选择器设置颜色为红色的 CSS 样式如下：

```
.intro{color:#FF0000;}
```

在页面中，用 class="类名"的方式调用，例如：

```
<p class="intro">
```

④ id 选择器。它应用于由 id 值确定的 HTML 元素的属性，且常用于单个 HTML 元素的属性设置。定义时，需要在选择器（id 名）前加 #，如要对<div id="menubar"></div>层中包含的内容设置背景色为绿色的 CSS 样式如下：

```
#menubar {background-color:#008000}
```

4. CSS 样式位置

CSS 样式可以放在不同的位置，包括与 HTML 的内联、位于页面的<style>元素中和外部样式表（.css 文件）中。不同位置的 CSS 样式的优先级是：内联样式最高，其次是页面样式，最后是外部样式表。

1）内联样式

当要为某个 HTML 元素定义属性而不想重用该样式时，可以使用内联样式。内联样式在 HTML 元素的 style 属性中定义，例如：

```
<p style="text-align:center;color:#FFFF00;">
```

操作时，可直接在 HTML 元素对应的属性窗口中选择 style 属性进行设置，设置完后会自动生成样式。

2）页面样式

当要为特定页面中的元素设置样式时，可以在<head>元素中的<style>元素内定义。

定义时可根据需要采用不同的选择器。例如:

```
<head>
    <style type="text/css">
        * {font-family:宋体;}
        p{color:#008000;}
        .classtest{color:#800000;}
        #divtest{color:#800000;}
    </style>
</head>
```

3) 外部样式

外部样式表常应用于整个网站并存储于独立的.css 文件中。在调用时,使用<link>元素将样式表链接到页面。例如:

```
<link href="../css/main.css" rel="stylesheet" type="text/css" />
```

其中,“..”表示当前文件夹的上一级文件夹。

也可以使用导入方式:

```
<style type="text/css">@import url(css/main.css);</style>
```

一个外部样式表可以链接到多个页面,这样就可以很方便地管理整个网站的显示风格。

代码清单 D-2 为样式文件示例。

代码清单 D-2　样式文件(main.css)

```
#global {
    text-align: left;border: 1px solid #dedede;background: #efefef;width: 560px;
    padding: 20px;margin: 100px auto;
}
form {
    font:100%verdana;min-width: 500px;max-width: 600px;width: 560px;
}
form fieldset {
    border-color: #bdbebf;border-width: 3px;margin: 0;
}
legend {
    font-size: 1.3em;
}
form label {
    width: 250px;display: block;float: left;text-align: right;padding: 2px;
}
#buttons {text-align: right;}
#errors, li {
    color: red;
}
```

5. CSS 属性

CSS 主要用于定义网页元素的各种属性，如背景、文字颜色等。根据 CSS 设置对象的不同，一般包括文字属性、背景属性、边框属性、边距与补白属性、区块属性以及其他属性。下面对这些属性及其功能进行列举。

1）文字属性

- font-family：设置文字的字体，如宋体、黑体等。
- font-size：设置字号，可以使用绝对大小或相对高度；可以是具体的数值，也可以是表示大小的一些特定英文单词。
- font-style：设置斜体效果。
- font-weight：设置加粗字体，根据不同的取值，可以对文字进行不同程度的加粗。
- font-variant：将英文字母按正常显示；或者全部转换为大写字母。
- font：复合属性，可以设置文字的相关属性，包括字体、字号等。
- text-align：设置文本的水平对齐方式。
- vertical-align：设置文本的垂直对齐方式。
- direction：与 unicode-bidi 一起设置文本反排，例如默认文字是从左到右，反排之后就变成从右到左。
- unicode-bidi：与 direction 一起设置文本反排。
- writing-mode：设置元素的布局方式，例如先从上到下，再从右到左。
- word-break：设置字内换行属性，即当文本宽度超出浏览器时，是否会将位于边缘的单词打散显示。
- line-break：设置日文文本的换行规则。
- word-wrap：超过容器边界时是否自动换行。
- text-decoration：设置文字修饰效果，如下画线、删除线等。
- text-underline-position：为添加下画线的文字设置其下画线的线条位置。
- word-spacing：设置单词间隔。
- letter-spacing：字符间隔。
- text-transform：对文本中的英文进行大小写转换。
- text-indent：文本的缩进。
- line-height：文本行高。
- white-space：处理页面的空白方式，例如是否将多个空格合并成一个。

2）元素的背景

- background-color：设置背景颜色。
- background-image：将图像作为背景，它的优先级高于 background-color。
- background-repeat：设置背景图像在页面中的平铺效果。
- background-attachment：图像与页面的布局，即背景图像相对于浏览器窗口来说是否固定不变。
- background-position：设置背景图像显示的开始位置，默认都是从元素的左上角开始显示。
- background：背景的复合属性，可以统一设置背景的相关属性，如颜色、背景图像等。

3) 边框属性

- border-top-style：设置上边框的线条风格，如实线效果、短线效果等。
- border-right-style：设置右边框的线条风格。
- border-bottom-style：设置下边框的线条风格。
- border-left-style：设置左边框的线条风格。
- border-style：综合设置边框的线条风格，可以全部设置，也可以设置部分边框。
- border-top-color：设置上边框的颜色，可以是表示颜色的英文单词，也可以是颜色代码值。
- border-right-color：设置右边框的颜色。
- border-bottom-color：设置下边框的颜色。
- border-left-color：设置左边框的颜色。
- border-color：统一设置边框的颜色。
- border-top-width：设置上边框的宽度，可以是表示宽度的一些特定单词，也可以直接设置宽度的数值。
- border-right-width：设置右边框的宽度。
- border-bottom-width：设置下边框的宽度。
- border-left-width：设置左边框的宽度。
- border-width：综合设置边框的宽度。
- border-top：设置上边框的风格、颜色等属性。
- border-right：设置右边框的风格、颜色等属性。
- border-bottom：设置下边框的风格、颜色等属性。
- border-left：设置左边框的风格、颜色等属性。
- border：统一设置边框的效果，包括各个边框的风格、颜色、宽度等，也可以只设置其中某几种属性。
- border-collapse：表格相邻边框的合并。

4) 边距与补白属性

- margin-top：设置元素的上边距，可以是百分比或确切的数值。
- margin-bottom：设置元素的下边距。
- margin-left：设置元素的左侧边距。
- margin-right：设置元素的右侧边距。
- margin：复合属性，可以统一设置 4 个边距。
- padding-top：设置顶端补白，即元素的内容与其上边框的距离。
- padding-bottom：设置底部补白。
- padding-right：设置左侧补白。
- padding-left：设置右侧补白。
- padding：复合属性，可统一设置 4 个方向的补白。

5) 区块属性

- position：定位方式，包括绝对定位和相对定位。
- top：设置元素距顶端的垂直距离。

- left：设置元素距离左端的水平距离。
- right：设置元素距离右端的水平距离。
- bottom：设置元素距离下端的水平距离。
- z-index：设置页面中各个层之间的层叠顺序，一般序号越大，层越靠下，被覆盖的概率也越大。
- float：设置浮动属性，一般用于设置是否允许文字出现在图像的周围。
- clear：设置清除属性，即指定某个元素的某侧不允许有环绕的文字或其他对象。
- clip：设置页面中对象的可视范围，即哪些可见、哪些被隐藏。
- overflow：设置当内容超出范围时对于内容的处理方式，如裁切或启用滚动条。
- overflow-x：设置水平方向超出范围的处理方式。
- overflow-y：设置垂直方向超出范围的处理方式。
- visibility：可见属性，是针对嵌套层的设置。
- width、height：尺寸设置。

6. JavaScript

JavaScript 是一种面向对象和事件驱动的客户端脚本语言，可以直接嵌入页面中，不需要 Web 服务器端解释执行，而是由浏览器解释执行。JavaScript 的用途主要包括：在 HTML 中创建动态文本、响应客户端事件、读取并改变 HTML 元素的内容、验证客户端数据、检测客户端浏览器、创建 Cookie、关闭浏览器、在页面上显示时间等。

JavaScript 的代码存放位置形式有 3 种：在<head>元素中、在<body>元素中和在独立的.js 文件中。

1）在<head>元素中

<head>元素中的 JavaScript 代码包含于<script>和</script>两个标记之间，只有在被调用时才会执行。

```
<head>
    <script>
        function message(){
            alert("在 head 元素中");
        }
    </script>
</head>
```

2）在<body>元素中

<body>元素中的 JavaScript 代码包含于<script>和</script>两个标记之间。

```
<body>
    <script>
        document.write("在 body 元素中");
    </script>
</body>
```

3）在独立的.js 文件中

独立的.js 文件常用于多个页面需要调用相同 JavaScript 代码的情形。通常把所有.js

文件放在同一个脚本文件夹中。在调用外部 JavaScript 文件时,需要在<script>元素中加入 src 属性值。

代码清单 D-3 为利用 JavaScript 进行输入验证的示例。

代码清单 D-3 利用 JavaScript 进行输入验证(login.html)

```
<html>
    <head>
    <title>注册表单</title>
        <script>        //JavaScript 验证
            function checkdata(){
                username=document.getElementById("username");
                password1=document.getElementById("password");
                password2=document.getElementById("passwordconfirm");
                if (username.length<6||username.length>20) {
                    alert("用户名长度必须在 6 位到 20 位之间");
                    return false;
                }
                if (password1.length<6||password1.length>10) {
                    alert("密码长度必须在 6 位到 10 位之间");
                    return false;
                }
                if (password1!=password2) {
                    alert("密码不匹配");
                    return false;
                }
            }
        </script>
    </head>
    <body>
        <h2>请详细填写以下信息</h2>
        <form name="myform" method="post" action="register" onsubmit="checkdata
        ()">
            <table border=0 align="center">
                <tr><td>用户名(6-20 位)</td><td><input name="username"></td>
                </tr>
                <tr><td>密码(6-10 位)</td><td><input type="password" name=
                "password"></td></tr>
                <tr><td>密码确认</td><td><input type="password" name=
                "passwordconfirm"></td></tr>
                <tr><td colspan="2" align="center"><br><br>
                <input type="submit" value="提交">
                <input type="reset" value="重置"></td></tr>
            </table>
        </form>
    </body>
</html>
```

参考文献

[1] 石志国,薛为民,董洁. JSP应用教程[M]. 北京:清华大学出版社,2004.

[2] 耿祥义,张跃平.JSP程序设计[M]. 2版. 北京:清华大学出版社,2015.

[3] Craig Walls. Spring实战[M]. 耿渊,张卫滨,译. 3版. 北京:人民邮电出版社,2013.

[4] Paul Deck. Spring MVC学习指南[M]. 林仪明,崔毅,译. 北京:人民邮电出版社,2015.

[5] Bill Phillips,Brain Hardy. Android编程权威指南[M]. 王明发,译. 北京:人民邮电出版社,2014.

[6] Marty Hall, Larry Brown. Servlet与JSP核心编程[M]. 赵学良,译. 2版. 北京:清华大学出版社,2004.

[7] Marty Hall, Larry Brown. Servlet与JSP核心编程:第2卷[M]. 胡书敏,译. 2版. 北京:清华大学出版社,2009.

[8] 汪诚波. 网络程序设计[M]. 北京:清华大学出版社,2011.

[9] 聂艳明,刘全中,李宏利,等. Java EE开发技术与实践教程[M]. 北京:机械工业出版社,2015.

[10] 吕海东,张坤. Java EE企业级应用开发实例教程[M]. 北京:清华大学出版社,2010.

[11] Andrew S Tanenbaum. 计算机网络[M]. 潘爱民,译. 4版. 北京:清华大学出版社,2004.

图书资源支持

感谢您一直以来对清华版图书的支持和爱护。为了配合本书的使用，本书提供配套的资源，有需求的读者请扫描下方的“书圈”微信公众号二维码，在图书专区下载，也可以拨打电话或发送电子邮件咨询。

如果您在使用本书的过程中遇到了什么问题，或者有相关图书出版计划，也请您发邮件告诉我们，以便我们更好地为您服务。

我们的联系方式：

地　　址：北京市海淀区双清路学研大厦 A 座 714

邮　　编：100084

电　　话：010-83470236　010-83470237

客服邮箱：2301891038@qq.com

QQ：2301891038（请写明您的单位和姓名）

资源下载：关注公众号“书圈”下载配套资源。

资源下载、样书申请

书圈

获取最新书目

观看课程直播